KB103884

알면 **약** 모르면 **독**

일러두기

복약지도가 약사법에서 사용하는 공식 용어지만 약사의 일방적인 지도보다 환자와의 상호작용을 중시하고자 이 책에서는 '복약 상담'이라는 용어를 사용하였습니다. 다만 약사법과 연관된 내용에서는 복약지도를 그대로 사용하였습니다.

알면 약藥

모르면 독毒

균형 잡힌 약 지식이
건강한 몸을 만든다

김태희
노윤정
유우리
윤선희
최진혜
지음

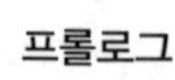

프롤로그

10년의 변화 속에서 약사의 역할을 다시 고민합니다

《알고 먹으면 약 모르고 먹으면 독》을 공동 집필한 지 벌써 10년이 넘었습니다. 아직 경력이 짧은 약사였지만, 약국을 잘 이용하고 약을 안전하게 사용하는 방법을 최대한 쉽게 정리하고자 노력했습니다. 당시 저는 현실의 어려움을 깨닫기보다는 꿈을 더 많이 꾸던 3년 차 약사였습니다. 공동 저자로 함께한 두 분의 선배 약사와 저보다 먼저 약사가 된 친구 덕분에 꿈과 현실 사이에서 균형을 잡고 많은 분께 도움이 되는 책을 만들고자 했습니다. 그 마음이 전달된 걸까요? 《알고 먹으면 약 모르고 먹으면 독》은 2012년 문화체육관광부 교양 부문 기술과학 추천 도서로 선정되었습니다. 덕분에 전국의 도서관에 비치되어 더 많은 분께 안전한 약 사용법과 현명한 약국 활용법을 전달할 수 있었습니다.

꿈 많던 3년 차 약사는 어느덧 여러 경력을 쌓은 14년 차 약사가 되었습니다. 그 사이 약국을 한 번 개업했다 폐업했고, 건강기능식품 회사에서 4년 넘게 일했으며, 약과 건강에 관한 이야기를 더 효과적으로 전달할 방법을 고민하며 연세대학교 경영전문대학원에서 MBA 과정도 이수했습니다. 그리고 현재는 약과 건강기능식품에 대한 지식과 경험을 바탕으로 강의도 하고 집필도 하는 건강커뮤니케이터로 활동하고 있습니다.

10년 동안 제가 이렇게 변한 만큼 우리 주변 환경도 크게 달라졌습니다. 2020년 1월부터 세계보건기구WHO가 종식을 선언한 2023년 5월까지 무려 3년 4개월간 이어진 코로나19로 우리네 삶이 거의 모든 면에서 변했습니다. 또 전례 없는 속도로 고령 사회(노인 인구 비율이 전체 인구의 14% 이상)에 진입한 우리나라는 더 빠른 속도로 2025년 초고령 사회(노인 인구 비율이 전체 인구의 20% 이상)를 맞이할 것으로 예상됩니다. 고령 사회에서 초고령 사회까지 영국이 50년, 미국이 15년, 일본이 10년 걸린 데 비해 우리나라는 불과 7년 만에 커다란 사회적 변화를 맞이하게 되었습니다.

이러한 사회적 변화는 약사와 약국의 역할에도 큰 변화를 일으키고 있습니다. 코로나19로 인한 공중보건 위기 상황 속에서 국민과 가까운 소통 채널로서 약국의 공적 역할이 본격 논의되기 시작했습니다. 고령 인구의 증가로 약물을 정기적으로 복용하는 사람이 늘어나며, 다수의 약물을 복용하는 환자에 대한 약사의 관리 업무도 늘어났습니다. 또한 건강에 대한 염려와 건강수명에 대한 관심이 높아지면서 건강 관리를 위한 각종 식품에 대한 수요가 증가해 약사와 환자의 대화 주제는 점점 다양해지고 있습니다.

안팎으로 많은 변화가 이어지는 상황에서 이 책에는 어떤 내용을 담아야 할지 고민이 많았습니다. 결론은 10년의 변화에 대응할 수 있는 지식을 잘 정리하고, 환자가 겪는 현실을 반영하는 것이었습니다. 다행히 각자의 분야에서 대학원 공부를 마치거나 진행하며 전문지식을 강화한 기존 필진 세 명이 있었습니다.

그리고 전문성과 현장감을 더해줄 후배 약사 두 명이 가세했습니다. 병원 임상약사를 거쳐 2차 병원 앞에서 일하며 임상약학대학원을 졸업한 약사, 이비인후과·피부과·안과·산부인과·신경과·소아과 등 다수의 처방 조제 사례를 다루고 지금도 약국을 운영하는 워킹맘 약사의 참여로 약에 대한 전문성과 약국의 현장감을 더할 수 있었습니다.

2년간의 긴 집필 과정이었습니다. 오랜 고민과 노력 끝에 나온 이 책이 여러분의 건강한 삶에 조금이나마 이바지할 수 있기를 바랍니다. 특히 가까운 약국에서 여러분만의 건강 관리 파트너인 단골 약사를 만나는 데 이 책이 좋은 길잡이가 되기를 바랍니다.

저자들을 대표하여

노윤정

차례

PART 2

알아야 약이 되는 처방의약품 이야기

PART 3
모르면 독이 되는 일반의약품 이야기

PART 4
안전한 약물 사용 이야기

PART 1

슬기로운 약국 사용 이야기

01

약국,
잘 이용하고 있나요?

"이 약은 왜 보험이 안 돼요?"

"코골이 방지 테이프 있어요?"

"지난번 처방받은 약이랑 달라요?"

"강아지 심장사상충약 있나요?"

"맥문동탕이라고 있어요?"

"이 약이랑 MSM이랑 같이 먹어도 돼요?"

"이 약 먹고 속이 깎여 나가듯이 아픈데, 그럴 수도 있나요?"

"부정맥 시술을 앞두고 있는데 어떤 약을 중단해야 하나요?"

"화상이 이 정도인데 병원에 가야 할까요?"

지난 일주일간 약국에서 받던 질문들입니다. 저는 이런 질문 속에 지역 약국의 존재 가치가 녹아 있다고 생각합니다. 그런데 지역 약국의 가치는 약국을 이용하는 사람이 발견하고 활용할 때 비로소 편익으로 돌아옵니다. 우리는 얼마나 슬기롭게 약국을 이용하고 있나요?

약국을 제대로 이용하기 위해 다양한 측면에서 약국을 뜯어 보겠습니다. 먼저 약국은 **처방된 약을 조제하는 곳**입니다. 단순한 행위처럼 보이지만 그렇지 않습니다. 예를 들어 약국 실내 온도가 30℃도를 웃도는 여름철에는 냉방기를 켜두고 퇴근합니다. 보통 의약품 보관 방법에서 말하는 '실온'은 1~30℃를 의미하기 때문입니다. 인슐린 주사가 들어 있는 냉장고는 온도계를 두고 2~8℃로 유지되도록 관리합니다. 정기적으로 모든 제품의 사용기한을 조사하여 사용기한이 임박한 약은 폐기하거나 반품 처리합니다.

이렇게 관리한 약을 정확하게 두 번, 세 번 확인하며 조제합니다. 한번은 조제된 약을 검수하다가 알약에 새겨진 글자가 평소와 다른 점을 발견했습니다. 알고 보니 크기와 모양, 색깔이 똑같은 알약 두 가지가 조제 기계에 바뀌어 들어간 것이었습니다. 검수할 때 약의 크기와 모양, 색깔뿐만 아니라 '식별기호'라고 하는 약에 새겨진 기호까지 확인해야 사고를 방지할 수 있습니다. 포장을 까면 쉽게 녹아버리는 약, 햇빛을 차단해야 하는 약, 서로 만났을 때 변색 되는 약 등 약에 대한 지식이 필요하므로 조제는 결코 단순한 과정이 아닙니다. 약을 먹는 사람이 글을 읽을 줄 아는지, 눈이 잘 보이는지, 손이 불편하지는 않은지까지 고려한다면 더욱 그렇습니다.

약국은 **의약품, 의약외품* 등을 판매하는 곳**입니다. 가끔 일하다가 약국을 쭉 둘러봅니다. 치실, 치간칫솔, 교정용 칫솔, 시린 이 치약 등 구강 제품이 보입니다. 각종 밴드류, 반창고, 이름도 외우기 힘든 상처 봉합 스트립, 알코올 솜, 과산화수소, 에탄올 등의 외상 관련 제품도 보입니다. 핫팩, 찜질팩, 굳은살 방지 테이프, 코골이 방지 테이프, 발목 보호대, 마스크, 생리식염수, 주사기, 코 세척기, 안대, 각질 제거제, 쥐 끈끈이… 루테인, 오메가-3, 유산균 등의 건강기능식품에서 동물용 의약품과 한약 제제까지 약국은 굉장히 다양한 제품을 지역사회에 공급하고 있습니다. 물론 약사는 이 모든 제품의 사용법과 주의 사항을 알고 있습니다. "그거… 이렇게 생긴…"이라고만 말해도 척척 찾아주고, 손목이 아파도 알레르기 때문에 파스를 사용하지 못하는 사람에게 "그럼 손목 보호대를 착용하면 어떨까요?"라고 권유하기도 합니다.

* 질병의 치료 및 예방 등과 관련한 제품 중 의약품과 달리 우리 몸에 미치는 영향이 적은 제품으로 식품의약품안전처장이 지정합니다.

약국은 **설명을 들을 수 있는 곳**입니다. 슈퍼에서 제품을 사면 판매원은 그저 제품의 위치를 알려주고 계산해줄 뿐입니다. 그에 반해 약국은 복약지도(이하 복약 상담)를 하게끔 약사법에 정해져 있습니다. 만성 질환으로 약을 복용하는 환자에게 지난번 처방받은 약과 무엇이 달라졌는지, 새로 추가된 약의 주의 사항은 무엇인지, 원래 복용하던 약과 중복되거나 충돌하는 약은 없는지 등을 설명합니다. 처음 온 사람에게는 약물 알레르기는 없는지, 음주나 흡연을 하는지, 현재 복용 중인 약이 있는지 등을 묻고 그에 맞춰 설명합니다. 이 모든 과정을 통틀어 '약력 관리'라고 합니다. 약국은 복약 상담뿐 아니라 개인에게 맞는 약력 관리 서비스를 제공받을 수 있는 곳입니다.

밴드나 보호대 같은 제품을 사더라도 약사의 설명을 들을 수 있습니다. 약사마다 차이는 있지만 대개 판매와 동시에 정보도 함께 제공합니다. 판매 행위 없이 정보만 제공하는 일도 종종 있습니다. 약국에 약을 들고 와서 "수술을 앞두고 있는데 어떤 약을 빼고 먹어야 해요?"라고 묻는 사람도 있습니다. 간단히 설명을 듣고 비용을 내지 않고 나가지만, 이런 과정이 약국에서는 전혀 이상하지 않습니다. 이러한 상담과 정보 제공은 전화로도 이루어집니다. 돈이 직접 오가는 일은 아니지만 사회적 안전망으로서의 편익을 환산한다면 결코 적지 않습니다.

약국은 **건강과 관련한 정보에 근거해 의학적 판단을 구할 수**

있는 곳입니다. 한번은 약국 근처 식당 직원이 화상 때문에 왔습니다. 연고를 달라고 하는데, 이미 물집이 크게 잡혔고 감염 우려가 컸습니다. 게다가 당뇨병 환자라서 상처 치유가 더딜 것이기에 적극적으로 설득해서 병원으로 보냈습니다. 또 한번은 위장약, 두통약을 달고 사는 환자와 길게 이야기한 적이 있습니다. 이야기 중에 우울증으로 인한 신체 증상이라고 생각하여 신경정신과 진료를 조심스럽게 권유하며, 근처 신경정신과에 대한 정보를 알려주었습니다. 그는 얼마 뒤 몸이 많이 좋아졌다며 선물을 들고 찾아왔습니다. 이처럼 약국은 정보 제공에 그치지 않고 환자를 중심에 둔 의학적 판단으로 적합한 의료기관에 연계하는 역할도 합니다.

약국은 **공익 서비스를 제공하는 곳**입니다. 담배를 끊고 싶다는 생각이 들 때 어디를 떠올리시나요? 담배는 건강에 매우 해로운 영향을 주고 사회적 비용을 유발합니다. 그래서 정부에서도 세금을 들여 흡연 예방, 금연 서비스를 제공하고 있습니다. 주로 보건소에서만 이런 공익 서비스를 받을 수 있다고 생각하지만, 최근에는 약국에서도 금연 서비스를 제공합니다. 지역 주민의 정신 건강을 위한 자살 예방 캠페인을 펼치고 모니터링을 하기도 하며 약을 많이 복용하거나 거동이 불편한 사람을 방문하여 중복, 오남용되는 약을 확인하는 서비스도 점점 확대되고 있습니다. 코로나19로 마스크 부족 사태를 겪을 때 공적 마스크를 공급했던 것도 바로 지역사회 약국이었습니다. 이제는 약국을 단순한 소매점으로 여기지 않고 지역사회에 공익적이고 전문적인 서비스를 제공하는 보건의료기관으로 생각하는 사람이 늘어나고 있습니다.

처방 조제, 복약 상담, 약력 관리, 전화 상담, 일반의약품과 건강기능식품 상담, 금연 서비스, 공적 마스크… 과연 어디까지 약국을 경험해보셨나요? 본연의 가치대로 지역 주민에게 다양한 제품과 정보, 서비스를 제공하는 좋은 단골 약국을 찾으셨나요? 흔히들 좋은 병원을 만나는 것을 복이라고 합니다. 마찬가지로 우리 동네 좋은 약국을 만나 아주 가까이에서 건강이라는 선물을 받기 바랍니다.

02

동네 약국이 이런 일도 하나요?

약사: 안녕하세요. ○○○님, 오늘 진통제 받으셨네요.

환자: 네. 그런데 예전에 진통제 먹고 크게 고생한 적이 있는데, 이게 그 약인가 싶네요.

약사: 안 그래도 여쭈려고 했는데, 여기 노란색 진통제가 가끔 심하게 구역질이 난다거나 어지럽다거나 하는 부작용이 있기도 하거든요.

환자: 아! 맞아요. 어지럽고 막 토하고 그랬어요. 모양도 이게 맞는 것 같아요.

약사: 당시에 기록을 해뒀으면 좋았겠네요. 혹시 모르니 처방의와 통화해서 변경해드리고, 부작용 이력도 알려드릴게요. 그리고 이거,

약물 부작용 예방 카드도 써드릴 테니까 진료받을 때 꼭 보여주세요.

환자: 우와! 약사님 최고!

'왜 설사가 나지? 약 부작용인가? 뭘 잘못 먹은 건가?', '이 약은 예전에 두드러기로 고생한 그 약과는 다르겠지?' 많은 사람이 겪었을 상황이지만 이럴 때 곧바로 약국을 떠올리지 못하기도 합니다. 약국은 의약품을 조제·판매하는 일 이외에도 많은 역할을 담당합니다. 특히 최근 들어 약국의 사회적 역할이 더욱 커지고 있습니다. 다음 내용을 통해 약국의 숨겨진 다양한 역할을 파악하고 잘 활용하기 바랍니다.

의약품 부작용 보고

약은 잘 쓰면 약이 되지만 잘못 쓰면 독이 되기도 합니다. 똑같은 약을 먹어도 어떤 사람은 부작용이 나타나고 어떤 사람은 아무 문제도 없습니다. 그래서 약사는 환자가 약을 먹는 내내 부작용이 없는지 꾸준히 모니터링합니다.

최근에 60대 여성 환자가 이렇게 물었습니다.

"5년 넘게 당뇨약을 먹고 있는데 4년 전부터 속이 계속 답답하고 도무지 소화도 안 돼요. 당뇨약 때문은 아니겠죠?"

이 환자는 당뇨약과 함께 매번 위장약을 처방받아서 4년째 복용하고 있었습니다. 꾸준히 복용하던 당뇨약이라 당뇨약 때문에 부작용이 생겼을 가능성은 적지만, 환자는 의심되는 당뇨약을 하나씩 빼고 먹어보았습니다. 그런데 한 가지 약을 빼고 먹었더니 불편하던 속이 씻은 듯이 나았다고 했습니다.

일반적으로 특정 증상이 약물로 인한 부작용인지 판단할 때는 복용 후 증상이 생기고 복용을 중단했을 때 증상이 나아지는지, 그리고 다시 복용했을 때 똑같은 증상이 나타나는지 살핍니다. 이 환자처럼 임의로 약을 조절하면 질환 치료에 악영향을 줄 수 있으므로 반드시 전문가와 상의한 뒤 약물을 조절해야 합니다.

살펴보니 해당 당뇨약이 처음에는 괜찮았지만, 나이가 들고 당뇨 합병증으로 신장에서 약을 배설하는 능력이 떨어지면서 부작용이 증가한 것이었습니다. 의사와 상의해 해당 당뇨약을 다른 성분으로 바꾸자 증상이 완전히 해결되었습니다. 환자는 괜히 4년 동안 위장약을 먹으면서 고생했다며 탄식했습니다.

환자가 가고 난 뒤 저는 대한약사회 환자안전약물관리본부에 부작용을 보고했습니다. 이렇게 보고된 부작용 데이터는 식품의약품안전처 산하 한국의약품안전관리원으로 모입니다. 그렇게 모인 데이터의 분석 결과에 따라 의약품 설명서를 바꾸기도 하고, 부작용이 치명적이라면 해당 의약품을 퇴출하기도 합니다. 이처럼 지역 약국에서는 의약품으로 인한 부작용을 설명하

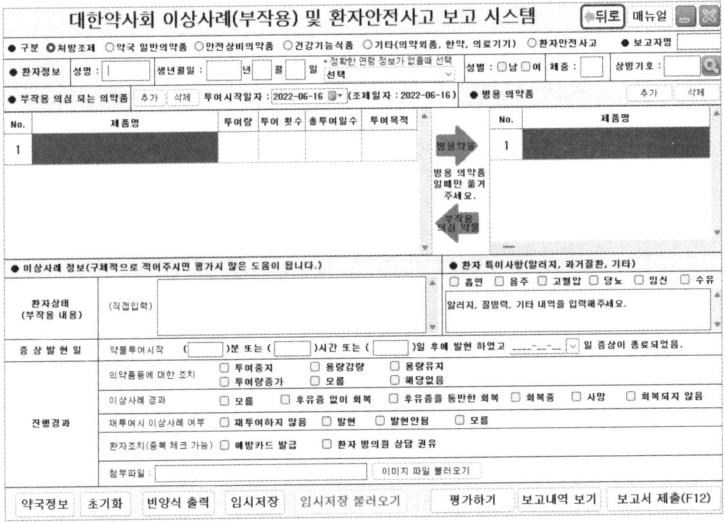

대한약사회 환자안전약물관리본부 부작용 보고 화면

여 예방하고, 부작용이 나타났을 때 해결 방법을 제안하며, 보고를 통해 정보를 수집하는 역할을 합니다.

환자들은 어떤 성분 때문에 부작용이 나타났는지 파악하거나 외우기 어려우므로 약을 먹고 불편한 증상이 생겼을 때는 꼭 약사와 상담하는 편이 좋습니다. 약 부작용을 나와 상관없는 일이라고 생각할 수 있지만 특정 항생제나 진통제 등에 알레르기가 있는 사람이 생각보다 많습니다. 알레르기가 심하지 않다면 두드러기 정도로 그치지만, 심하면 호흡 곤란이나 화상에 가까운 피부 손상을 일으키기도 합니다. 그런데 어떤 약 성분 때문에 부작용이 나타났는지 기록해두지 않으면 또 해당 약물을 처방받고

대한약사회
지역의약품안전센터

약물 부작용 예방카드

약 국 : ____________________

전화번호 : ____________________

약

약물 부작용 예방 카드

복용하게 되는 안타까운 일이 생깁니다. 그래서 약국에서는 '약물 부작용 예방 카드'를 작성해 지갑에 꼭 휴대하도록 당부합니다. 그래야 응급 상황에서 의료진이 이를 확인할 수 있기 때문입니다. 이처럼 약국은 약으로 인한 피해를 예방하고 이와 관련해 환자를 교육하는 역할도 합니다.

의약품 회수

혹시 '발사르탄 사태'를 기억하시나요? 널리 쓰이던 혈압약에서 NDMA(N-니트로소디메틸아민)라는 발암 가능 물질이 발견되면서 전국적으로 의약품 회수가 진행되었습니다. 발사르탄뿐만 아니라 메트폴민이라는 당뇨약, 라니티딘이라는 위장약까지 비슷한 문제가 제기되어 복용하던 약까지 회수해 다른 성분으로 교환하는 사태가 있었습니다. 해당 업무로 병의원과 약국은 그야말로 아수라장이 되었습니다.

NDMA의 위험성을 평가한 결과 구운 고기 같이 일반 식품을 먹을 때와 비슷한 정도의 매우 낮은 위험으로 밝혀지긴 했지만, 매일 먹는 혈압약이다 보니 불안감이 클 수밖에 없었습니다. 결국 해당 의약품은 모두 회수되었고, 이 과정에서 지역 약국은 의약품의 최종 공급처로서 무거운 역할을 수행해야 했습니다.

약국은 모든 처방의약품이 들어오고 나가는 것이 기록되고 문제가 생겼을 때 즉각 회수할 수 있는 시스템이 있습니다. 그리고 문제가 있는 의약품을 발견, 보고, 회수하는 일을 담당합니다. 앞으로 이러한 사회적 안전망으로서의 기능은 더욱 커질 것입니다.

당뇨 소모성 재료 지원 제도

이름부터 어려운 '당뇨 소모성 재료'란 혈당을 측정하는 검사지, 채혈을 위한 채혈침(란셋), 인슐린 주사를 맞을 때 쓰는 주사기와 바늘, 제1형 당뇨병 환자가 사용하는 연속혈당 측정용 전극(센서), 인슐린 펌프용 주사기와 바늘 등을 말합니다. 대부분은 먹는 약으로 혈당을 조절하지만, 인슐린 주사를 맞아야 하는 환자는 자주 혈당을 측정해야 해서 소모품 비용이 만만치 않습니다. 그래서 국민건강보험공단에서는 해당 소모품을 70~90%, 취약계층에는 100%까지 지원하고 있습니다.

모든 제도가 그렇듯 신청, 이용, 청구 등의 행정 절차가 굉장히 복잡합니다. 아예 제도의 존재 자체를 몰라서 이용하지 못하는 사람도 많습니다. 의료기기 판매업소로 등록된 약국은 혈당 측정과 인슐린 투여에 필요한 소모품을 취급하고, 청구 업무를 대행해주기도 합니다. 특히 노인들은 이렇게 좋은 제도를 이용하기가 더 어렵겠다는 생각이 들어 제가 일하는 약국에서는 청

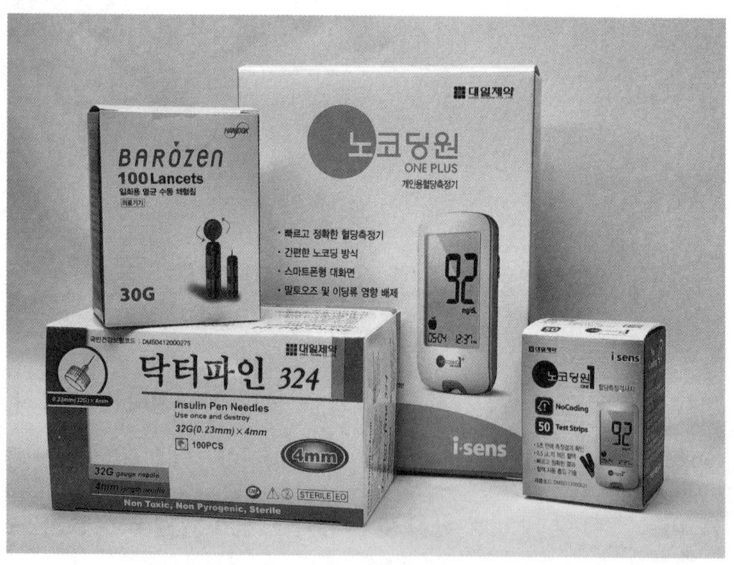

혈당 측정 및 관리에 필요한 당뇨 소모성 재료

구 업무를 대행해주고 인슐린 주사를 맞고 있는데도 제도의 존재를 모르는 환자들에게 '당뇨 소모성 재료 처방전'을 받아오도록 안내합니다.

아무리 좋은 제도라도 잘 알고 이용할 수 없다면 특정 소수에게만 혜택이 돌아가는 안타까운 상황이 발생합니다. 비슷한 예로, 금연 치료 약물에 대한 지원이 대폭 확대되었을 때도 모르는 사람이 많아서 적극적으로 안내하고 홍보한 적이 있습니다. 이처럼 지역 약국은 보건의료 최전선에서 어려운 제도를 잘 이용할 수 있도록 안내하는 역할도 합니다.

늦은 밤 의료 안전망, 공공심야약국

밤에 급하게 약이 필요한데 문 연 약국이 없어서 응급실에 가거나 참아야 했던 적이 한 번쯤은 있을 것입니다. 우리 사회의 경증 질환에 대한 의료 안전망으로 공적 지원을 받아 늦은 밤 또는 새벽까지 운영하는 공공심야약국(지역마다 명칭이 다름)이 있습니다. 2023년 기준 공공심야약국은 제주도, 경기도, 서울, 인천 등에 191개소가 운영되고 있으며 시민들의 만족도가 높아 꾸준하게 확대되고 있습니다.

2020년 의약품정책연구소가 공공심야약국이 처음 시작된 제

공공심야약국 표지판

주도에서 이용자 만족도를 조사한 결과, 제주도민의 93.5%, 관광객의 97.9%가 높은 만족도를 보였습니다. 실제 의약품 구입뿐 아니라 집에 있는 가정상비약에 대한 문의도 많다는 점을 고려하면 꼭 필요한 제도라고 생각합니다. 물론 늦은 시간까지 약국을 운영하는 것이 부담이 되긴 하지만, 경미한 질환에 불필요하게 지출되는 응급실 비용은 사회적 낭비입니다. 그리고 우리 사회가 간단한 의약품 하나면 해결할 수 있는 불편을 그저 참거나 편의점에서 알아서 해결하라고 방임하는 것은 바람직하지 않습니다. 공공심야약국이라는 제도에서 소외되는 곳 없이 모두가 평등하게 안전망을 누릴 수 있기를 기대해봅니다.

방문약료, 약사가 집으로 찾아가요

"부모님 집에 가보면 먹고 있는 약만 한 움큼이에요. 이렇게 약을 많이 먹어도 되는 건지 걱정이에요."

고혈압, 당뇨, 뇌졸중 등 만성 질환 환자가 늘어나면서 5개 이상의 약을 복용하는 노인이 10명 중 4명이라고 합니다. 일본, 캐나다, 호주 등에서는 약사가 거동이 불편하거나 수술 뒤 퇴원한 사람을 찾아가 약을 정리하고, 약에 대해 교육하며, 의사와 간호사에게 약물과 관련한 의견을 전달하는 서비스가 이미 보편적입니다. 우리나라도 몇 년 전부터 이러한 '방문약료' 서비스가 활발하게 생겨나고 있습니다.

저 역시 방문약료를 여러 번 다녀왔는데, 환자 집에 가보면 가볼수록 방문약료의 필요성을 느낍니다. 모양이 비슷한 콧물약을 수면제와 섞어서 보관하는가 하면, 여기저기서 처방받은 진통제를 중복 복용하여 위장과 신장이 상하는 사례도 꽤 많습니다. 꾸준히 사용해야 하는 흡입기가 사용기한이 지난 채 방치되어 있기도 하고, 습한 냉장고에 약이 잔뜩 보관되어 있기도 합니다. 3~4년 지난 약이 집안 곳곳에서 발견되어도 약사와의 신뢰가 형성되지 않고서는 폐기하기도 쉽지 않습니다. 처음에는 '나를 감시하러 왔나?' 하고 불편해하던 노인들도 두세 번 방문하면 말문이 트이고 질문을 쏟아냅니다.

방문약료

약을 제대로 보관하지 않으면 효과가 떨어지거나 변질되어 몸에 독이 될 수 있습니다. 꾸준히 사용해야 하는 약을 꾸준히 사용하지 않고서 의사에게는 잘 사용하고 있다고 하면 의사는 효과가 충분하지 않다고 생각해 용량을 높일 수밖에 없습니다. 건강을 챙긴다며 먹는 건강기능식품이 오히려 약과 충돌하기도 합니다. 약 때문에 생긴 변비는 약만 바꿔도 해결되는데, 변비약을 먹고 설사를 하고 설사하면 또 설사약을 먹습니다. 이렇게 문제를 해결하지 않은 채 약만 자꾸 늘립니다. 개인도 힘들고 사회적 비용도 증가합니다.

약국에서 환자가 먹는 모든 약, 건강기능식품, 일반의약품을 다 알기는 어렵습니다. 약 보관 상태도 알기 어렵습니다. 잘 먹고 있다고 대답하지만, 집에 약이 잔뜩 쌓여 있기도 합니다. 처방받은 약을 제대로 먹도록 하고, 한 사람이 먹는 약을 총체적으로 볼 수 있는 전문가가 있다면 환자의 고통과 사회적 비용을 줄일 수 있습니다. 이를 위해 방문약료 서비스가 더욱 확대되기 바랍니다.

약국을 밖에서 바라보면 의약품을 조제하고 판매하는 모습만 보입니다. 물론 조제와 판매는 약국의 중요한 기능이지만 지역의 가장 가까운 보건의료기관으로서 약국은 눈에 보이지 않는 많은 업무를 수행하고 있습니다. 앞으로 약국의 이러한 공적 기능을 더욱 확대하고 강화해 나가고, 그 가운데 약국도 함께 성장할 수 있도록 선순환을 만드는 노력을 약사와 사회 모두 함께했으면 합니다.

코로나19와 지역 약국의 역할

환자: 코로나 진단 키트 좀 주세요.

약사: 네, 사용법은 알고 계세요?

환자: 설명서 있지 않아요?

약사: 네, 들어 있기는 한데 면봉으로 채취하는 과정을 잘하셔야 해요.

환자: 어떻게 하는데요?

약사: 면봉을 1.5~2cm쯤 넣고 코 벽 쪽을 돌리듯이 훑어서 채취하셔야 정확해요.

환자: 아, 그렇군요. 감사합니다.

약사: 혹시 두 줄이 나오면 지퍼백에 담아서 PCR 검사할 때 들고 가시면 됩니다.

환자: 네, 그렇게 해야 바로 PCR 검사를 받을 수 있는 거군요.

✚ 공적 마스크의 추억

대한민국 역사상 약국이 가장 주목받은 때가 언제일까요? 바로 코로나19로 공적 마스크 제도가 시행되던 때가 아닌가 합니다. 2020년 1월 국내 첫 확진자가 발생한 코로나19는 여러 변이를 거듭하며 지금까지도 계속되고 있습니다. 10년 넘게 약국에서 일해왔지만 이번처럼 감염병 관리에서 지역 약국의 역할을 생생하게 실감하긴 처음이었습니다.

2020년 공적 마스크 제도는 아마도 약사들에게는 다시 떠올리고 싶지 않은 기억일지 모릅니다. 저 역시 하루 종일 울리는 전화에 환청마저 들리고, 출근 전부터 길게 늘어선 줄과 끊이지 않는 갈등과 항의 때문에 약국에 나가기가 겁이 났습니다. 매일 바뀌는 제도를 당일에야 뉴스를 통해서 알게 되고, 그에 대한 항의와 분노는 오롯이 약사들이 감당해야 할 몫이었습니다. 그러면서 평소에 하던 조제, 복약 상담, 마약류 관리 등의 업무를 그대로 해내야 했습니다. 그래도 많은 분이 고생한다, 고맙다며 마음을 전해주시면 다시 힘이 나기도 했습니다.

이런 어려움을 감내하면서도 지역 약국이 공적 마스크 제도에 참여한 이유는 당시 가장 중요한 방역 물품이던 마스크를 가장 공정하고 안전하게 배분할 수 있는 곳이 약국이었기 때문입니다. 인터넷이나 홈쇼핑으로 판매하면 노인이 배제되기 쉽습니다. 편의점은 개인별 판매 수량을 기록하고 제한하기 어려울 뿐더러 사용법을 제대로 안내하기도 어렵습니다. 약국은 국민

공적 마스크와 사용 안내문

건강보험공단을 통해 주민등록번호를 입력하여 중복 구매를 막을 수 있는 시스템을 빠르게 구축할 수 있었고, 당시에는 생소한 마스크 사용법과 관련 제도를 설명해줄 수도 있었습니다.

지금 생각해도 놀라운 점은 이런 정책을 하루 이틀 만에 약국에 전달하여 시행했다는 사실입니다. 이것이 가능한 이유는 약사가 약사법에 따라 대한약사회에 소속되어 보건복지부 관할 아래 있다는 점, 약국이 국민건강보험공단에 요양기관으로 등록되어 있어 비교적 소통과 관리가 쉽다는 점 등을 꼽을 수 있습니다. 또 약사는 평소 법과 행정의 규제를 받으며 일하고, 특히 마약류를 매주 관리하기 때문에 다른 직군에 비해 행정 업무 역량을 갖추고 있습니다. 그리고 무엇보다 보건의료인으로서의 사명감이 있어서 공적 마스크 제도를 시행할 수 있었다고 생각합니다.

개인의 최후 방역 수단인 마스크를 공적으로 공급하고, 접근성이 좋은 지역 약국을 통해 배분하여 수급을 안정시킨 사례는 세계적으로 칭송받았습니다. 그렇지만 지나치게 약사의 사명감과 희생에만 기댄 정책은 지속하기 어렵습니다. 향후 정책 수립 과정에서는 이 점을 꼭 고려했으면 합니다.

✚ 정확한 정보 전달과 방역용품 및 의약품 공급

마스크 공급이 안정되고 백신이 개발되었습니다. 2021년 시작된 백신 접종은 예상대로 많은 논란을 불러왔습니다. 특정 회사의 백신이 가장 좋은 것처럼 포장되고, 백신의 위험성을 둘러싼 확인되지 않은 정보가 넘쳐났습니다. 대표적인 예로, 백신을 맞으면 혈전이 생기는데 아스피린을 먹으면 예방할 수 있다는 소문이 있었습니다. 그 밖에 부작용이 무서워서 백신을 맞고 싶지 않다는 환자도 있었고, 백신 접종은 백신 회사의 배를 불려주기 위한 것이라는 음모론도 나돌았습니다. 약사들은 그러한 내용을 빠르게 파악해 근거를 갖춘 정확한 정보를 전달해야 했습니다.

먼저 아스피린이 혈전을 예방하는 것은 맞지만 백신으로 인한 혈전을 없애는 것과는 다른 원리이므로 아스피린으로는 백신의 혈전 부작용을 예방할 수 없습니다. 오히려 백신 접종 전에 항염증약을 먹으면 항체 형성을 방해할 수 있다는 연구가 있고, 위장 장애는 물론 출혈 부작용도 있다는 점을 잘 설명해 구매하지 않도록 했습니다. 구매 의사가 완강할 때는 판매하면서 주의사항을 자세히 설명했습니다. 약국의 이익과 상반되지만 정확한 정보를 전달하고자 노력했습니다. 일부 의사와 약사는 오히려 전문가의 권위를 이용해 확인되지 않은 가짜 뉴스를 퍼뜨리기도 했지만, 대다수 의사와 약사는 국민에게 정확한 정보를 제공하기 위해 노력했다고 자부합니다.

백신에 대한 과도한 걱정과 가짜 뉴스에 대항해 올바른 정보를 전달하고자 대한약사회 환자안전약물관리본부는 정확한 정보를 담은 문건을 배포하기도 했습니다. 임신부, 수유부 접종 가능 여부부터 항응고제 복용 환자에 대한 지침, 현재까지 알려진 부작용 등 최신 가이드라인은 약사들이 약국에서 일하면서 검색하고 공부하기 어렵습니다. 그래서 대한약사회 산하 단체에서 선도적으로 코로나19 백신의 안전성에 대한 내용과 자주 하는 질문 등을 정리해 배포함으로써 전국의 약사들이 보다 정확한 정보를 전달할 수 있었습니다.

감염병 시기에 정확하고 신중한 정보 전달이 얼마나 중요한지 알 수 있는 또 다른 사례가 있습니다. 정부에서 코로나19 백신 접종 후 발열 증상이 나타나면 타이레놀 같은 해열제를 복용하면 된다고 설명하자 전국의 타이레놀이 품절되는 사태가 벌어졌습니다. 저 역시 당시 "타이레놀 있어요?"라는 환청이 들리고, 마스크 부족 사태가 재현되나 싶을 정도로 "타이레놀 없습니다. 품절입니다"라는 말을 반복해야 했습니다. 더욱 우려스러운 점은 감염병 시기에 타이레놀을 구하기 위해 돌아다니는 많은 사람이었습니다.

이제는 잘 알겠지만, 타이레놀은 얀센이라는 회사에서 지은 약의 이름에 불과합니다. 이 약은 '아세트아미노펜'이라는 성분의 해열진통제입니다. 아세트아미노펜 성분의 해열진통제는 국내에 출시된 것만 70품목이지만, 모두가 타이레놀만을 찾아 헤매야 했습니다. 만약 정부에서 그리고 백신 접종을 하는 병의원에서 "발열, 두통, 몸살과 같은 부작용이 나타나면 아세트아미노펜이 들어 있는 해열진통제를 복용하라"라고 했다면 어땠을까 생각해봅니다. 잘못된 커뮤니케이션으로 인한 부작용은 환자의 몫이었고, 항의받고 설득해야 하는 일은 약사의 몫이었습니다.

✚ 신속 항원 검사 키트의 공급

감염병 시기에는 관련 제도들이 하루 단위로 바뀝니다. 코로나19 검사 역시 초기에는 선별 진료소에서 모든 사람이 PCR 검사를 통해 확진 여부를 알 수 있었습니다. 그런데 확진자가 폭증하자 만 60세 이상, 밀접 접촉자, 신속 항원 검사 양성자 등만 PCR 검사를 받는 것으로 바뀌었습니다. 그러자 신속 항원 검사 키트의 수요가 갑자기 늘어났고, 공급 부족 사태가 벌어졌습니다. 온라인에서 판매하던 신속 항원 검사 키트의 가격이 치솟는 부작용도 나타났습니다.

이에 정부는 공적 마스크 때처럼 온라인 판매를 금지하고 약국과 편의점을 통해 판매 가격과 1회 구입 수량을 제한했습니다. 더불어 생산량을 늘리기 위해 소포장 키트 대신 대용량 포장을 공급하고 약국과 편의점에 소분 판매를 허용했습니다. 이 또한 하루 만에 일어난 일이었습니다. 약국은 위생적인 키트 소분을 신속하게 준비하고, 사용법 안내와 판매 업무를 도맡았습니다. 대부분의 약국은 접근성이 좋지만 소규모 인력이 근무합니다. 그럼에도 신속하게 키트를 공급하여 공급은 빠르게 안정을 찾아갔습니다.

자가 검사의 특성상 정확한 결과를 위해서는 올바른 사용법 안내가 매우 중요합니다. 약국은 키트를 판매하면서 사용법에 대한 정확한 정보를 제공하고자 노력했습니다. 동시에 PCR 검사를 어떻게 하면 받을 수 있는지, 키트에서 양성이 나오면 어떻게 해야 하는지 등도 안내했습니다. 한 줄이 양성인지 두 줄이 양성인지 모르시는 어르신들께 설명하기 위해 많은 시간을 할애하기도 했습니다. 그리고 가정상비약 준비를 돕고, 해당 상비약의 복용법 안내, 중복 복용을 막기 위한 설명 등의 업무를 하느라 약국은 매우 분주했습니다.

방역 물품은 다른 제품과 다르게 안전, 건강과 직결되어 있으므로 공급의 안정성과 정보 전달이 중요하다는 사실을 다시금 깨달았습니다. 신속 항원 검사 키트가 부족할 때 지역 약국이 또 한 번 방역 물품 공급에 중요한 역할을 했습니다.

✚ 코로나19 경구치료제 및 재택 치료 환자의 약 공급

2022년 2월, 코로나19 확진자가 빠르게 늘어나면서 하루에 한두 건이던 재택 치료 처방이 급증했습니다. 정부는 확진자가 증가하자 병상 부족 사태를 막기 위해 경증 환자는 집에서 전화로 진료를 받을 수 있게 허용했습니다. 약국은 일시적으로 팩스 처방전을 받을 수 있었고, 확진자에 한해 전화로 진료받은 뒤 약국으로 팩스를 전송하여 약을 전달하는 시스템을 갖추게 되었습니다.

팩스로 처방전이 도착하면 조제를 마친 뒤 환자에게 전화해 복약 상담을 하고, 약을 어떻게 전달할지 결정했습니다. "재택치료 전화를 기다리는데 안 와요. 제가 직접 해야 하나요?", "제 처방전이 약국으로 갔다는데 도착했나요?", "약은 언제 도착하나요?" 등 전화가 끊이지 않았고, 쏟아지는 다양한 질문에 응대해야 했습니다. 제가 일하는 약국은 약사를 추가로 고용해 재택치료 업무만 전담하게 했는데도 약국 업무에 차질이 생길 정도로 혼란스러웠습니다. 처음에는 정부 지원으로 약 배송을 위탁하기도 했지만, 늘어나는 확진자를 감당하기에는 역부족이었습니다. 중앙정부의 명확한 지침이 없거나 매일 바뀌는 가운데 약사들은 혼란을 감당하면서 의약품이 안전하게 전달될 수 있도록 노력했습니다.

코로나19 경구치료제(팍스로비드)가 개발되면서 전화 문의와 업무는 더욱 늘었습니다. 처음에는 60세 이상, 면역 저하자 등에 한해 처방하던 것이 하루가 다르게 바뀌어서 이런 정보를 정확히 전달해야 했습니다. 또 처음에는 지정 병원에서만 담당했는데 날마다 지정 병원이 늘어나 해당 의료기관이 지정 기관인지 확인하는 것도 주요 업무였습니다. 팍스로비드는 공급이 부족했기 때문에 매일 투약 내역을 보고해야 했습니다.

특히 전화 복약 상담이 가장 어려웠습니다. 분홍색 알약 두 알, 흰색 알약 한 알을 5일간 끝까지 먹어야 해서 복용 방법이 까다롭고, 함께 먹으면 안 되는 약물이 21개나 되는데, 주로 노인들과 전화로 이 모든 것을 설명하고 확인하는 게 여간 어려운 일이 아니었습니다. 혹여 잘못 이해하거나 함께 먹지 말아야 하는 약을 걸러내지 못할까 노심초사하면서 통화해야 했습니다. 사람 간의 '대면'이 얼마나 효율적이고 효과적인지 전화로 이야기를 나누면서 새삼 느낄 수 있었습니다.

너무 힘든 이야기만 늘어놓은 건 아닌가 싶지만, 온 국민이 처음 겪는 감염병의 위기를 기록하는 의미에서 생생하게 써보았습니다. 또다시 이런 감염병 대유행이 없어야 하겠지만, 다시 이런 시기가 온다면 우리 사회가 이번에 겪은 일들을 학습하고 교훈으로 삼아 더 나은 대응력을 보여야 할 것입니다. 그리고 환경 파괴와 산업화로 감염병의 대유행이 벌어졌고, 고소득 국가 중심의 불평등한 백신 공급이 대유행을 더 악화시켰다는 지적 역시 꼭 기억해야 합니다. 이번 코로나19 시기는 비록 힘든 시간이었지만 약사로서 감염병 유행의 한가운데에서 큰 역할을 한 의미 있는 시간이기도 했습니다.

의약품 안전 사용 서비스를 아시나요?

의약품 안전 사용 서비스Drug Utilization Review, DUR는 의약품을 요양기관(의료기관, 약국 등)에서 처방·조제할 때 함께 복용하면 부작용이 발생할 수 있거나 다른 의료기관에서 처방받은 약과 중복되는 성분 등에 관한 정보를 실시간으로 의사와 약사에게 제공해 환자의 안전한 의약품 사용을 돕는 서비스입니다. 2008년 시범 실시 후 점차 확대되어 2010년 12월부터 전국적으로 서비스를 제공하고 있습니다. 두 곳 이상의 의료기관에서 진료받는 경우 환자가 현재 복용하고 있는 약에 관한 정보를 정확히 기억하지 못하면 처방·조제 과정에서 약물 이상 반응이나 과다 복용에 노출될 수 있어 제도적으로 관리하는 것입니다. 특히 초고령 사회를 앞두고 만성 질환으로 다섯 가지 이상의 약물을 매일 복용하는 사람이 계속 증가하는 상황에서 DUR 서비스의 역할이 더욱 중요해지고 있습니다.

현재 DUR은 한방 진료 분야를 제외한 전국의 모든 요양기관에 적용됩니다. 이 프로그램을 통해 해당 처방전 내에서의 병용·연령·임부 금기 의약품, 안전성 관련 사용 중지 의약품 등을 점검하고, 두 곳 이상의 의료기관 처방전에 포함된 의약품 사이의 병용 금기 의약품, 효능군 중복 의약품 등을 점검합니다. 단, 복용 일수가 겹치지 않으면 점검할 수 없습니다. 따라서 불편 증상이 나타날 때만 복용하도록 처방받아 DUR에서 해당 정보가 확인되지 않는다면, 진료나 복약 상담을 받을 때 의사와 약사에게 현재 복용 중인 약에 관한 정보를 전달해야 합니다. DUR 프로그램은 각 요양기관에서 매일 업무를 시작하며 컴퓨터를 켤 때 건강보험심사평가원 데이터베이스의 점검 기준과 새로운 내용을 자동으로 내려받아 가장 최신 정보로 안전한 약 사용을 돕습니다.

만일 약국이나 병원에서 미리 확인하지 못했는데 본인이 먹고 있는 약을 함께 복용해도 되는지 궁금하다면 건강보험심사평가원 홈페이지(https://www.hira.or.kr)의 '의료정보 → 내가 먹는 약 → 의약품 안전 사용 서비스(DUR)' 메뉴를 통해 집에서도 DUR을 이용할 수 있습니다.

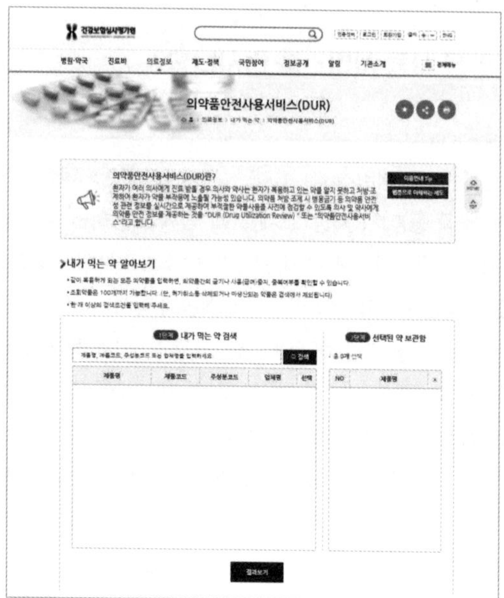

건강보험심사평가원 의약품 안전 사용 서비스 화면

내가 복용하는 약 이름이 궁금해요!

최근에는 대부분 약국에서 약봉투나 별도의 복약지도서를 제공해 약의 이름과 간단한 효능·효과, 이상 반응, 약의 모양 등을 확인하기 쉽습니다. 그러나 다수의 약을 복용할 경우 보관 과정에서 약봉투나 복약지도서를 분실해 처방받은 약에 관한 정보를 확인하기 어려울 때가 있습니다. 이럴 때 약학정보원 홈페이지(https://www.health.kr)나 '의약품 검색' 애플리케이션을 활용해 약의 모양과 색상, 약에 표시된 문자나 기호 등의 정보로 어떤 약인지 확인할 수 있습니다.

1) 약학정보원 홈페이지 → 의약품 검색 → 의약품 상세검색

의약품 상세검색

> 의약품검색 > 의약품 상세검색 자료출처 : 식품의약품안전처

각 항목에 검색어를 입력한 후 검색 버튼을 클릭하시면 해당 조건에 맞는 내용이 검색됩니다. 여러 항목을 동시에 입력하여 검색하실 수 있습니다.
검색어가 두 글자 이상인 경우에는 붙여쓰기를 해주세요.

약물 정보 입력

제품명 (한글/영문)	☐일치 * 정확한 제품명을 모를 경우 초성으로 검색할 수 있습니다. ㄱㄴㄷㄹㅁㅂㅅㅇㅈㅊㅋㅌㅍㅎ	성분명 (한글/영문)	☐일치 / and ▼ ☐일치 / and ▼ ☐일치
회사명		효능효과	예 : 당뇨병
단일/복합	☑전체 ☐단일 ☐복합	전문/일반	☑전체 ☐일반 ☐전문 ☐전문(희귀)
급여/비급여	☑전체 ☐급여 ☐비급여 ☐산정불가	약품코드 (급여/비급여)	
투여경로	전체 ▼	제형	전체 ▼
식약처 분류	선택하기	마약류 등	☑전체 ☐마약 ☐향정 ☐한외마약 ☐오남용우려
KPIC 약효분류	선택하기	ATC 코드	선택하기
주성분코드		생동/대조	☑전체 ☐대조 ☐생동인정

약학정보원 홈페이지 의약품 상세검색 화면

2) '의약품 검색' 애플리케이션(약학정보원 제공)

의약품 검색 애플리케이션 화면

PART
2

알아야 약이 되는 처방의약품 이야기

03

처방전과 약봉투에는 어떤 내용이 있나요?

약국에 자주 오는 할머니가 처방전을 가지고 들어옵니다.

"약사님, 옆구리가 결려 죽겠어. 밤에 한숨도 못 잤어. 옆구리 좀 봐줘!"

옷을 들춰보니 수포가 생긴 발진이 있었습니다. 그런데 처방전에는 단순 근육통에 사용하는 약들만 적혀 있었습니다.

"할머니, 진료받을 때 옆구리 안 보여주셨어요?"

"안 보여줬어. 창피해서…"

의사에게 보이기 창피하다고 아픈 부위를 보여주지 않았다니! 꼭 아픈 부위를 의사에게 보여주라고 신신당부하고 할머니를 병원으로 돌려보냈습니다. 결국 할머니는 대상포진 진단을 받았습니다.

약사는 처방전을 받고서 의사와 환자 사이에 놓친 부분은 없는지, 환자가 진료받을 때 약에 대해 하지 못한 이야기는 없는지, 환자의 말이 처방전에 반영되었는지 환자와 이런저런 이야기를 나눕니다. 이것이 환자의 치료를 위해 처방전을 검토하는 약사의 역할입니다.

병원에서 의사에게 진료를 받았다면 처방전을 들고 약국에서 약사를 만날 차례입니다. 환자는 약국에서 복약 상담 시간을 통해 처방받은 약이 무엇이고, 증상에 어떤 도움을 주는지 알 수 있습니다.

의약분업이 이루어진 지 20년이 넘었지만 여전히 복약 상담 시간은 환자나 약사 모두가 만족할 만한 수준에 이르지 못했습니다. 여기에는 환자가 이해하기 쉽도록 복약 상담을 해야 하는 약사의 노력도 중요하지만, 환자 또한 복약 상담 시간을 보다 진지하게 받아들이려는 자세가 필요합니다. 약사가 아무리 이해하기 쉽게 복약 상담을 하려고 노력해도 환자가 흘려듣는다면 아무런 의미가 없기 때문입니다.

약국에서 복약 상담을 하다 보면 '아침, 저녁, 취침 전'으로 적혀 있는 약봉지를 쳐다보지도 않고 습관적으로 '아침, 점심, 저녁'으로 복용한 탓에 온종일 약 기운에 취해 지내는 환자들이 있습니다. 혹은 1알씩 3회 먹어야 하는 약을 '3'이라는 숫자에 너무 집중한 나머지 3알씩 3회 먹는 환자도 있습니다. 특히 노년층과 중년 남성이 이런 실수를 자주 하는데, 대부분 복약 상담 시간을 건성으로 보냈기 때문입니다.

복약 상담 시간은 단순히 약의 복용 횟수만 일러주는 시간이 아니라 약효를 높이는 방법이나 부작용에 대한 조언, 궁금한 사항 등을 함께 이야기하는 시간입니다. 이 시간을 환자와 약사가 어떻게 만드느냐에 따라 약의 올바른 복용 방법을 이해하여 병을 치료하는 데 도움이 될 수 있습니다.

처방전에는 어떤 내용이 담겨 있나요?

❶ 보험 적용 여부를 표시합니다. '건강보험'은 환자 본인이 총 약제비의 30%만 부담합니다. '의료급여'(생활 유지 능력이 없는 자나 저소득층에 국가 재정으로 기본적인 의료 혜택을 주는 사회보장제도로 1종과 2종으로 구분합니다) 1종은 국가가 약제비를 전액 부담하고, 2종은 환자가 본인부담금 500원을 내야 합니다. '산업재해보험'은 업무를 보다가 재해를 입은 경우이므로 본인부담금이 없고 근로복지공단에서 전액 부담합니다. '자동차보험'의 경우 병원비는 보험회사에서 부담하지만, 약제비는 해당 약국에서 전액 본인 부담으로 처리하고(건강보험이 적용되지 않습니다) 나중에

[약국제출용]

처 방 전

❶ [ ]건강보험 [ ]의료급여 [ ]산업재해보험 [ ]자동차보험 [ ]기타( )

※ [ ]에는 해당되는 곳에 "✔"표시를 합니다.

요양기관기호:

❷			❸		
발급 연월일 및 번호		2023년 08월 25일 - 제 호	의료기관	명 칭	동네의원
환자	성 명	전우치		전화번호	(02) 1111-0000
	주민등록번호	110111 - 1011111		팩스번호	02-1111-0001

❹ 질병분류기호	K210	처방 의료인의 성명	성춘향 (서명 또는 날인)	면허종류	의사
				면허번호	제 10101 호

※ 환자가 요구하면 질병분류기호를 적지 않습니다.

❺ 처방 의약품의 명칭 및 코드	1회 투약량	1일 투여횟수	총 투약일수	본인 부담률 구분코드	용 법
❺-1 루리드	1	2	2		
❺-2 타이레놀이알	2	3	2		
❺-3 시메티딘	1	3	2		
❺-4 심바스타틴 20mg	1	1	30		취침 시 복용
❺-5 오메프라졸 20mg	1	1	30		아침 식전 복용

주사제 처방명세([ ]원 내 조제, [ ]원 외 처방)					조제 시 참고 사항	본인부담 구분기호

사용기간	발급일부터 ( )일간	사용기간 내에 약국에 제출하여야 합니다.

의약품 조제 명세

조제 명세	조제기관의 명칭		처방의 변경·수정·확인·대체 시 그 내용 등
	조제약사	성명 (서명 또는 인)	
	조제량 (조제일수)		
	조제연월일		

항목설명	1. 본인부담률 구분코드: 「국민건강보험법 시행령」 별표2 제4호 및 제6호에 따른 약제를 처방한 경우 본인이 부담할 비용의 부담률에 부여된 해당 구분코드를 적습니다. (구분코드) • A: 100분의 50 본인부담, B: 100분의 80 본인부담, D: 100분의 30 본인부담 • U: 건강보험(의료급여) 100분의100 본인부담, V: 보훈 등 100분의100 본인부담, W: 비급여(보훈만 해당) 2. 본인부담 구분기호: 「본인일부부담금 산정특례에 관한 기준」 등 보건복지부장관이 정하여 고시하는 본인부담 산정특례 대상 특정기호 등을 적습니다.

210㎜×297㎜[일반용지 70g/㎡(재활용품)]

처방전 예시

영수증을 첨부해 보험회사에 청구해야 합니다. '기타'는 보험 처리가 되지 않아 약제비 전액을 환자가 부담하는 비보험을 의미합니다.

❷ '발급 연월일 및 번호'는 환자가 진료 뒤 처방전을 받은 날짜와 병원의 발급번호를 나타냅니다. 발급번호는 처방전이 해당 병원의 실제 처방전인지 확인하는 중요한 자료입니다. 환자의 성명과 주민등록번호는 동명이인이 아닌지 확인하는 데 필요하므로 처방전을 받은 뒤 바로 확인하는 편이 좋습니다.

❸ '의료기관'은 환자가 치료받은 의료기관에 대한 정보를 보여줍니다. 병원이나 의원의 이름과 연락처가 기록되어 있습니다.

❹ '질병분류기호'는 의사가 환자의 증세를 무엇으로 파악하고 진료했는지 알려주는 기호입니다. 또 처방 의료인의 이름, 면허종류, 면허번호가 표시되어 있습니다.

❺는 환자가 처방받은 약의 내용이 기록된 중요한 자료입니다. 예시된 처방 내용을 하나씩 살펴보겠습니다. ❺-1 루리드정은 하루에 두 차례 복용하는 약으로 1회 투약량이 1알이고 1일 투여 횟수가 2회, 투약 일수는 2일입니다. 약효가 12시간 정도 지속되는 약입니다. ❺-2 타이레놀8시간이알서방정은 1회 투약량이 2알이므로 약사는 한 봉지에 타이레놀이알 2정을 조제해야 하고, 1일 투여 횟수가 3회이므로 환자는 아침, 점심, 저녁 세 번 복용해야 합니다. 또한 투약 일수는 2일이므로 총 여섯

봉지를 조제해야 합니다. ❺-3 시메티딘정은 1알씩 3회 2일분을 조제해야 합니다. 이 처방전은 아침 약은 4알, 점심 약은 3알, 저녁 약은 4알로 이뤄진 총 이틀분의 약을 조제하라고 지시하고 있습니다. 이런 처방은 아침과 저녁 약이 같고 점심 약이 다르므로 환자는 약사의 복약 상담에 따라 약봉투의 표시 내용을 확인하고 복용해야 합니다.

❺-4는 위의 이틀분 약과는 달리 투약 일수가 30일로 되어 있는 고지혈증 치료제로 만성 질환에 쓰입니다. 심바스타틴 20mg 함량의 약은 하루 1알씩 취침 시 복용합니다. 최근에는 시간에 관계없이 복용하는 콜레스테롤약을 처방하기도 하지만 여전히 취침 시 복용해야 하는 약도 많습니다. 취침 시 복용해야 하는 약은 대부분 낮에 복용하면 졸음을 심하게 유발하거나 저녁이나 밤에 복용해야 효과가 높고 부작용을 막을 수 있는 약입니다. 이 약도 마찬가지로 저녁에 복용해야 효과가 좋습니다.

❺-5 오메프라졸은 역류성 식도염 약인데 복용 방법이 별도로 표시되어 있습니다. 매일 아침 식사 전 1알씩 복용하라고 표시되어 있는데, 최적의 효과를 볼 수 있는 시간대가 정해져 있는 약물이기 때문입니다.

이처럼 처방전에는 환자와 병원, 약의 이름과 복용 방법에 대한 정보가 담겨 있습니다. 약사는 처방전의 정보를 바탕으로 조제에 들어가기 전에 약이 환자에게 맞는 용량과 제형으로 처방되었는지 확인합니다.

처방전을 받으면 꼭 확인하세요!

① 처방전의 환자 이름과 주민등록번호를 확인합니다.
② 며칠분이 처방되었는지 확인합니다. 의사가 다시 방문하라는 날짜에 불가피하게 갈 수 없는 경우에는 일수를 조정해야 하므로 꼭 확인하고 미리 병원에 수정을 요구해야 합니다.
③ 간단히 처방 내용을 살펴보세요. 예를 들어 콜레스테롤약 30일분, 감기약 2일분을 처방받았는데, 혹시 처방전에 30일분의 약이 빠진 것은 아닌지 등의 정보는 확인할 수 있습니다.

처방약을 먹기 전 꼭 확인하세요!

① 처방약 봉투의 이름을 꼭 확인합니다. 다른 사람의 약과 바뀌지 않았는지 반드시 확인해야 합니다.
② 조제일과 병원 이름을 확인합니다. 단골 약국의 약봉투 색깔이 비슷하면 예전에 지은 약과 구별되지 않아 잘못 복용할 수도 있습니다.
③ 약병이나 약봉투에 기재된 효능과 복용 방법을 잘 확인하고 복용해야 합니다. 잠자기 전 콜레스테롤약을 수면제로 잘못 알고 복용하는 예도 있습니다.

복약 상담은 단순히 '하루 3회 식후 30분'으로 끝나지 않습니다

앞서 설명했듯이 복약 상담은 처방전의 내용에 따라 달라집니다. 그런데 복약 상담 시간을 약을 몇 번 먹어야 하는지 대충 확인하는 시간으로만 생각하는 환자들이 있습니다.

실제로 복약 상담을 할 때 약 때문에 졸음이 올 수 있다고 설명했음에도 이를 무시하고 복용했다가 졸음운전으로 고생한 환자도 있고, 정해진 용법과 다르게 복용해 속쓰림 같은 부작용을 호소하는 환자도 있습니다. 몇 가지 사례를 통해 복약 상담에 대한 이해를 넓혀봅시다.

✚ 24시간 약효가 지속하는 약

이런 약은 복약 상담 시 "저녁에 한 번만 드세요" 혹은 "아침에 한 번만 드세요"라고 이야기하고 약이나 약 포장지에 별도로 표시합니다. 약효가 24시간 지속되어 하루에 한 번만 복용해도 되기 때문입니다. 그런데 복용법을 무시하고 습관대로 하루에 두세 번씩 복용하는 바람에 과다 복용으로 부작용을 호소하거나 약이 부족하다고 문의하는 환자들이 있습니다.

✚ 복용 후 적어도 30분 안에 누우면 안 되는 골다공증약

골다공증약 중 비스포스포네이트 제제(제품명: 악토넬, 포사맥스 등)는 식도를 심하게 자극하는 약이라서 복용 후 30분 동안은 눕지 말고 서거나 앉아 있어야 합니다. 또한 음식물과 함께 복용하면 약의 흡수율이 떨어지므로 아침에 일어나자마자 복용해야 하고, 식도 자극을 줄이기 위해 물을 충분히 마셔야 합니다(170~230ml, 작은 컵으로 두 잔 정도). 복용법을 정확히 지키지 않으면 식도와 위장이 상할 위험이 크므로 반드시 정해진 방법으로 복용해야 합니다.

✚ 역류성 식도염 약

역류성 식도염 약은 아침 식사 전이나 취침 전 공복 상태에서 하루 한 번 복용하도록 복약 상담을 합니다. 그런데 식사 후 복용하는 약과 같이 복용하고는 '약효가 없다', '가짜약 아니냐', '다른 약국에서 지었으면 효과가 좋았을 거다'라며 항의하기도 합니다.

오메프라졸Omeprazol, 란소프라졸Lansoprazol 성분 같은 역류성 식도염 치료제는 일반적으로 위산에 의하여 약효를 나타낼 수 있는 약이므로 복약 상담 시간에 꼭 공복 상태에서 복용하도록 당부합니다.

✚ 다른 약을 방해하는 현탁액

지사제로 쓰는 현탁액(제품명: 스타빅현탁액)은 다른 물질을 흡착하는 성질이 있습니다. 그래서 다른 약과 한 시간 이상 간격을 두고 복용하도록 안내합니다. 속쓰림에 사용하는 현탁액(상품명: 알마겔 현탁액) 역시 철분제, 갑상선저하증약 등 일부 약의 흡수를 방해할 수 있기 때문에 일정 시간 간격을 두고 복용해야 합니다. 그런데 복약 상담에 따르지 않고 이런 약들을 한꺼번에 복용해 약효를 제대로 보지 못할 때가 자주 있습니다.

✚ 가루약과 시럽의 복용 횟수가 다른 어린이 약

어린이 약은 보통 가루약과 시럽을 함께 처방합니다. 이때 가루약은 하루 세 번, 시럽제는 하루 두 번 먹도록 처방할 때가 있습니다. 가끔 시럽 양이 모자란다고 보호자에게 전화가 오기도 하는데, 대부분 두 번 먹여야 하는 시럽을 세 번 먹여서 그렇습니다. 주로 알약인 성인 약은 아침, 점심, 저녁이 표시된 약봉투에 한꺼번에 담겨 있어 복용이 간편하지만, 그에 비해 어린이 약은 복용이 까다로우므로 복용법을 매번 확인한 다음 먹이는 편이 좋습니다.

✚ 피부과 약

피부과 약은 연고제 처방일 때가 많습니다. 연고제는 종류별로 각별한 주의가 필요하기에 약사들은 복약 상담을 할 때 보관과 사용 방법을 환자에게 주지시키려고 노력합니다. 특히 스테로이드 연고제는 정해진 용법과 용량 이상으로 사용하면 피부가 얇아지는 부작용이 있을 수 있으므로 주의하도록 당부합니다.

실제로 한 50대 남성 환자는 강한 스테로이드 연고를 맹신한 나머지 피부에 조그만 문제가 생겨도 연고를 발라 피부가 얇아졌습니다. 그 환자는 모서리에 살짝만 부딪혀도 피부의 미세한 혈관들이 터져 피멍이 들 정도로 피부가 얇아져 더운 여름에도 긴소매를 입고 생활해야 했습니다.

예전에 효과를 봤던 연고를 똑같은 증세가 아님에도 각종 피부 질환에 바르는 경우도 흔합니다. 피부염 발진 증세에 바르던 연고를 무좀에 바르기도 하고, 무좀에 바르던 연고를 피부염에 바르기도 합니다. 그러다 정작 치료 시기를 놓쳐 증세가 악화되는 안타까운 일이 종종 일어납니다.

피부과에서 처방한 약을 무분별하게 사용하지 말고, 새로운 증세가 생겼을 때는 반드시 피부과를 다시 찾아야 합니다. 또 처방받은 피부과 약은 복약 상담 시간에 약사의 설명을 주의 깊게 듣고 알맞게 사용해야 합니다.

약은 꼭 충분한 물과 함께 먹어야 합니다

약을 충분한 물과 함께 복용하는 것은 굉장히 중요합니다. 왜 이것이 중요한지 이해하려면 약의 효과가 나타나는 과정을 알아야 합니다. 환자가 복용한 약이 효과를 내기 위해서는 일단 치료에 필요한 양이 몸속에 흡수되어야 합니다. 약이 몸속에 흡수된다는 것은 복용한 약의 성분이 위를 지나 장에서 흡수된 뒤 간을 지나 혈액으로 들어간다는 뜻입니다.

혈액에 섞인 약은 몇 차례의 반감기(혈액에 있는 약의 양이 반으로 줄어드는 시간)를 지나 대소변을 통해 몸에서 빠져나갑니다. 특정한 이유로 약효를 조절해야 하는 게 아니라면, 약은 빨리 흡수될수록 좋습니다. 약이 빠르게 흡수되기 위해서는 일단 입자의 크기가 작아야 합니다. 입자의 크기를 최소화하기 위해서는 액체 용매(어떠한 물질을 녹이는 물질)에 녹이는 것이 가장 좋은 방법입니다. 우리 주위에서 가장 쉽게 구할 수 있는 액체 용매는 무엇일까요? 바로 물입니다. 물은 우유나 주스 같은 다른 용매에 비해 당분이나 단백질 등의 불순물을 적게 함유하고 있어 약의 흡수를 늦추거나 방해하지 않습니다. 제약회사에서 약을 만들 때도 약이 물에 얼마나 잘 녹는지 실험합니다.

제약회사에서 하는 실험은 약이 물속에서 잘 분해되는지 확인하는 것으로 눈에 보이는 큰 덩어리가 남으면 부적합 판정을 받아 판매할 수 없습니다. 이 실험을 통과하기 위해 약이 물에 잘 녹게 도와주는 각종 첨가제(건강에 아무 해가 없는, 순전히 약이 물에 잘 녹도록 도와주는 물질)를 사용합니다. 약국에서 조제한 약들이 체온과 비슷한 온도의 물에 금방 녹는 것은 이러한 실험을 거쳤기 때문입니다.

따라서 약을 복용할 때 가장 올바른 방법은 충분한 양의 미지근한 물과 함께 먹는 것입니다. 알약을 삼키면 약이 식도를 통과해 위에 도착하기까지 큰 컵으로 한 잔(240cc) 정도의 물이 필요합니다. 물을 한 컵 가득 충분히 마실 때는 약이 위장까지 도착하는 데 5초밖에 걸리지 않지만, 한두 모금의 물로 알약을 살짝 삼킬 때는 약이 식도에 걸려 식도염이나 심하면 식도궤양을 일으킬 수 있습니다. 약을 먹을 때 물을 충분히 마시면 약이 위벽에 직접 닿는 것을 막아 속쓰림과 같은 위장 장애도 줄일 수 있습니다.

습관적으로 물 없이 약을 복용해 만성적으로 식도염이나 위장병을 앓는 사람들도 있습니다. 최근에는 비타민제나 건강기능식품 등 정제나 캡슐을 한꺼번에 많이 복용하는 일도 늘어나고 있습니다. 약을 복용할 때마다 "약 드실 때 물을 충분히 마셔야 합니다"라는 약사의 말을 기억한다면 약의 효과도 높이고 식도와 위장 건강도 지킬 수 있습니다.

하루에 물을 얼마나 마셔야 할까요?

일반적으로 질병관리청에서는 체중 1kg당 30mℓ의 수분 섭취를 권장하지만, 개인의 건강 상태나 활동량, 나이, 업무나 기온에 따른 땀 분비량 등 다양한 요인에 따라 필요한 수분의 양은 달라집니다. 또한 수분은 채소나 과일에도 들어 있으므로 평소 채소나 과일을 많이 먹는다면 다른 사람에 비해 물을 적게 마셔도 될 수 있습니다.

그러나 커피, 녹차, 주스, 탄산음료, 맥주 등의 음료를 물처럼 마신다면 수분 섭취에 조금 더 신경 써야 합니다. 커피, 녹차 등에 함유된 카페인이나 맥주의 알코올은 이뇨 작용을 일으켜 오히려 수분 배출량을 늘림으로써 탈수의 위험을 높이기 때문입니다. 탈수는 내가 갈증을 느끼지 않더라도 몸에 수분이 부족한 상태를 말합니다. 예를 들어 장기간 설사를 하면 갈증을 심각하게 느끼지 않더라도 체내 수분 손실이 증가해 탈수 현상으로 수액을 맞기도 합니다.

수분은 혈액이나 세포 간 물질 등을 구성하는 핵심 성분으로, 수분 섭취가 부족하거나 수분 손실량이 늘어나면 체내 수분 부족으로 정상적인 생리 기능 수행에 문제가 생길 수 있습니다. 특히 노년층은 목이 마른다는 것을 전달하는 갈증 중추의 작동이 원활하지 않아 수분 섭취량이 감소하는 경향이 있습니다. 우리 몸은 땀이나 호흡, 대소변 등으로 매일 1ℓ가 넘는 수분을 배출합니다. 만일 채소나 과일 섭취량도 적은데 하루 수분 섭취량이 1ℓ 미만이면서 혈행 개선 등에 문제를 겪고 있다면 수분 섭취량을 조금 늘리는 편이 좋습니다.

약봉투에는 무엇이 쓰여 있나요?

요즘은 대부분 약국이 처방약과 함께 처방 내용을 봉투에 인쇄해 환자에게 줍니다. 이렇게 처방 내용이 봉투에 인쇄되어 약사가 약 이름을 짚어가며 설명할 수 있어 복약 상담이 한결 편해졌습니다. 환자 역시 복용하고 있는 약이 무엇인지 알게 되면서 약에 대한 궁금증도 늘어났습니다.

약봉투에는 처방전의 내용이 그대로 쓰여 있다고 생각하면 됩니다. 먼저 ❶ '환자 정보'에는 환자 이름, 성별, 나이가 적혀 있는데 이 부분이 제일 중요합니다. 한 산부인과병원에서 다른

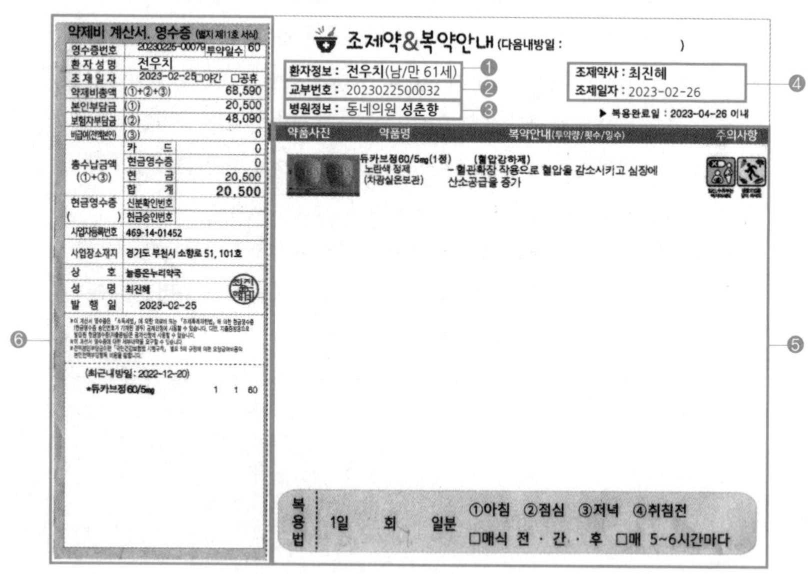

약제비 계산서. 영수증 (별지 제11호 서식)

영수증번호	20230225-00079	투약일수	60
환자성명	전우치		
조제일자	2023-02-25 □야간 □공휴		
약제비총액	(①+②+③)		68,590
본인부담금	(①)		20,500
보험자부담금	(②)		48,090
비급여(전액본인)	(③)		0
총수납금액 ((①+③))	카드		0
	현금영수증		0
	현금		20,500
	합계		20,500
현금영수증 ( )	신분확인번호		
	현금승인번호		
사업자등록번호	469-14-01452		
사업장소재지	경기도 부천시 소향로 51, 101호		
상호	늘푸른누리약국		
성명	최진혜		
발행일	2023-02-25		

(최근내방일 : 2022-12-20)

*듀카브정60/5mg 1 1 60

조제약&복약안내 (다음내방일 :)

환자정보 : 전우치(남/만 61세) ❶

교부번호 : 2023022500032 ❷

병원정보 : 동네의원 성춘향 ❸

조제약사 : 최진혜

조제일자 : 2023-02-26 ❹

▶ 복용완료일 : 2023-04-26 이내

약품사진	약품명	복약안내(투약량/횟수/일수)	주의사항
	듀카브정60/5mg(1정) 노란색 정제 (차광실온보관)	(혈압강하제) - 혈관확장 작용으로 혈압을 감소시키고 심장에 산소공급을 증가	

❺

복용법 : 1일 회 일분 ①아침 ②점심 ③저녁 ④취침전 □매식 전 · 간 · 후 □매 5~6시간마다

❻

약봉투(설명을 위한 예)

환자의 처방전을 발행해 내주는 실수를 했습니다. 처방전을 잘못 받은 환자는 약국에 가서 약을 조제했고, 약사는 분명히 환자가 준 처방전에 적혀 있는 이름을 불렀는데 환자는 무심코 대답하고 약을 받아 복용했습니다. 며칠 뒤 그 환자는 약봉투를 살펴보다 자신의 이름과 다르다는 사실을 알게 되었습니다. 불행히도 그 환자는 임신부였고, 조제된 약에는 추후 태아의 치아 변색을 유발할 위험이 있는 항생제가 포함되어 있었습니다. 결국 그 환자는 병원을 상대로 소송했지만 이미 복용한 약을 되돌릴 수는 없었습니다. 처방전을 잘못 내준 병원의 책임이 가장 크지만, 약사가 약봉투를 보면서 설명할 때 환자가 한 번이라도 약봉투를 유심히 봤더라면 어땠을까 하는 아쉬움이 남는 사건입니다.

환자의 성별과 나이는 동명이인이 있을 수 있으므로 잘 확인해야 합니다. 실제로 병원의 처방 실수 중 가장 흔한 예가 동명이인을 혼동하는 것입니다. 한번은 제 친구가 아이를 데리고 소아과를 두 번째 방문했는데, 병원에서는 진료기록이 없다고 했습니다. 사정을 알아보니 친구 아이와 똑같은 이름이 많아서 지난 첫 진료 때 친구 아이보다 한 살 많은 동명의 다른 아이로 진료기록이 남은 것이었습니다. 보통 약봉투에 쓰는 나이는 '만 나이'로 계산하다 보니 실제 한국 나이보다 한두 살 적게 적힙니다. 이 때문에 친구는 봉투에 아이의 한국 나이가 올바르게 찍혀 있다고 생각해 의심하지 않았습니다. 그 조제약은 한 살 더 많은 아이에게 맞는 용량으로 조제된 것이었습니다. 그러니 되도록 병원에서 처방전을 받으면 즉시 혹은 약국으로 가는 길에 주민등록번호라든가 여타 인적 사항을 살펴보는 편이 좋습니다. 그래야 이런 사고를 막고 현명한 의료 소비자가 될 수 있습니다.

❷ '교부번호'에는 처방전을 교부한 날짜와 번호가 적혀 있고 ❸ '병원 정보'에는 처방전 발행기관인 '병원 이름과 담당 의사의 이름'이 적혀 있습니다.

❹ '조제약사'는 약을 조제한 약사 이름인데, 간혹 환자 이름인 줄 알고 문의하는 사람도 있습니다. '조제일자'는 처방전 교부 날짜가 아니라 실제로 약을 조제한 날짜입니다.

❺는 처방전 내용과 동일합니다. 처방전 한 장이 더 필요하니 복사해달라는 손님이 더러 있는데, 약봉투를 그대로 간직했다가 처방전 내용으로 사용해도 무방합니다.

마지막으로 ❻ '약제비 계산서, 영수증' 항목이 있습니다. 이 영수증은 민간 보험회사에 실비보험금을 청구하거나 연말정산에 사용할 수 있도록 사업자가 직접 발행한 경비영수증으로, 잘 모아두면 굳이 연말에 영수증을 출력하러 여러 약국을 찾아다닐 필요가 없습니다. 이 영수증을 자세히 들여다보면 환자와 약국 사이에 다툼의 빌미가 되는 약값의 비밀이 숨어 있습니다.

처방전 약값은 법으로 정해져 있습니다

약봉투에 적힌 모든 알약의 단가에 사용한 알약 수를 곱하여 '총약값'을 구한 뒤 여기에 '약국관리료'와 '복약지도료' 등을 더해 총약제비를 계산합니다. 총약제비의 70%는 국민건강보험공단이 부담하고 30%는 본인부담금으로 환자가 약국에 지불합니다.

만약 어제 처방전에는 K라는 약이 하루 2알 처방되었고, 오늘 처방전에는 3알이 처방되었다면 당연히 약제비가 변합니다. 본인부담금으로 계산하면 몇백 원쯤 차이가 나는 것이죠. 종종 환자가 약국에 전화해 "약이 똑같은데 왜 오늘 약값이 더 비싸죠?"라고 묻곤 합니다. 이럴 때 "조제약 봉투를 자세히 보면 처방 내용과 알약의 개수가 다릅니다. 그래서 약값이 달라졌습니다"라고 말하면 대부분 이해합니다. 이 밖에도 환자들이 약값에 관해 자주 묻는 질문이 세 가지 더 있습니다.

✚ "같은 약인데 ○○약국이 더 싼 것 같은데요?"

대한민국의 모든 약국은 병원처럼 국민건강보험공단으로부터 돈을 받기 때문에 똑같은 처방전에 똑같은 약제비를 받도록 정해져 있습니다. 이를 위반하면 처벌받습니다. 그런데 환자를 유인하기 위해 불법적으로 약제비를 깎아주는 약국이 간혹 있어 오히려 법을 지키는 약국이 손가락질 받을 때가 있습니다.

제가 약국을 처음 열었을 때 "왜 이 약국은 ○○약국보다 약값이 비싸냐!"라고 항의하는 80대 할아버지가 있었습니다. 그래서 이러한 내용을 차분히 설명하고 약제비 영수증을 뽑아 ○○약국에 가서 확인해보라고 했습니다. 얼마 뒤 할아버지는 오해가 풀렸는지 다시 저희 약국에 오기 시작했고 이후로는 복용하는 약과 건강에 대한 이야기를 주고받으며 잘 지내고 있습니다.

✚ "6시 넘어서 약을 지으면 약값이 더 비싸요?"

응급실, 병원, 의원의 야간진료비와 마찬가지로 약국에도 평일 저녁 6시 이후와 오전 9시 이전, 토·일·공휴일에는 '야간가산'이 있는데 약사의 야간·휴일 근무 시간을 고려해 법으로 정한 사항입니다. 이런 사실을 모르는 환자에게 항의받을 때 약사로서 억울한 마음도 듭니다. 병원에서는 야간할증료가 더해져 평소보다 비싼 진료비를 내고도 아무런 항의도 하지 않으면서 약국에서는 "무슨 약국이 야간할증료를 받느냐!"며 노발대발하는 환자가 있습니다.

약국에서 야간에 받는 할증료는 약값에 매겨지는 것이 아니라 약사의 야간 근무 시간에 대한 '임금'에 추가됩니다. 실제로 본인부담금은 투약 일수가 적은 경우 낮과 비교해 300원, 많게는 1000원 정도 차이 날 수 있습니다.

✚ "나는 매일 1000원 냈는데 이 약국은 왜 이렇게 비싸?"

만 65세 이상 환자는 약제비 계산법이 다릅니다. 만 65세 이상 노인은 약값과 약국관리료, 복약지도료 등을 합한 총약제비가 1만 원 이하일 때 본인부담금이 항상 1000원입니다. 하지만 약이 추가되거나 투약 일수가 늘어 총약제비가 1만 원을 넘게 되면 만 65세 할인이 적용되지 않고 다른 환자와 마찬가지로 총약제비의 30%를 본인부담금으로 내야 합니다.

한번은 할머니 한 분이 똑같은 근육통, 신경통약을 조제했는데 ○○약국은 1000원, △△약국은 3100원이 나왔다며 확인해 달라고 찾아왔습니다. 이 할머니는 처방약 하나가 이전보다 조금 비싼 약으로 변경되어 총약제비가 1만 300원이 되면서 본인부담금이 1000원이 아닌 1만 300원의 30%인 3100원으로 계산되었습니다. 할머니 입장에서는 똑같은 효능의 약인데 갑자기 약값이 변하니 불만과 의문이 생긴 것입니다.

현재 1만 원에서 1만 2000원까지 20%로 다소 완화되기는 했지만 1만 원을 기점으로 약값이 달라지는 것이 만 65세 이상 노인의 본인부담금 할인 제도의 난점입니다. 총약제비가 9990원이면 1000원만 부담하면 되지만 1만 10원이면 2000원, 1만 2010원이면 3600원을 내야 합니다. 수입이 없는 노인이 여러 병원에 다니다 보면 금액이 쌓여 의료비가 생활비에서 차지하는 비중이 만만치 않습니다. 약국에서 처방 일수를 조절하여 본인부담금을 줄일 수 있는 경우 의사에게 알리고 처방을 변경하기도 하는데, 이런 조치가 불가능할 때는 그저 안타까운 마음뿐입니다. 초고령 사회를 대비하는 복지 제도를 연구할 때 이 부분도 함께 연구해 노인의 약값 부담을 조금이라도 덜었으면 하는 바람입니다.

설명을 들어도 무슨 약인지 모르겠어요

복약 상담 시간에 약사가 설명해준 내용을 모두 이해했나요? 모두 이해했다면 정말 다행이지만, 대개는 약사가 설명한 단어가 무슨 뜻인지 잘 모르겠다며 되묻곤 합니다. 약사는 보통 복약 상담 때 "○○약, □□약, △△약이 들어 있습니다"라고 말하는데, 이때 쓰는 단어가 평소 잘 쓰지 않는 말이다 보니 환자가 어려워합니다.

그래서 이번에는 복약 상담 시간에 자주 듣는 약의 이름과 효능에 대해 살펴보려고 합니다. 모든 전문의약품을 살필 수는 없지만 다음에 나오는 의약품 정도만 알아도 약사와 복약 상담을 할 때 '내 질병을 치료하기 위해 이런 약이 쓰였구나' 하고 충분히 이해할 수 있을 것입니다.

✚ 열나고 몸살 기운이 있을 때 먹는 해열진통제

해열진통제란 열을 내리고 통증을 가라앉히는 약으로 주로 감기몸살, 두통, 치과 처방약에 포함되어 있습니다. 잘 알려진 약으로는 타이레놀(성분명: 아세트아미노펜)이 있는데 일반의약품으로 분류되어 처방전 없이도 약국에서 살 수 있습니다.

복약 상담을 할 때 타이레놀이 포함되었다고 하면 보통 "저 감기 아닌데요?" 혹은 "그냥 진통제 넣어준 건가요?"라고 말합니다. 타이레놀 같은 해열진통제에 대한 두 가지 대표적인 오해를 풀려면 먼저 해열진통제의 효능과 효과를 이해해야 합니다.

첫째, 타이레놀은 감기약이 아닙니다. 타이레놀은 감기의 여러 증상 중에서 열과 몸살, 목과 코 등의 통증을 해결할 수는 있지만 기침, 가래, 콧물 등의 증상은 해결하지 못합니다. 다시 말해 타이레놀은 환자가 감기로 겪는 몸살 등의 통증을 개선하고 열을 내려주는 역할을 하지만 감기 때문에 나타나는 모든 증상을 해결하는 약은 아닙니다. 그러니 타이레놀이 처방약에 포함되었다고 '나 감기 아닌데?'라고 생각하지 않아도 됩니다.

둘째, '그냥 넣어준' 진통제가 아닙니다. 타이레놀을 진통제라고 생각하는 환자는 "진통제를 많이 먹으면 습관이 된다던데", "진통제는 치료제가 아니잖아" 등의 말을 덧붙입니다. 물론 틀린 말은 아닙니다. 하지만 진통제는 필요할 때 꼭 복용해야 하고 필요하지 않을 때는 복용하지 않는 '약'이라는 사실을 알아야 합니다. 진통제라고 무조건 멀리할 게 아니라 필요할 때와 필요하지 않을 때를 정확히 구분하는 것이 현명한 자세입니다.

자신의 처방약에 타이레놀이 왜 포함되었는지 궁금하다면 복약 상담 시간에 약사에게 꼭 물어보세요. 그래서 임의로 타이레놀 같은 해열진통제를 빼고 복용해 치료를 늦추거나 생활에 불편을 겪는 일이 없기 바랍니다.

✚ 통증과 염증을 동시에 없애주는 비스테로이드 항염증제

비스테로이드 항염증제Non-Steroidal Anti-Inflammatory Drugs, NSAIDs/NAIDs는 통증과 염증을 동시에 없애고 열을 내려주는 해열 작용까지 하는 소염진통제입니다. 앞서 설명한 해열진통제와의 차이는 무엇일까요? 두 약에 큰 차이는 없지만 소염진통제는 '통증과 염증을 동시에 없애는 효과'가 해열진통제보다 조금 더 좋다고 알려져 있습니다. 보통 소염진통제라고 부르는 NSAIDs는 주로 관절염약에 포함되고 통증을 동반한 염증성 질환(화상, 구내염 등)에도 많이 사용합니다.

잘 알려진 약으로는 부루펜(성분명: 이부프로펜), 낙센(성분명: 나프록센), 이지엔6프로(성분명: 덱시부프로펜) 등이 있습니다. 이러한 소염진통제는 종류가 굉장히 많고, 처방전 없이 약국에서 살 수 있는 일반의약품이 있는가 하면 반드시 처방전이 있어야만 살 수 있는 전문의약품도 있습니다.

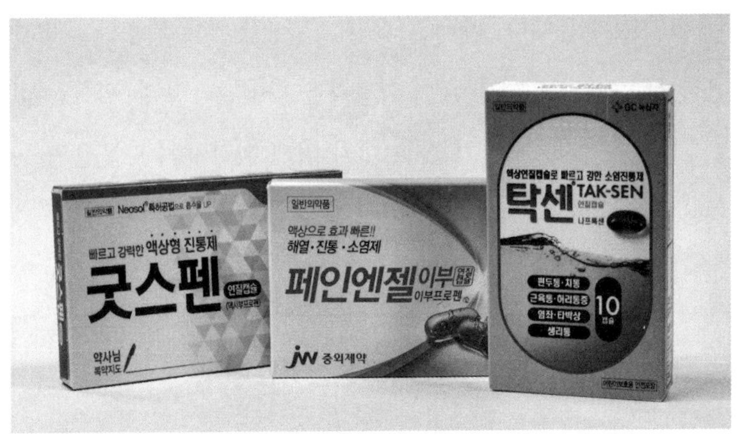

소염진통제

복약 상담을 할 때 처방약에 소염진통제가 들어 있다고 하면 환자는 "저 위장이 별로 안 좋은데요?"라고 반응합니다. 실제로 소염진통제는 작용 과정에서 속쓰림 같은 위장 장애를 일으킵니다. 그래서 소화제나 제산제(속쓰림을 방지하는 약) 같은 위장약을 소염진통제와 함께 처방하기도 합니다.

보통 식사 직후에 미지근한 물과 소염진통제를 복용하면 위장약이 없더라도 속쓰림 같은 위장 장애를 방지할 수 있기 때문에 굳이 처방에 위장약을 넣지 않을 때도 많습니다. 하지만 처방에 소염진통제를 포함해 약의 개수가 많고, 소염진통제를 복용하면서 속이 쓰렸던 경험이 있다면 반드시 복약 상담 시간에 처방약에 위장 장애를 개선하는 약이 들어 있는지 확인하는 것이 좋습니다. 그렇지 않으면 약을 먹고 속이 쓰려 다시 병원을 찾아야 할지도 모릅니다. 반대로 과거 소염진통제를 복용하고 별다른 위장 장애가 없다면 굳이 위장약을 넣어달라고 할 필요는 없습니다. 소염진통제가 효과를 내기 위해 위장약의 도움을 받는 것은 아니니까요.

왜 소염진통제를 먹으면 속이 쓰린가요?

소염진통제(정확하게 표현하면 비스테로이드 항염증제)를 복용했을 때 속이 쓰린 이유는 그 작용 과정을 보면 알 수 있습니다. 소염진통제는 작용 과정에서 프로스타글란딘prostaglandin이라는 물질의 합성을 억제합니다. 프로스타글란딘은 화학 구조에 따라 종류가 다양하고 그만큼 몸에서 하는 일도 다양한데, 소염진통제가 통증과 염증을 억제하는 과정에서 프로스타글란딘의 역할 중 하나인 '위세포 보호 작용' 또한 억제해 속쓰림이 나타나는 것입니다.

이러한 문제 때문에 프로스타글란딘의 위세포 보호 작용은 막지 않고 통증과 염증만 선택적으로 억제하는 소염진통제도 개발되었고, 최근에는 속쓰림이 적은 액상(말랑말랑한 캡슐 형태의 알약) 소염진통제도 개발되었습니다.

그러나 소염진통제마다 통증과 염증을 억제하는 정도에 차이가 있어 질환의 종류에 따라 약간의 속쓰림을 동반하는 소염진통제를 복용해야 할 때도 있습니다. 또한 사람마다 약에 대한 반응이 달라서 속쓰림이 적은 소염진통제를 복용해도 속쓰림을 느끼기도 합니다. 특히 당뇨, 고혈압, 관절염 등으로 동시에 여러 약을 복용해야 하는 환자는 불편을 많이 호소합니다. 소염진통제를 복용하고 유난히 속쓰림이 심했던 기억이 있다면 꼭 위장을 보호하는 약을 함께 처방받아 속쓰림을 미리 방지하기 바랍니다.

✚ 나쁜 균으로부터 몸을 지키는 항생제

항생제는 미생물이 생산하는 대사산물로 다른 미생물의 발육을 억제하거나 사멸시키는 물질입니다. 쉽게 말해 몸에 감염된 나쁜 균을 죽이는 약입니다. 항생제는 부비동염, 림프샘염 등 '○○염'이라는 이름의 질환에 대한 처방에 주로 포함됩니다. 또 화상 치료나 성형, 치과 치료 뒤 복용하는 약에도 대부분 항생제가 들어 있습니다.

복약 상담 시간에 항생제가 들어 있다고 하면 많은 환자가 "항생제를 이렇게 계속 먹어도 돼요?"라고 묻습니다. 항생제를 계속 복용하면 내성이 생겨서 나중에 문제가 되지 않겠느냐는 질문입니다. 이에 대한 답을 알기 위해서는 '내성'이란 무엇인지 제대로 이해해야 합니다. 그러려면 먼저 내성균이 무엇이고 왜 생기는지 알아야 합니다.

내성균이란 어떤 약제에 의해 죽거나 번식이 억제되던 세균의 일부가 유전자 변이를 거쳐 약제에 대한 저항성(약의 효과가 듣지 않는 상태)을 갖게 된 균을 말합니다. 내성균이 문제가 되는 이유는 내성균이 항생제의 약효가 정상적으로 작용하던 다른 균에도 내성을 전이시켜 더 이상 같은 항생제로 효과를 볼 수 없게 만들기 때문입니다.

흔히들 항생제를 '많이' 복용하기 때문에 이러한 내성이 생긴다고 생각합니다. 그러나 항생제를 많이 복용하는 것보다 더 위험한 것은 항생제 복용을 마음대로 중단하는 행위입니다. 치료를 위해서는 하루 3회와 같이 일정한 간격으로 일정한 시간 동안 지속해서 항생제를 복용하여 균을 죽일 수 있는 최소의 혈중 농도를 유지해야 합니다. 증상이 없어지더라도 의사가 처방한 기간 동안 사용해야 혹시라도 몸에 남아 있는 균을 없앨 수 있습니다. 그런데 항생제 복용을 마음대로 중단하면 남아 있던 균이 내성균으로 변할 수 있습니다. 치료가 끝나지 않은 상태에서 증상이 조금 개선되었다고 환자 마음대로 항생제 복용을 중단하고, 비슷한 증세가 다시 나타났다고 같은 약을 임의로 복용하면 오히려 내성균을 키울 위험이 높아집니다.

그러므로 처방받은 항생제는 별도의 지시가 없는 한 반드시 끝까지 복용해야 합니다. 만일 항생제를 복용하는 기간이 길어진다고 생각되면 항생제를 얼마나 더 복용해야 하는지 의사에게 물어보기 바랍니다. 항생제 치료 기간이 의사의 예상보다 길어진다면 증상이 조금 나아졌다고 무리하지는 않았는지, 음주를 하지는 않았는지, 약을 정해진 횟수보다 적게 복용하지는 않았는지 등 생활습관을 돌아봐야 합니다.

왜 어린이 처방전에 항생제와 정장제가 같이 들어가 있나요?

항생제는 몸에 있는 나쁜 균을 죽이는 약입니다. 그런데 나쁜 균을 죽이는 과정에서 항생제가 몸에 유익한 균에도 영향을 주어 설사를 일으킬 때가 있습니다. 성인보다 어린이에게서 이런 일이 더 잦기 때문에 어린이 환자에게는 설사를 방지하기 위한 정장제가 항생제와 함께 처방될 때가 많습니다. 성인도 항생제를 먹고 설사로 고생할 수 있습니다. 그럴 때는 항생제 성분을 메모해두었다가 다음 번에 병원에서 항생제를 처방받을 때 의사에게 미리 말하면 설사를 일으키지 않도록 의사가 약 처방을 조정해줄 것입니다.

04

많이 쓰는 처방의약품 이야기

약사: ○○○님 정말 오랜만이네요. 잘 지내셨어요?

환자: 약사님 너무 반가워요. 약사님께 여쭤보고 싶은 게 있어서 일부러 왔어요. 제가 숨이 차고 답답한 느낌이 드는데, 왜 이러는 거예요? 폐가 안 좋아서 그래요?

약사: 언제 그런 증상이 나타나세요? 증상은 오래가나요?

환자: 계단을 오르거나 빨리 걸을 때 그래요. 그렇게 오래가지는 않고 잠깐 쉬고 나면 괜찮아져요. 그래서 계단 오를 때 쉬었다 올라갔다 해요. 아픈 게 가슴 가운데 같기도 하고 약간 왼쪽 같기도 하고 그래요.

약사: 저희 기록으로는 2년 전까지 협심증약을 복용하셨는데, 약

은 잘 드시고 계시죠?

환자: 사실 제가 파킨슨병을 진단받고 먹는 약이 너무 많아져서 심장약은 안 먹은 지 꽤 됐어요. 그래서 약국도 오랜만에 온 거예요.

약사: 보통 숨이 차면 호흡기 문제라고 많이 생각하지만, 사실은 협심증과 관련되어 있을 가능성도 있어요. 기존에 협심증 진단을 받고 약도 드셨으니 더 그렇습니다. 임의로 중단하면 안 되는 약이니 지금이라도 빨리 심장내과 진료를 다시 받으시는 게 좋겠어요.

환자: 듣고 보니 예전에 심장이 안 좋아서 병원 갔을 때도 비슷한 증상이 있었던 것 같기도 하네요. 병원에 최대한 빨리 가볼게요.

만성 질환 환자는 약의 개수가 많아지고 복용 기간이 길어지면서 복약순응도*가 감소하곤 합니다. 환자가 약물의 복용 목적을 정확히 이해하지 못하는 것도 복약순응도를 떨어뜨리는 요인입니다. 지금부터 자주 쓰는 처방의약품을 살펴보고 복약순응도를 높이고 치료 효과를 향상하는 데 도움을 주고자 합니다.

* 약물 복용에 대한 의사의 지시와 환자의 행동이 일치하는 정도를 말합니다. 예컨대 하루 한 번 복용하도록 지시한 약물을 환자가 임의로 2~3일에 한 번 복용하면 '복약순응도가 낮다'고 합니다. 복약순응도를 높이는 것은 약물 치료에서 가장 중요한 부분입니다.

고혈압

"머리가 아픈데 혈압이 높아서 그런 건가요?"

약국에서 정말 자주 듣는 질문인데, 사실 고혈압은 아무런 증상이 없는 경우가 대부분입니다. 오히려 두통이 우리 몸에 스트레스로 작용해 혈압을 일시적으로 올리는 원인이 될 수는 있습니다. 이 경우 두통이 사라지면 혈압은 다시 안정됩니다. 혈압이 높아서 두통이 생기는 경우는 '고혈압성 응급'이라고 해서 혈압이 250~270mmHg까지 높아졌을 때인데, 이때는 의식이 왔다 갔다 하는 엄청난 응급 상황입니다. 그러니 일상생활에서 혈압 때문에 두통이 발생하는 일은 많지 않겠죠. 원인과 결과가 뒤바뀌었지만, 두 가지 증상이 동시에 나타나다 보니 두통의 원인으로 혈압을 의심하는 경우가 많은 듯합니다.

혈압은 '혈액이 얼마나 강한 힘으로 혈관을 밀어내는지'를 수치화한 값으로 수축기 혈압과 이완기 혈압을 통해 정의됩니다. 수축기 혈압은 심장에서 혈액을 내보낼 때의 압력을 뜻하고, 이완기 혈압은 심장이 확장되어 혈액이 들어올 때의 압력을 의미합니다. 대한고혈압학회의 《2022년 고혈압 진료 지침》에 따르면 고혈압은 수축기 혈압 140mmHg 이상 또는 이완기 혈압(확장기 혈압) 90mmHg 이상으로 정의합니다. 정상 혈압은 임상적으로 심뇌혈관 위험도가 가장 낮은 최적 혈압으로, 수축기 혈압

혈압 분류	수축기 혈압(mmHg)		이완기 혈압(mmHg)
정상 혈압	<120	그리고	<80
주의 혈압	120~129	그리고	<80
고혈압 전 단계	130~139	또는	80~89
고혈압 1기	140~159	또는	90~99
고혈압 2기	≥160	또는	≥100
수축기 단독 고혈압	≥140	그리고	<90

혈압의 분류

출처: 대한고혈압학회 《2022년 고혈압 진료 지침》

이 120mmHg 미만이고 이완기 혈압은 80mmHg 미만일 때로 정의합니다.

고혈압 치료의 목표는 '심뇌혈관 질환(심근경색, 심부전, 뇌출혈, 뇌경색 등)을 예방하고 이로 인한 사망률을 줄이는 것'입니다. 이미 심뇌혈관 질환이 있다면 '진행과 재발을 막고 이로 인한 사망률을 줄이는 것'을 목표로 합니다. 이러한 목표를 달성하기 위해서는 비만과 흡연 등 다른 위험 인자를 함께 조절해야 합니다.

미국은 칼로리가 높은 식단으로 비만이 많아 심혈관 질환자도 많습니다. 그래서 의료계가 고혈압 기준을 수축기 혈압 130mmHg으로 정하고 고혈압을 적극적으로 치료한 결과 눈에 띄게 심혈관 질환자 수가 감소했다고 합니다.

우리나라에서는 "고혈압약은 한번 먹기 시작하면 평생 먹어야 한다"는 인식 때문에 거부감이 심해 "식이요법으로 조절해보겠다", "최대한 늦게 고혈압약을 먹겠다" 같은 반응을 보일 때가 많습니다. 그렇다 보니 안타까운 일이 생기기도 합니다.

호프집을 운영하는 50대 남성이 수축기 혈압이 계속해서 145~150mmHg으로 높았습니다. 하지만 조금만 더 있다가 고혈압약을 복용하겠다고 하는 통에 의사도 어쩔 수 없이 혈압만 측정하고 돌려보냈습니다. 직업 특성상 밤낮이 바뀌어 생활하고 수면시간이 짧은 데다 음주를 즐기며 운동을 거의 하지 않았습니다. 고혈압이 올 수 있는 모든 조건을 갖춘 셈이었죠. 그렇게 혈압약 복용을 차일피일 미루는 사이에 그만 뇌경색이 왔습니다. 생활습관을 관리하고 고혈압약 복용을 미루지 않았더라면 하는 아쉬움이 남습니다.

✚ 약물요법

약국에서 복약 상담을 하다 보면 고혈압약을 먹고 혈압이 정상이 되었으니 이제 약을 그만 먹어도 되지 않느냐고 많이들 묻습니다. 원래도 일상생활에서 고혈압 때문에 딱히 불편한 점이 없었는데, 혈압이 괜찮아졌다고 하니 이제는 약 먹는 행위 자체가 불편해진 거죠. 이럴 때는 고혈압약을 안경에 비유한 어느 의사의 이야기를 따라 다음과 같이 답변합니다.

"고혈압약을 복용하는 것은 시력이 안 좋아 안경을 쓰는 것과 비슷해요. 안경 쓸 때는 잘 보이지만 안경을 벗으면 다시 잘 안 보이죠. 라식 수술처럼 시력을 나쁘게 하는 원인 자체를 해결하는 방법이 아니에요. 그러니 약 복용 외에도 운동과 식이요법 같은 생활습관 개선도 계속 강조하는 거고요. 지금은 고혈압약을 복용해 혈압이 내려갔지만 복용을 중단하면 혈압은 다시 높아질 거예요."

고혈압약은 크게 다섯 가지로 분류할 수 있습니다. 최근에는 두 가지 이상의 고혈압약을 복용하는 사례가 많아 한 알의 약에 두 가지 이상의 성분을 결합한 복합약제를 많이 사용합니다. 따라서 단골 약국 약사를 통해 자신이 복용하는 약을 정확히 알아둘 필요가 있습니다. 고혈압약의 작용 기전을 심장은 펌프, 혈관은 수도관, 혈액은 물, 혈압은 수도관이 받는 압력으로 비유해 설명하고, 기전별로 대표적 약물과 주의 사항에 대해 알아보겠습니다.

1) 이뇨제: 수도관에 흐르는 물의 양을 조절해 수도관이 받는 압력을 낮춥니다.

신장에서 나트륨과 수분의 배설을 촉진해 체액량을 감소시켜 혈압을 낮춥니다. 이뇨제만 단독으로 사용하기보다는 주로 다른 종류의 고혈압약과 함께 사용합니다. 복용 초기에 소변의 양이나 횟수가 증가할 수 있습니다. 따라서 야간에 소변을 보는 불편함을 줄이기 위해 오전 복용을 권장합니다.

2) 베타 차단제: 펌프의 힘을 조절해 수도관이 받는 압력을 낮춥니다.

베타 수용체를 차단해서 심장 수축력과 박동수(맥박수)를 조절해 혈압을 낮춥니다. 베타 수용체는 대표적으로 심장과 기관지에 존재합니다. 임의로 복용을 중단하면 심장박동이 빨라질 수 있으므로 정해진 복용법을 잘 지켜야 합니다. 약 성분마다 차이가 있지만 베타 차단제가 기관지 수용체까지 차단하는 경우 기관지를 수축해 천식이나 만성 폐색성 폐 질환 증상을 악화시킬 수 있어 주의해야 합니다. 따라서 병원 진료 시 자신의 병력을 자세히 알리는 것이 중요합니다.

3) 안지오텐신 변환효소 억제제: 수도관의 굵기를 넓히고 흐르는 물의 양을 조절해 수도관이 받는 압력을 낮춥니다.

안지오텐신 변환효소 억제제는 혈관을 수축시키고 체내 수분량을 증가시키는 안지오텐신Ⅱ가 만들어지는 것을 막습니다. 결과적으로 혈관을 확장하고 체내 수분량을 조절해 혈압을 낮춥니다. 대표적인 이상 반응으로 가래가 없는 마른기침, 혈관 부종 등이 발생할 수 있습니다. 고혈압약을 복용하기 시작했거나 약을 바꿨는데 유난히 마른기침이 난다면 약국이나 병원에 문의해야 합니다. 혈관 부종은 드물기는 하지만 심각한 이상 반응입니다. 눈이나 입술 주위에 많이 생기고, 혀나 입안, 인후부 등에도 발생할 수 있습니다. 약 복용 중 혈관 부종이 나타나면 치명적일 수 있으므로 즉시 복용을 중단하고 의사에게 응급 치료를 받아야 합니다.

4) 안지오텐신 수용체 차단제: 수도관의 굵기를 넓히고 흐르는 물의 양을 조절해 수도관이 받는 압력을 낮춥니다.

안지오텐신Ⅱ의 기능을 막아 혈관을 확장하고 체내 수분량을 조절해 혈압을 낮춥니다. 동맥경화, 심부전, 신부전의 합병증을 막는 데 효과적인 약물입니다. 안지오텐신 변환효소 억제제와 비교해 마른기침, 혈관 부종 같은 이상 반응이 적다는 장점이 있습니다. 실제로 안지오텐신 변환효소 억제제 복용 뒤 마른기침이 관찰되면 안지오텐신 수용체 차단제로 변경합니다.

5) 칼슘 채널 차단제: 펌프의 힘을 조절하거나 수도관의 굵기를 넓혀 물이 흐를 때 수도관이 받는 압력을 낮춥니다.

심장 근육과 혈관이 수축하는 데 필요한 칼슘의 이동을 막아 심장 수축력을 감소시키거나 혈관을 확장해 혈압을 낮춥니다. 세부적으로는 심장 선택성 칼슘 채널 차단제와 혈관 선택성 칼슘 채널 차단제로 나뉩니다. 심장 선택성 칼슘 채널 차단제는 주로 심장 근육의 수축을 억제하고 심장 박동수를 감소시켜 심장의 부담을 줄이는 역할을 합니다. 대표적인 성분으로는 딜티아젬과 베라파밀이 있습니다. 혈관 선택성 칼슘 채널 차단제는 주로 혈관을 확장하는 작용을 하는데, 대표적인 성분으로 암로디핀과 니페디핀 등이 있습니다.

혈관을 확장하는 칼슘 채널 차단제는 이상 반응으로 발목 부종이 나타날 수 있습니다. 한번은 단골손님이 아내의 발목이 자꾸 붓는다며 혈액 순환 개선제를 추천해달라고 요청했습니다. 아내가 발목이 많이 부어서 각종 검사를 받았지만 아무 문제도 찾지 못했다고 합니다. 답답한 마음에 혈액 순환 개선제라도 먹어보면 어떨까 했던 거죠. 혹시나 약물 이상 반응은 아닐까 생각해서 복용 중인 약을 검토해보니 칼슘 채널 차단제인 노바스크가 있었습니다. 그래서 단골손님에게 해당 약물의 이상 반응이 의심되니 의사와 상담해보라고 권유했습니다. 결국 고혈압약을 변경했고 이후 발목 부종도 사라졌습니다. 이 밖에도 흔하지는 않지만 잇몸이 자라나 치아를 덮는 이상 반응이 나타나기도 합니다.

칼슘 채널 차단제와 상호 작용하는 식품이 있는데 자몽 주스가 그렇습니다. 자몽 주스에 들어 있는 '플라보노이드'라는 쓴맛 성분이 혈액 내 약물 농도를 상승시켜 저혈압을 유발할 수 있습니다. 칼슘 채널 차단제는 혈압약에 흔히 쓰는 성분이라 되도록

구분	성분	대표 상품
이뇨제	히드로클로로티아지드	다이크로진®
	클로르탈리돈	하이그로톤®
	푸로세미드	라식스®
	인다파미드	후루덱스서방정®
	토르세미드	토렘®
	스피로노락톤	알닥톤®
	아미로라이드	아미로®
베타 차단제	아테놀롤	테놀민®
	비소프롤롤	콩코르®
	카르베딜롤	딜라트렌®
	네비보롤	네비레트정®
안지오텐신 변환효소 억제제	캅토프릴	카프릴정®
	에날라프릴	레니프릴®
	라미프릴	트리테이스®
	페린도프릴	아서틸®
안지오텐신 수용체 차단제	발사르탄	디오반®
	텔미사르탄	미카르디스®
	올메사르탄	올메텍®
	로사르탄	코자®
	이르베사르탄	아프로벨®
	에프로사르탄	테베텐®
	칸데사르탄	아타칸®
	아질사르탄	이달비®
칼슘 채널 차단제	암로디핀	노바스크®
	에스암로디핀	레보텐션®
	니페디핀	아달라트오로스®
	레르카니디핀	자니딥®
	펠로디핀	무노발®
	딜티아젬	헤르벤정®
	베라파밀	이솝틴®

대표적 고혈압 약물(단일 성분 약)

약은 물과 함께 먹어야 가장 안전합니다.

고혈압약 복용 초기에는 앉았다 일어나거나 누웠다 일어날 때 어지러울 수 있습니다. 그럴 때는 자세를 천천히 바꾸면 도움이 됩니다. 특히 여름철에는 더욱 주의해야 합니다. 날씨가 더워지면 체온을 유지하기 위해 혈관이 확장되고 땀을 통해 수분과 전해질이 많이 배출되면서 혈압이 떨어질 수 있습니다. 고혈압약을 복용하는 고혈압 환자는 혈관이 딱딱하고 탄력이 떨어지기 때문에 이런 변화에 더욱 민감할 수 있습니다. 따라서 무더운 여름에는 저혈압을 예방하기 위해서 천천히 움직이고 수분을 충분히 보충해줘야 합니다.

✚ 생활요법

생활요법에는 체중 감량, 식이요법, 유산소 운동, 금연, 가정혈압 측정 등이 있습니다.

BMI(체질량지수)*를 25 미만으로 유지하는 것이 좋은데, 체중을 10kg 감량하면 수축기 혈압이 5~20mmHg 감소하는 것을 기대할 수 있습니다.

식이요법으로는 채소와 과일이 풍부한 식단, 저지방, 소금 섭

* $BMI = \frac{\text{체중(kg)}}{\text{키(m)} \times \text{키(m)}}$

취 제한 등이 중요합니다. 외식을 많이 해서 소금 섭취를 제한하기 어렵다면 하루 6~8잔 정도 물을 충분히 섭취하면 체내 나트륨 농도를 적정하게 유지하는 데 도움이 됩니다.

운동은 적어도 하루 30분 이상 유산소 운동(빠르게 걷기, 달리기, 자전거 타기, 수영 등)을 하면 4~9mmHg의 수축기 혈압 감소를 기대할 수 있습니다. 흡연과 음주는 혈관에 나쁜 영향을 미치므로 반드시 금연과 절주를 실천해야 합니다. 특히 흡연은 심뇌

생활요법	혈압 감소 정도 (수축기/이완기, mmHg)	참고
소금 섭취 제한	5.1↓/2.7↓	한국인은 하루 평균 약 10g의 소금을 섭취하는 것으로 추정되는데 이는 세계보건기구의 하루 소금 섭취 권고량 5g에 비해 높은 수준입니다. 따라서 하루 소금 섭취량을 6g(1티스푼) 이하로 줄이도록 권고합니다. (소금 섭취량 예: 짬뽕 4g, 냉면 3g, 라면 2g)
체중 감량	체중 1kg 감소 시 1.1↓/0.9↓	허리둘레 남성 90cm(약 35인치) 미만, 여성 85cm(약 33인치) 미만
절주	3.9↓/2.4↓	하루 음주 허용량은 알코올양을 기준으로 남성 20~30g 미만, 여성 10~20g 미만이며, 체중이 적게 나가는 사람은 알코올에 대한 감수성이 크기 때문에 위의 절반만 허용됩니다. 알코올 30g은 소주 2~3잔(1/3병), 맥주 720ml(1병), 막걸리 2사발, 와인 200~300ml(1잔), 정종 200ml(1잔), 위스키 60ml(2샷)에 해당합니다.
운동	4.9↓/3.7↓	하루 30~50분, 일주일에 5일 이상
식사 조절	11.4↓/5.5↓	동물성 지방 섭취와 칼로리를 줄이고 채소, 과일, 생선, 견과류, 유제품 섭취를 늘리는 식이요법

고혈압 생활요법

출처: 대한고혈압학회 《2022년 고혈압 진료 지침》

혈관 질환의 위험 인자로 작용합니다. 혼자서 금연하기 어렵다면 금단 현상을 최소화하고 성공률을 높이는 다양한 금연 방법이 있으니 전문가의 도움을 받기 바랍니다. 자세한 내용은 119쪽 '금연'을 참고해주세요.

올바른 가정 혈압 측정 방법

혈압 관리의 첫걸음은 혈압을 정확하게 측정하는 것입니다. 고혈압 가족력이 있거나 복부비만인 사람, 50세가 넘어 노화로 접어든 사람, 쉽게 피로를 느끼는 사람 역시 주기적으로 혈압을 측정하기를 권합니다. 고혈압은 자각 증세 없이 수축기 혈압이 150mmHg을 넘어서는 경우도 많으며, 숨이 차거나 손발 저림을 통해 많이 발견되기도 합니다.

대표적인 혈압 측정법으로 병원 진료실에서 측정하는 '진료실 혈압'과 전자혈압계로 집에서 측정하는 '가정 혈압', 24시간 동안 혈압을 측정하는 '활동 혈압' 세 가지가 있습니다. 모두 제대로 된 방법으로 측정한다는 가정하에 활동 혈압, 가정 혈압, 진료실 혈압 순으로 정확도가 높습니다. 의외로 진료실 혈압의 정확도가 가장 낮은데, 이는 '백의 고혈압'이라고 하여 하얀 가운을 입은 사람을 보면 가슴이 두근거리고 긴장되어 혈압이 높게 나오는 경우가 많기 때문입니다. 또한 여러 연구를 통해 가정 혈압이 진료실 혈압보다 심혈관 질환과의 연관성이 높다는 사실이 입증된 바 있으며, 일본고혈압학회는 진료실 외 혈압 측정법 중 활동 혈압보다 가정 혈압을 우선으로 권고하고 있습니다.

가정 혈압이 임상적으로 의미가 있으려면 인증된 혈압계를 사용해 표준화된 방법으로 측정해야 합니다. 사용하려는 혈압계가 인증된 제품인지는 다음 사이트에서 확인할 수 있습니다.

http://t2m.kr/BMfHk

가정 혈압계는 일반적으로 위팔 자동 혈압계를 추천합니다. 손목 자동 혈압계는 정확도가 떨어지고 손가락 자동 혈압계는 추천하지 않습니다.

● 측정 방법

발을 바닥에 붙이고 등받이가 있는 의자에 등을 기대고 앉은 상태에서 측정합니다. 최소 5분간 안정을 취한 뒤 혈압을 측정하며, 측정 전 30분 이내에 혈압을 올릴 수 있는 흡연, 음주, 카페인 섭취를 하지 않습니다. 1~2분 간격을 두고 적어도 두 번 이상 혈압을 측정합니다.

● 측정 시간

1. 아침: 아침에 일어나 화장실에 다녀온 뒤 고혈압약을 복용하지 않은 상태에서 측정합니다.

2. 저녁: 잠자리에 들기 전 앉은 자세에서 최소 1~2분 안정을 취한 뒤 측정합니다.

● 측정 기간

처음 진단을 받았을 때는 적어도 일주일 동안 측정합니다. 치료 결과 평가 시에는 가능한 한 오랜 기간 측정하는데, 적어도 병원 방문 직전 5~7일간 측정합니다.

● 측정 방법에 따른 고혈압 진단 기준

측정 방법	수축기 혈압(mmHg)		이완기 혈압(mmHg)
진료실 혈압	≥140	그리고/또는	≥90
가정 혈압	≥135	그리고/또는	≥85

출처: 대한고혈압학회 《2022년 고혈압 진료 지침》

협심증 및 심근경색

심장은 온몸에 산소와 영양분을 공급하는 아주 중요한 장기입니다. 이러한 심장이 잘 뛰려면 심장 역시 산소와 영양분을 공급받을 수 있는 혈관이 필요한데 이를 관상동맥이라고 합니다. 왕관 모양을 하고 있다고 해서 관상冠狀동맥이라고 부르며, 세 가닥으로 이루어져 있습니다. 관상동맥에 이상이 생기면 심장이 찌르듯이 아프거나 숨이 막히기도 하고 돌연사할 수도 있습니다. 이를 '관상동맥 질환'이라 하는데 관상동맥이 막히거나 좁아져 문제가 생긴 상태를 말하며, 심장 근육이 산소와 영양분을 충분히 공급받지 못했다고 하여 '허혈성 심장 질환'이라고도 합니다. 관상동맥 질환에는 대표적으로 협심증과 심근경색이 있습니다.

심장이 우리 몸의 펌프 역할을 한다면 혈관은 수도관에 비유할 수 있습니다. 수도관이 오래되어 낡으면 녹이 슬고 찌꺼기가 쌓여 내부가 좁아집니다. 혈관도 마찬가지입니다. 혈관의 가장 안쪽 막(내피)에 내피세포의 증식이 일어나고 콜레스테롤 찌꺼기(동맥경화반)가 쌓여 혈관이 좁아지거나 아예 막히게 되는데, 이를 '죽상동맥경화Atherosclerosis'라고 합니다. 이는 협심증과 심근경색의 주요 원인으로 작용합니다.

협심증은 죽상동맥경화에 의해 관상동맥이 75% 이상 또는 90% 이상 좁아져 심장으로 가는 혈액의 흐름이 감소한 상태를 뜻합니다. 통상 50세 이상 남성, 폐경기가 지난 60세 이상 여성에게 많이 나타납니다. 흡연이나 가족력에 따라 30대 초중반에 생기기도 합니다.

협심증의 증상으로는 움직이거나 급히 걸을 때처럼 심장이 일을 많이 하는 상황에서 가슴의 정중앙 또는 약간 왼쪽 부위에 5~10분 정도 가슴 통증(뻐근하다, 쥐어짠다, 우리하다, 짓누른다, 조인다, 터질 것 같다, 답답하다 등)이 나타나는데, 휴식을 취하면 호전되곤 합니다. 가슴 통증은 호흡 곤란을 동반하는 경우가 많고, 왼쪽 어깨나 왼쪽 팔 안쪽으로 통증이 퍼지기도 합니다.

협심증은 다음 세 가지로 분류합니다.

안정형	관상동맥의 죽상동맥경화로 혈관이 좁아져 신체 활동을 하지 않는 안정 시에는 괜찮으나 활동할 때는 흉통이 나타납니다. 휴식이나 약물에 의해 해당 증상이 호전됩니다.
불안정형	혈관 내막에 달라붙어 있던 콜레스테롤 찌꺼기가 터져 나오는 과정에서 생긴 혈전(피딱지)으로 혈관이 좁아져 발생합니다. 신체 활동과 무관하게 가슴 통증이 발생하고 휴식이나 약물로 증상이 잘 호전되지 않습니다.
변이형 (이형성)	일반적인 협심증과는 양상이 달라 변이형 협심증이라고 합니다. 죽상동맥경화로 주변의 근육이 예민해져 관상동맥이 경련을 일으키면서 일시적으로 혈류가 차단되어 발생합니다. 혈관 경련이 없을 때는 증상이 없다가 혈관이 수축하는 상황에서 가슴 통증이 발생하고 보통 5분쯤 지속됩니다. 경련이 발생하는 상황으로는 새벽이나 아침 일찍, 음주 뒤 술에서 깰 때, 추울 때 등이 있습니다.

흔히들 혈관 내부가 좁아진 상태를 협심증이라 하고, 협심증이 좀 더 진행되어 혈관이 아예 막혀버리면 심근경색이라고 생각합니다. 하지만 심근경색은 협심증과 달리 단순히 혈관이 좁

아져서 발생하는 것이 아닙니다. 심근경색의 절반가량은 협심증과 같은 심장 질환 없이 갑자기 발생하기도 합니다. 따라서 관상동맥 질환이 약하게 나타나면 협심증이고, 심해지면 심근경색이라고 이해하는 것은 다소 오해의 소지가 있습니다.

심근경색은 죽상동맥경화로 50~70% 정도 좁아진 혈관 내피에 붙어 있던 콜레스테롤 찌꺼기가 갑자기 터지면서 문제가 발생합니다. 피부에 상처가 생긴 것처럼 혈관 내부에 상처가 생기면 상처가 아물도록 피딱지를 만드는데, 이게 안 그래도 좁아진 혈관을 막으면서 혈액의 흐름을 방해하게 됩니다. 협심증보다 통증이 더 심하고, 보통 20~30분 넘게 지속됩니다. 관상동맥이 막혀 심장 근육이 산소와 영양분을 공급받지 못하는 시간이 길어지면 괴사하기 시작하는데, 이를 심근경색이라고 합니다. 자칫하면 목숨을 잃을 수도 있습니다.

관상동맥 질환 중에서 갑작스럽게 관상동맥에 문제가 발생하는 것을 급성 관동맥 증후군acute coronary syndrome, ACS이라 부릅니다. 심근경색은 물론이고 협심증 중에서 불안정형 협심증이 여기에 해당합니다. 결론적으로 급성 관동맥 증후군은 심근경색과 불안정형 협심증을 포괄하는 용어입니다. 안정형 협심증은 심장에 부담을 주는 신체 활동을 할 때 흉통이 나타나는 반면, 급성 관동맥 증후군은 혈전으로 혈액의 흐름이 원활하지 않아서 신체 활동과 상관없이 흉통이 오는 것이 주된 차이점입니다.

불안정형 협심증과 심근경색은 혈전에 의해 생긴다는 점에서 매우 유사합니다. 심장 근육의 괴사 여부가 차이점인데, 괴사가 있으면 심근경색이고 없으면 불안정형 협심증입니다. 심장 근육의 괴사가 일어나면 심장 근육의 운동 이상이 나타나는데, 이는 심초음파로 확인할 수 있습니다. 또 파괴된 심장 근육 세포 내의 효소 성분이 혈중에 나타나므로 혈액 검사로 확인할 수 있습니다.

✚ 약물요법

치료는 질환의 진행을 억제하기 위한 약물요법, 좁아진 혈관을 넓히는 스텐트 시술, 혈관의 우회로를 만들어주는 관상동맥 우회술 같은 수술 방법이 있습니다. 여기서는 약물요법만 다루도록 하겠습니다.

자동차를 오래 타기 위해서는 주기적으로 엔진오일을 교체하며 관리해야 하듯 관상동맥 질환을 관리하기 위해서는 약물 치료가 필요합니다. 혈전이 생기지 않도록 피를 묽게 하는 혈전예방약과 콜레스테롤 찌꺼기가 쌓이지 않게 하는 고지혈증약을 복용합니다. 이 두 약물은 평생 복용해야 하는 중요한 약물입니다. 여기에 관상동맥을 확장하고 심장의 부담을 줄여주는 약물을 사용합니다.

1) 혈전예방약

혈전이 생기지 않도록 피를 묽게 하는 약으로 관상동맥 질환 치료의 기본이 되는 약물입니다. 피를 묽게 하다 보니 평소보다 멍이 잘 생기고 상처가 나면 지혈이 오래 걸릴 수 있습니다. 또한 내시경 검사나 치과 치료 시 며칠 전부터 혈전예방약 복용을 조절해야 출혈을 막을 수 있습니다. 따라서 단골 약국 약사를 통해 혈전예방약을 미리 파악하고 있으면 편리합니다. 하지만 개개인의 상태에 따라 혈전예방약을 중단하면 안 될 수도 있으므로 반드시 의사와 내시경 검사나 치과 치료 시기를 미리 상의하는 편이 바람직합니다.

2) 고지혈증약

직접적으로는 콜레스테롤 수치를 낮춰 죽상동맥경화증의 진행을 억제합니다. 간접적으로는 죽상동맥경화의 형성 과정에서 발생하는 염증의 진행을 억제하는 항염증 작용으로 심장 질환 발생을 억제합니다.

복약 상담을 하다 보면 기름진 음식도 먹지 않고 콜레스테롤 수치도 나쁘지 않은데 고지혈증약을 왜 복용해야 하는지 궁금해하는 환자가 많습니다. 사실 콜레스테롤은 먹는 음식의 영향이 30% 정도에 불과하고 나머지 70%는 간에서 만들어냅니다. 이때 고지혈증약이 간에서 콜레스테롤을 만들어내는 것을 막습니다. 특히 관상동맥 질환이 있는 환자는 콜레스테롤을 최대한 억제해야 혈관 내 찌꺼기가 끼는 것을 막을 수 있으므로 고지혈증약을 꾸준히 복용하는 것이 중요합니다.

최근에는 간에서 콜레스테롤 생성을 막는 성분과 소장에서 콜레스테롤 흡수를 억제하는 성분이 합쳐진 복합제를 많이 사용합니다. 자세한 내용은 99쪽 '고지혈증'을 참고해주세요.

3) 질산염 제제

혈관을 확장해 심장 근육에 혈액과 산소의 공급을 늘려줍니다. 혈관을 확장하다 보니 두통과 저혈압 같은 이상 반응이 나타나기도 합니다. 두통은 대부분 수일 뒤 사라지지만, 불편할 때는 아세트아미노펜 같은 두통약을 복용할 수 있습니다.

니트로글리세린설하정

- 니트로글리세린은 관상동맥을 신속하게 확장해 협심증으로 인한 가슴 통증을 예방하고 치료하는 약으로 혀 밑에 두고 녹여서 먹는 약(설하정)입니다.
- 이 약은 항상 소지해야 합니다.
- 갑자기 가슴을 쥐어짜는 통증이 있을 때 혀 밑이나 입안에 녹여서 복용합니다. 어지러울 수 있으므로 앉아서 복용합니다. 씹거나 삼켜서 복용하면 약효가 없으니 주의해야 합니다.

- 증상이 완화될 때까지 5분마다 반복 투여할 수 있습니다. 3알을 복용한 뒤(15분간)에도 통증이 남아 있으면 의사에게 알려야 합니다. 이때는 직접 운전하지 말고 도움을 받아 병원으로 갑니다.
- 이 약을 복용한 뒤 일어날 때는 천천히 일어나도록 합니다. 누워 있거나 앉아 있다가 갑자기 일어나면 어지러울 수 있습니다.
- 가슴 통증이 생길 수 있는 상황 5~10분 전에 예방 목적으로 복용할 수 있습니다.
- 위에 언급한 내용과 다른 목적으로 이 약을 처방할 수도 있습니다. 이 경우 의사가 지시한 복용 방법을 따라야 합니다.

4) 칼슘 채널 차단제

칼슘 채널 차단제는 고혈압 치료에도 사용하는 약으로, 심장 근육과 혈관이 수축하는 데 필요한 칼슘의 이동을 막습니다. 결과적으로 심장 수축력을 감소시켜 심장 부담을 줄이고 혈관을 확장해 심장 근육에 혈액과 산소 공급을 늘려줍니다. 세부적으로는 심장 선택성 칼슘 채널 차단제와 혈관 선택성 칼슘 채널 차단제로 나뉩니다. 주의 사항은 78쪽 '고혈압'을 참고해주세요.

5) 베타 차단제

베타 차단제는 심장 근육 수축력과 심박수를 감소시켜 심장 부담을 줄여줍니다. 자세한 내용은 78쪽 '고혈압'을 참고해주세요.

6) 안지오텐신 변환효소 억제제와 안지오텐신 수용체 차단제

안지오텐신Ⅱ는 혈압 상승뿐 아니라 죽상동맥경화의 발생에도 관여합니다. 안지오텐신 변환효소 억제제와 안지오텐신 수용체 차단제는 안지오텐신Ⅱ의 작용을 억제하여 죽상동맥경화와 심장 비대를 감소시키는 '심장약'으로서의 역할을 합니다. 자세한 내용은 78쪽 '고혈압'을 참고해주세요.

7) 기타

혈관을 확장하는 약으로 니코란딜과 몰시도민이 있습니다. 혈관 확장 효과로 복용 초기 두통, 얼굴 화끈거림 등이 나타날 수 있으나 대개 2~4주 안에 사라집니다. 트리메타지딘은 기전이 명확하지는 않지만 허혈성 심장에 대한 보호 작용을 합니다.

구분	성분	대표 상품
혈전예방약	아스피린	아스피린프로텍트®
	클로피도그렐	플라빅스®
	티클로피딘	크리드®
	프라수그렐	에피언트®
	티카그렐러	브릴린타®
고지혈증약	로수바스타틴	크레스토®
	아토르바스타틴	리피토®
	심바스타틴	조코®
	프라바스타틴	메바로친®
	피타바스타틴	리바로®
	플루바스타틴	레스콜®

구분	성분	대표 상품
질산염 제제	니트로글리세린	니트로글리세린설하정®
	이소소르비드이질산염	이소켓®
칼슘 채널 차단제	암로디핀	노바스크®
	니페디핀	아달라트오로스®
	딜티아젬	헤르벤®
	베라파밀	이솦틴®
베타 차단제	아테놀롤	테놀민®
	비소프롤롤	콩코르®
	카르베딜롤	딜라트렌®
안지오텐신 변환효소 억제제	캅토프릴	카프릴정®
	라미프릴	트리테이스®
	페린도프릴	아서틸®
안지오텐신 수용체 차단제	발사르탄	디오반®
	텔미사르탄	미카르디스®
	올메사르탄	올메텍®
	로사르탄	코자®
기타	니코란딜	시그마트®
	몰시도민	몰시톤®
	트리메타지딘	바스티난®

대표적인 관상동맥 질환 치료 약물

✚ 위험 인자 관리

관상동맥 질환의 위험 요인은 여러 가지가 있습니다. 이 중에는 가족력, 나이, 성별처럼 아무리 노력해도 개선할 수 없는 요인도 있고, 개선할 수 있는 요인도 있습니다. 대표적으로 흡연,

고지혈증, 고혈압, 비만, 당뇨, 스트레스, 운동 부족 등이 있습니다. 특히 흡연은 관상동맥 질환의 대표적 위험 인자로 3년 이상 금연해야 비로소 비흡연자와 비슷한 정도가 됩니다. 흡연은 혈전을 생성하고 혈압, LDL 콜레스테롤을 증가시키며 HDL 콜레스테롤을 감소시켜 관상동맥 질환에 위험 요인으로 작용합니다. 특히 젊은 나이에 관상동맥 질환이 발생할 때는 흡연이 주요 요인인 경우가 많습니다. 그러므로 반드시 금연해야 합니다.

고지혈증

고지혈증은 혈액에 필요 이상으로 콜레스테롤과 중성지방을 포함한 지질이 많은 상태를 말합니다. 지방 성분이 혈관 벽에 쌓여 염증을 일으켜 협심증, 심근경색, 뇌졸중 등 심혈관계 질환을 일으킬 수 있습니다. 유사한 용어로 비정상적인 혈액 내 지질 상태를 '이상지질혈증'이라 부르기도 합니다. 이는 총콜레스테롤, LDL 콜레스테롤, 중성지방이 증가한 상태 혹은 HDL 콜레스테롤이 감소한 상태를 의미하며 고콜레스테롤혈증, 고지혈증, 고중성지방혈증을 포괄하는 개념입니다. 앞으로 언급할 지질 이상 상태는 이상지질혈증이 더 적합한 용어지만, 여기서는 좀 더 친숙한 용어인 '고지혈증'을 사용하도록 하겠습니다.

고지혈증은 고혈압, 복부비만, 인슐린 저항성 등 심혈관계 질환과 관련한 대사 증후군의 위험 인자입니다. 최근 불규칙한 식습관과 생활습관의 문제로 젊은 나이에 고지혈증을 진단받는 사례도 많습니다.

고지혈증 치료는 심혈관계 질환의 발생 위험을 높이는 LDL 콜레스테롤과 중성지방의 수치를 낮추는 것을 목표로 합니다. 일반적으로 총콜레스테롤 200mg/dl 미만, LDL 콜레스테롤 100mg/dl 미만, 중성지방 150mg/dl 미만을 가장 적절한 수치로 봅니다.

중성지방 수치가 200mg/dl 이상으로 높으면 우선 체중, 음주, 탄수화물 섭취 등 생활습관을 교정해야 합니다. 생활습관을 개선한 뒤에도 중성지방 수치가 여전히 200～499mg/dl으로 높고 LDL 콜레스테롤 수치 역시 높다면, 일차적으로 LDL 콜레스테롤을 낮추기 위해 '스타틴'이라는 약물을 투여합니다. 스타틴은 LDL 콜레스테롤뿐 아니라 중성지방 수치를 낮추는 데도 도움이 됩니다. 스타틴을 투여해도 개선되지 않으면 중성지방 수치를 낮추는 데 도움이 되는 약물의 투여를 고려할 수 있습니다.

고지혈증의 치료 목표는 개개인의 질환과 위험 인자에 따라 달라집니다. 예를 들어 고혈압약을 복용하는 흡연자 남성은 고혈압약을 복용하지 않는 동년배 비흡연자 남성에 비해 주요 위험 인자가 더 많으므로 LDL 콜레스테롤 목표 수치를 더 낮게 설정합니다. 따라서 자신의 수치가 정상 수치보다 낮은데도 고지혈증약을 계속 복용하는 이유가 궁금하다면, 의사와 본인의 치료 목표 수치에 대해 상담하기 바랍니다.

위험도	LDL 목표치
관상동맥 질환[1]*	<55mg/dl
죽상경화성 허혈뇌졸중 및 일과성 뇌허혈발작* 경동맥 질환* 말초동맥 질환* 복부대동맥류* 당뇨병(유병 기간≥10년 또는 주요 심혈관 질환 위험 인자※ 또는 표적 장기 손상을 동반한 경우)[2]	<70mg/dl
당뇨병(유병 기간<10년, 주요 심혈관 질환 위험 인자※가 없는 경우)	<100mg/dl
중등도 위험군(주요 심혈관 질환 위험 인자※ 2개 이상)	<130mg/dl
저위험군(주요 심혈관 질환 위험 인자※ 1개 이하)	<160mg/dl

* LDL 콜레스테롤 기저치 대비 50% 이상 감소시키는 것을 동시에 권고

※ 주요 심혈관 질환 위험 인자
① 연령(남성은 45세 이상, 여성은 55세 이상)
② 관상동맥 질환 조기 발병의 가족력(부모, 형제자매 중 55세 이하 남성, 65세 이하 여성에게서 관상동맥 질환이 발병한 경우)
③ 고혈압(수축기 혈압≥140mmHg 또는 이완기 혈압≥90mmHg 또는 고혈압약 복용)
④ 흡연
⑤ 저HDL 콜레스테롤(<40mg/dl)
⑥ 고HDL 콜레스테롤(≥60mg/dl)은 보호 인자로 간주해 위험 인자 수에서 하나를 감한다.

1) 급성 심근경색증은 기저치 LDL 콜레스테롤 농도와 상관없이 스타틴 투약
2) 표적장기 손상(알부민뇨, 만성 콩팥병[추청사구체여과율 60ml/min/1.73㎡ 미만], 망막병증, 신경병증, 좌심실 비대) 또는 3개 이상의 주요 심혈관 질환 위험 인자를 동반한 당뇨병의 경우 LDL 콜레스테롤 목표치<55mg/dl 선택적 고려 가능

심혈관 질환 위험도에 따른 LDL 콜레스테롤 목표치

출처: 한국지질·동맥경화학회 《이상지질혈증 치료 지침》(제5판, 2022)

✚ 약물요법

콜레스테롤의 70%는 간과 말초조직에서 합성되고 30%는 음식물로부터 기인합니다. 간혹 고지혈증 수치가 매우 높은데도 식이요법과 운동만으로 개선해보겠다는 사람들이 있습니다. 물론 식이요법과 운동이 아무런 효과가 없다는 말은 아닙니다. 하지만 콜레스테롤의 70%가 몸에서 만들어낸 콜레스테롤이기 때문에 약물의 도움을 받으면서 식이요법과 운동을 하는 편이 심혈관 질환 예방에 훨씬 더 효과적입니다.

고지혈증 치료 약물은 크게 콜레스테롤 수치와 중성지방 수치를 낮추는 약물로 구분합니다. 콜레스테롤 감소 효과는 대부분 LDL 콜레스테롤 감소로 나타납니다.

1) 스타틴(HMG-환원효소 억제제)

콜레스테롤이 만들어지는 과정에서 HMG-환원효소HMG-reductase를 억제해 LDL 콜레스테롤을 감소시킵니다. 중성지방을 낮추고 HDL 콜레스테롤을 높이는 작용도 합니다. 콜레스테롤 합성이 활발한 저녁에 복용해야 효과적인 성분도 있고, 복용 시간에 크게 영향받지 않는 종류도 있습니다. 그러니 스타틴을 복용 중이라면 언제 복용하면 좋을지 단골 약국 약사와 상담해보세요.

스타틴은 약물 상호 작용에 주의해야 합니다. 무좀이나 칸디다질염 치료에 사용하는 항진균제(예: 이트라코나졸)나 호흡기 감염 혹은 헬리코박터 치료에 쓰는 항생제(예: 클래리스로마이신)와 심바스타틴, 아토르바스타틴, 로바스타틴을 함유한 스타틴은 상호 작용을 합니다. 항진균제와 항생제가 스타틴의 대사를 방해해 횡문근융해증이라는 근육 손상 위험이 증가할 수 있습니다. 따라서 스타틴 복용 중 다른 질환으로 치료받을 때는 의사와 약사에게 알려야 합니다. 또한 복용 중 특별한 이유 없이 심한 근육통이 나타난다면 의사와 상의해야 합니다.

2) 에제티미브

소장에서 콜레스테롤 흡수를 억제해 LDL 콜레스테롤을 감소시킵니다. 단독으로 처방하기보다는 스타틴과 함께 사용하는 약물입니다. 흔하지 않지만 두통, 설사 등의 이상 반응이 나타날 수 있습니다.

3) 담즙산수지

콜레스테롤 흡수를 막고 배설시키는 약물입니다. 다른 약물의 흡수를 방해할 수 있어 이 약을 투여하기 1시간 전이나 4~6시간 후에 다른 약물을 복용합니다. 이상 반응으로 변비가 나타날 수 있습니다.

4) 피브린산 유도체

중성지방을 낮추는 데 가장 효과적인 약물로 HDL 콜레스테롤도 높여줍니다. 이상 반응으로 가벼운 위장관 장애가 나타날 수 있는데, 치료가 진행됨에 따라 증상은 완화됩니다.

5) 오메가-3

중성지방을 낮추는 효과가 있습니다. 위장 장애를 줄이기 위해 식사 후 바로 복용합니다. 생선 냄새가 나는 트림, 복부팽만 등이 나타날 수 있습니다.

구분	성분	대표 상품
스타틴	로바스타틴(저녁 복용)	로바로드®
	프라바스타틴(저녁 복용)	메바로친®
	심바스타틴(저녁 복용)	조코®
	플루바스타틴(저녁 복용)	레스콜®
	아토르바스타틴(시간 무관)	리피토®
	로수바스타틴(시간 무관)	크레스토®
	피타바스타틴(시간 무관)	리바로®
에제티미브	에제티미브	이지트롤®
담즙산수지	콜레스티라민	퀘스트란®
피브린산 유도체	베자피브레이트	베자립®
	페노피브릭산	페노시드®
	페노피브레이트	리피딜슈프라®
	겜피브로질	로피드®
오메가-3	오메가-3	오마코®

대표적인 고지혈증 치료 약물

✚ 식이요법 및 운동

콜레스테롤과 포화지방산이 많이 포함된 음식물의 섭취를 줄이면 콜레스테롤과 중성지방 수치를 낮추는 데 도움이 됩니다. 고기(특히 내장), 달걀노른자, 우유, 크림, 버터, 치즈, 돼지기름, 그 외 조리용 기름을 먹지 말고 포화지방과 콜레스테롤이 적은 생선, 채소, 닭고기 등을 섭취합니다.

운동은 그 자체로도 심혈관 질환을 예방하는 효과가 있을 뿐 아니라 지질 수치 개선에도 도움이 됩니다. 2~4개월 정도 장기간 규칙적으로 운동하면 중성지방 수치를 낮추는 데 효과적입니다. 하지만 운동을 중단하면 다시 빠르게 원점으로 돌아가므로 규칙적으로 운동하는 습관이 가장 중요합니다.

운동과 식이요법을 통한 체중 감량은 LDL 콜레스테롤과 중성지방 수치를 낮추고 HDL 콜레스테롤 수치를 증가시킵니다. 비만이라면 적절한 체중 관리가 고지혈증 치료에 중요한 역할을 한다는 사실을 잊지 말아야 합니다.

당뇨병

당뇨병은 췌장에서 충분한 양의 인슐린(혈액 속 포도당의 양을 일정하게 유지하도록 돕는 호르몬)을 만들지 못하거나 만들어진 인슐린이 제대로 작동하지 못해 혈관 합병증 위험이 커지는 대사성 질환입니다. 비당뇨인의 혈액이 설탕물이라면 당뇨인의 혈액은 꿀물과 같습니다. 꿀물처럼 달고 끈적끈적한 혈액이 머리끝에서 발끝까지 온몸의 혈관을 돌아다니며 크고 작은 혈관을 망가뜨리는 것이 바로 당뇨병입니다.

혈당이 높으면 갈증이 나 물을 자주 마시게 되고, 소변량이 늘어 화장실도 자주 가게 됩니다. 몸에서는 높은 혈당을 제대로 활용하지 못해 세포 입장에서는 배가 고파 식사량이 늘지만 체중은 오히려 감소합니다.

당뇨병의 가장 큰 문제는 혈관 합병증입니다. 대표적인 예가 망막병증(실명할 수 있음), 당뇨병성 신부전(악화 시 투석 필요), 신경병증(저림 및 통증)이고 심부전, 심근경색, 뇌졸중 등 심혈관계 질환의 위험이 커집니다. 합병증을 예방하기 위해서는 혈당뿐 아니라 고혈압, 고지혈증까지 함께 관리해야 합니다.

혈당 조절을 위해서는 혈당 수치 세 가지를 잘 알아야 합니다. 바로 공복 혈당, 식후 2시간 혈당, 당화혈색소입니다. 보통 병원에서는 당화혈색소를 가장 중요하게 봅니다. 당화혈색소는 2~3개월 동안 평균적인 혈당 변화를 반영하는 수치인데, 당화혈색소가 높을수록 합병증 위험이 증가하기 때문입니다. 그런데 공복 혈당, 식후 2시간 혈당은 왜 중요할까요? 당화혈색소는 혈당의 평균값은 잘 나타내지만 혈당의 '변화폭'은 반영하지 못

구분	정상	당뇨 전 단계	당뇨	조절 목표
공복 혈당(mg/dl)	70~100	100~125	≥126	80~130
식후 2시간 혈당(mg/dl)	90~140	140~199	≥200	<180
당화혈색소(%) (HbA1c)	<5.7	5.7~6.4	≥6.5	<6.5

제2형 당뇨병 혈당 조절 목표치

출처: 대한당뇨병학회 《당뇨병 진료 지침》(제8판, 2023)

※ 일반적인 조절 목표치이며 개개인의 연령, 당뇨병 진행 정도, 동반 질환 등에 따라 달라질 수 있습니다.

하기 때문입니다. 예컨대 혈당이 150으로 일정한 사람과 50에서 200으로 널뛰기하는 사람의 당화혈색소는 비슷할 수 있습니다. 이러한 단점을 보완하기 위해 평소 집에서 공복 혈당과 식후 2시간 혈당을 측정하는 것이 도움이 됩니다.

당뇨병은 제1형과 제2형으로 구분하며 임신 기간에 처음 진단되는 임신성 당뇨병도 있습니다. 제1형 당뇨병은 인슐린을 전혀 생산하지 못하는 당뇨병입니다. 주로 소아나 청소년에게 발생한다고 하여 '소아 당뇨병'이라고도 합니다. 이와 달리 인슐린이 상대적으로 부족한 제2형 당뇨병은 인슐린 저항성(혈당을 낮추는 인슐린 기능이 떨어져 세포가 포도당을 효과적으로 연소하지 못하는 것)을 특징으로 합니다. 제2형 당뇨병은 서구화된 식생활, 운동 부족, 스트레스 등 환경 요인이 크게 작용하고, 그 밖에 췌장 수술, 감염, 약제 등에 의해서도 생길 수 있습니다.

✚ 약물요법

치료 목표는 정상 혈당을 유지해 합병증을 예방하고 치료에 수반되는 저혈당 및 약물 부작용을 최소화하며 정상적인 생활을 유지하는 것입니다.

제1형 당뇨병에는 반드시 인슐린 주사를 사용해 체내에 부족한 인슐린을 공급해줘야 합니다. 제2형 당뇨병은 다양한 종류의 먹는 당뇨약을 먼저 사용한 뒤 혈당이 잘 조절되지 않을 때 추가로 인슐린 주사를 사용합니다.

1) 먹는 당뇨약

① 비구아니드

간에서 포도당 생성을 막고 장에서 포도당 흡수를 줄이며 근육에서는 포도당을 잘 이용할 수 있게 도와줍니다. 체중을 증가시키지 않고 저혈당 발생이 적다는 장점이 있습니다. 복용 초기에는 복부팽만, 소화불량, 방귀, 설사 등의 불편한 증상이 나타날 수 있지만 시간이 지나면 점차 사라집니다. 식사 직후에 복용하면 이러한 불편한 증상을 줄일 수 있습니다. 조영제를 투여해야 하는 CT 검사 시 복용을 중단해야 할 수도 있으니 단골 약국 약사를 통해 당뇨약을 미리 파악하고 있으면 편리합니다.

② 설폰요소제

췌장에서 인슐린 분비를 자극해 혈당을 낮추는 당뇨약입니다. 일반적으로 식사 전 복용을 권장합니다. 이상 반응으로 체중 증가가 나타날 수 있으며, 혈당 저하 효과가 커 저혈당이 나타날 수 있습니다.

③ 메글리티나이드

췌장에서 인슐린 분비를 자극해 혈당을 낮춥니다. 약효가 빠르다 보니 복용 후 30분 안에 식사를 하지 않으면 저혈당이 발생하기 쉽습니다. 따라서 식사 직전에 복용하도록 권장합니다.

④ 알파글루코시다제 억제제

음식의 영양성분 중 탄수화물의 소화와 흡수를 돕는 효소인 알파글루코시다제를 억제해 식사 후 혈당을 낮춥니다. 식사 후 혈당을 효과적으로 낮추기 위해 식사 전 복용을 권장합니다. 탄수화물의 소화를 방해하다 보니 속이 더부룩하고 가스가 차는 느낌이 날 수 있습니다. 이때 소화제를 복용하면 소화제가 탄수화물을 소화시켜 약효를 방해할 수 있으니 주의해야 합니다.

⑤ 티아졸리딘디온

지방과 근육에서 포도당을 잘 이용하도록 돕고 간에서 포도당 생성을 막아 혈당을 낮춥니다. 식사와 관계없이 복용할 수 있습니다. 이상 반응으로 부종, 체중 증가 등이 나타날 수 있습니다.

⑥ DPP-4 억제제

인크레틴(인슐린 분비 촉진)을 분해하는 DPP-4를 억제해 인슐린 분비를 돕습니다. 또한 혈당을 올리는 글루카곤을 억제해 혈당을 떨어뜨리는 작용도 합니다. 인크레틴은 소장이 음식물로 자극을 받을 때만 나오는 호르몬입니다. 따라서 DPP-4 억제제는 공복에는 약효가 나타나지 않아 저혈당 위험이 낮다는 장점이 있습니다.

⑦ SGLT-2 억제제

혈액 속에 있는 과도한 포도당을 소변으로 내보내 혈당을 낮춥니다. 포도당과 함께 나트륨과 칼로리도 배출시키다 보니 당뇨뿐 아니라 혈압과 체중 감소에도 도움이 됩니다. 심장 질환(심부전, 심근경색)으로 인한 사망률과 신장 합병증 발생률을 낮추는 효과가 연구를 통해 입증되었습니다. 당뇨인은 비당뇨인보다 심혈관 질환으로 인한 사망률이 2~4배 높으므로 심장 질환이나 신장 질환이 있는 당뇨병 환자에게 많이 처방하는 당뇨약입니다.

구분	성분	대표 상품
비구아니드	메트포르민	글루코파지®, 다이아벡스®
설폰요소제	글리메피리드	아마릴®
	글리클라지드	디아미크롱®
메글리티나이드	미티글리니드	글루패스트®
	레파글리니드	노보넘®
	나테글리니드	파스틱®
알파글루코시다제 억제제	아카보즈	글루코바이®
	보글리보스	베이슨®
티아졸리딘디온	피오글리타존	액토스®
	로베글리타존	듀비에®
DPP-4 억제제	아나글립틴	가드렛®
	빌다글립틴	가브스®
	알로글립틴	네시나®
	에보글립틴	슈가논®
	삭사글립틴	온글라이자®
	제미글립틴	제미글로®
	시타글립틴	자누비아®
	리나글립틴	트라젠타®
	테네리글립틴	테넬리아®
SGLT-2 억제제	엠파글리플로진	자디앙®
	다파글리플로진	포시가®
	이프라글리플로진	슈글렛®

대표적인 경구용 당뇨병 치료 약물(단일 성분 약)

2) 주사 당뇨약

① GLP-1 유사체

인크레틴의 일종인 GLP-1 유사체로 인슐린 분비를 돕고 글루카곤을 억제해 혈당을 낮춥니다. 배고픔은 줄이고 포만감을 늘려 식욕과 체중을 조절하는 효과도 있습니다. 울렁거림, 설사 등이 이상 반응으로 나타날 수 있습니다.

성분	대표 상품	사용 주기
엑세나타이드	바이에타®	1일 2회 식전 1시간 이내
리라글루티드	빅토자®	1일 1회 일정한 시간
둘라글루타이드	트루리시티®	주 1회 식사와 무관하게

대표적인 GLP-1 유사체 주사용 당뇨약

② 인슐린

인슐린은 혈액 속 포도당의 양을 일정하게 유지하도록 돕는 호르몬입니다. 일반적으로 먹는 당뇨약만으로 혈당 조절 목표에 도달하지 못하면 혈당 상태가 더 악화하기 전에 인슐린 치료를 시작합니다.

인슐린은 약효가 얼마나 빨리 나오는지, 얼마나 오랫동안 지속되는지에 따라 다섯 종류로 나뉩니다. 종류별 상세 정보와 특징은 2012년 당시 식품의약품안전청에서 발간한 《자가 투여 인슐린 주사제 안전하게 투약하기》와 대한당뇨병학회에서 발간한 《당뇨병 진료 지침》(8판, 2023)에 근거했습니다.

• 초속효성 인슐린

맑은 용액 형태로 주사 뒤 15분 내에 작용해 1~2시간에 최대 효과에 도달하며 효과가 3~6시간 지속됩니다. 효과가 빨라 식사 직전에 투여해도 되고, 약효 지속 시간이 짧아 저혈당 발생 위험이 적습니다.

• 속효성 인슐린

레귤러 인슐린이라고도 하며 맑은 용액 형태로 주사 뒤 30~60분 내에 작용해 2~3시간에 최대 효과에 도달하며 효과가 3~8시간 지속됩니다.

• 중간형 인슐린

엔피에이치NPH 인슐린이라고도 하며 속효성 인슐린에 프로타민이라는 단백질을 결합해 지속 시간을 늘린 인슐린입니다. 뿌연 현탁액 형태로 사용 전 인슐린이 충분히 섞일 수 있도록 손바닥에서 10회 굴리고 위아래로 가볍게 흔들어줍니다. 주사하고 2~4시간 뒤에 작용해 4~6시간에 최대 효과에 도달하며 효과가 8~18시간 지속됩니다.

• 지속형 인슐린

맑은 용액 형태로 주사 뒤 1~2시간 이내에 작용해 효과가 18~42시간 지속됩니다.

• 혼합형 인슐린

초속효성과 중간형의 두 가지 인슐린을 일정 비율로 섞어서 만든 인슐린으로 뿌연 현탁액 형태입니다. 초속효성 인슐린과 지속형 인슐린을 혼합한 리조덱은 맑은 용액 형태입니다. 일반적으로 주사 뒤 10~15분 내에 작용해 1~1.5시간에 최대 효과에 도달해 효과가 10~24시간 지속됩니다. 세부 사항은 성분 혼합 정도에 따라 다를 수 있습니다.

초창기 인슐린은 병 형태로 생산되어 주사기로 주사했으나 요즘은 볼펜 형태로 나와 주사 시 번거로움이 덜합니다. 대개 인슐린은 의료진의 도움 없이 당뇨인 스스로 투여하기 때문에 사용법과 주의 사항을 잘 숙지해야 합니다. 인슐린을 처음 사용할 때는 약국에서 사용법과 주의 사항을 안내받고, 임의로 횟수를 조절하거나 중단하지 않고 의사의 처방대로 정확하게 사용해야 합니다.

분류	투여 시간	대표 상품	성분
초속효성	식사 전 15분 이내 혹은 식사 직전	노보래피드®	인슐린아스파트
		애피드라®	인슐린글루리신
		휴마로그퀵펜®	인슐린라이스프로
속효성	식사 30분 전	휴물린알®	휴먼인슐린
중간형	식사 30분 전	휴물린엔®	휴먼인슐린
지속형	하루 1회 일정한 시간	란투스®	인슐린글라진
		레버미어®	인슐린디터머
		트레시바®	인슐린데글루덱
		투제오®	인슐린글라진
혼합형	일반적으로 식사 직전~15분 전, 필요 시 식사 직후	노보믹스30®	인슐린아스파트 30%
			인슐린아스파트-프로타민 70%
		노보믹스50®	인슐린아스파트 50%
			인슐린아스파트-프로타민 50%
		휴마로그믹스25®	인슐린라이스프로 25%
			인슐린라이스프로-프로타민 75%
		휴마로그믹스50®	인슐린라이스프로 50%
			인슐린라이스프로-프로타민 50%
	주된 식사와 함께	리조덱®	인슐린아스파트 30%
			인슐린데글루덱 70%

인슐린 종류

어떻게 인슐린을 사용해야 할까요?

- 개봉하지 않은 병 또는 펜 형태의 인슐린은 냉장 보관(2~8℃) 합니다.
- 주사액이 너무 차가우면 주사 시 통증이 심할 수 있습니다. 따라서 주사하기 15분 전에 인슐린을 냉장고에서 꺼내 찬 기운을 덜어준 뒤 주사합니다.
- 주삿바늘은 매번 새 제품을 사용합니다. 주삿바늘을 재사용하면 주사 끝이 무뎌지고 코팅이 벗겨져 통증을 유발할 수 있고 지방 위축이나 지방 비대가 발생할 수 있습니다.
- 인슐린은 신경과 혈관의 분포가 적은 피하조직에 주사합니다. 피하조직은 피부 아래 지방층과 근육 사이에 있습니다. 인슐린은 복부, 팔 바깥쪽, 허벅지 부위에 주사할 수 있는데 주로 복부를 가장 선호합니다. 복부는 비교적 부위가 넓어 매번 다른 곳에 주사하기 쉽고 피하지방이 많아 인슐린 흡수율이 좋기 때문입니다. 하지만 개개인에 따라 권장하는 주사 부위가 다를 수 있으니 의료진과 상의하기 바랍니다.
- 부위를 바꿔가며 주사하면 지방 위축, 지방 비대 등의 부작용을 예방할 수 있습니다. 주사한 부위와 가까운 곳에 주사할 때는 1~2cm 간격으로 이동하면서 주사합니다.
- 주사 전후로 주사 부위를 마사지하면 인슐린의 흡수 속도가 빨라지므로 보통 권장하지 않습니다.

✚ 식이요법 및 운동요법

식이요법은 개인에게 맞는 음식의 양과 종류, 섭취 시간을 조절해 혈당이 급격히 상승하는 것을 막고 영양 상태를 좋게 유지하는 것이 중요합니다. 표준 체중과 활동량을 바탕으로 하루 필요 열량을 계산하고 '식품 교환 표'를 활용해 필요 열량을 충족할 수 있도록 식단을 구성하면 도움이 됩니다. 또한 식품별 혈당지수(포도당 50g을 먹었을 때 혈당이 상승한 면적을 기준으로 해당 식품이 얼마나 빠른 속도로 소화되어 혈당 농도를 증가시키는지 표시한 지수)와 혈당부하(혈당지수의 결점을 보완하기 위해 혈당지수에 평소 해당 식품을 얼마나 많이 먹느냐를 반영한 지표)를 바탕으로 식단을 조절하는 것도 혈당 관리에 도움이 됩니다.

운동도 혈당 관리에 중요한 역할을 합니다. 운동을 하면 근육에서 혈당을 에너지로 사용해 혈당 개선에 도움을 줍니다. 또한 적절하고 규칙적인 운동은 인슐린의 정상적인 작용 능력을 높여줍니다.

당뇨인은 공복에 운동하면 저혈당이 생길 위험이 있습니다. 따라서 식사 후 운동을 권장합니다. 보통 식사하고 1시간쯤 지났을 때 혈당이 제일 높으므로 식사 후 1시간 내외에 운동하는 것이 좋습니다. 운동 강도는 등에 약간 땀이 나면서 옆 사람과 대화할 수 있을 정도의 강도가 좋습니다. 대표적인 운동으로 빠르게 걷기, 자전거, 수영, 배드민턴 등이 있습니다. 일주일에 150분 이상, 최소 주 3회 이상의 유산소 운동을 권장하지만 운동 시간의 중요성은 상대적으로 덜하기 때문에 이에 대해 너무 스트레스 받지 않아도 됩니다. 운동은 칼로리를 소모하는 효과 외에 인슐린의 정상적인 작용 능력을 높여 혈당 조절에 도움이 됩니다.

따라서 규칙적이고 지속적인 운동이 가장 중요합니다.

✚ 생활 관리

'당뇨발'은 당뇨병 혹은 당뇨 합병증으로 혈액 순환이 원활하지 않고 발의 신경이 손상되는 '당뇨병성 족부병변'을 이르는 말입니다. 발 궤양, 감염, 기형이 생기기 쉽고 심하면 발을 절단해야 하기도 합니다. 따라서 평소에 발 관리를 잘해야 합니다. 특히 날씨가 건조하고 찬 바람이 불어 발 감각이 무뎌지는 겨울철에 주의해야 합니다. 당뇨발은 증상이 심해지기 전에 '당뇨병성 신경병증 통증'이 나타나는데, 대수롭지 않게 생각하고 넘어가는 환자가 많습니다.

당뇨병성 신경병증 통증은 말초신경과 미세혈관이 손상되면서 나타나는 증상으로 발이나 다리가 저린 느낌, 찌르는 느낌, 불에 덴 듯 화끈거리는 느낌 등으로 다양하게 나타납니다. 특히 신경 손상이 심해져 감각이 무뎌지면 발에 상처가 나도 알지 못하기도 하므로 꼭 발을 씻을 때 꼼꼼히 살펴야 합니다. 평소 꽉 조이는 신발을 피하고, 발톱도 너무 깊숙이 깎지 말아야 합니다. 또한 족욕기나 전기매트를 사용할 때 감각이 무뎌서 뜨거운 온도를 감지하지 못할 수도 있으므로 화상에 주의해야 합니다.

저혈당 증상 및 대처 방법

저혈당은 혈액 속의 포도당이 부족한 상태입니다. 일반적으로 혈당이 70mg/dl 이하일 때를 의미하지만, 사람마다 저혈당 증상이 나타나는 혈당이 일정하지 않아 수치보다는 증상으로 정의합니다. 저혈당은 당뇨병 치료 과정에서 발생할 수 있는 중요한 이상 반응입니다. 식사를 제대로 못 했을 때, 운동량이 갑자기 늘어날 때, 당뇨약의 복용법과 횟수를 제대로 지키지 않을 때 주로 나타납니다.

증상은 배가 많이 고플 때와 유사합니다. 식은땀, 어지러움, 초조함, 떨림 등의 증상이 동반되고, 저혈당이 지속되면 뇌에 치명적인 손상을 초래해 위험해질 수 있습니다.

저혈당이 나타나면 다이어트용을 제외한 주스나 청량음료 3/4컵(175ml) 혹은 사탕 3~4알 등 혈당을 빠르게 올릴 수 있는 저혈당 간식을 섭취하고 15분 정도 휴식을 취합니다. 이때 초콜릿처럼 지방이 함유된 음식은 혈당을 올리는 속도가 느리므로 피하는 편이 좋습니다. 휴식을 취한 뒤에도 저혈당 증상이 계속 느껴진다면 한 번 더 간식을 섭취합니다. 이후 증상이 회복되면 혈당을 측정해 확인하고, 재발을 막기 위해 간식을 먹거나 식사를 해야 합니다.

금연

금연에 성공한 사람과는 상종을 말라는 우스갯소리가 있을 만큼 금연은 어려운 일입니다. 담배에 포함된 니코틴이라는 물질 때문에 의지가 강한 사람도 결심만으로는 담배를 끊기 어렵습니다.

특히 니코틴 의존도가 높은 사람, 이를테면 자고 일어나자마자 30분 이내에 흡연하거나 담배를 하루에 10개비 이상 피우거나 과거 금연할 때 금단 증상이 심하던 사람은 약물의 도움을 받는 편이 좋습니다. 약물의 도움을 받으면 금연이 두 배는 쉬워집니다.

또한 약국, 병의원, 보건소에서 단순히 약만 받는 게 아니라 필요한 상담과 지원도 받을 수 있습니다. 어떻게 하면 담배를 끊을 수 있는지에 대한 전략과 행동요법, 약물 치료 등을 충분히 공부한 전문가와 상담하면 금연 성공률을 높일 수 있습니다. 특히 보건소에서는 니코틴 의존도 검사, 일산화탄소 검사 등을 받을 수 있고, 금단 증상이 나타날 때 대응할 수 있는 행동요법에 대해서도 상담받을 수 있습니다. 무료로 이용할 수 있으니 잘 활용하기 바랍니다.

현재 금연을 돕는 다양한 의약품이 시판되고 있지만 어떻게 처방받고 구매하는지, 어떻게 사용하는지 모르는 사람이 많습니다. 금연을 돕는 의약품은 크게 두 가지입니다. 광고로도 많이 접하는 니코틴 대체재, 그리고 의사에게 처방받아야만 복용할 수 있는 약이 있습니다. 인터넷에서 구매할 수 있는 금연초, 금연 파이프 등은 금연 보조 제품으로 허가되어 있으나 금연 치료 가이드라인에서 권장하는 1차 치료제는 아닙니다. 금연을 돕는 약물에는 어떤 것들이 있으며, 어떻게 사용해야 하는지 알아보겠습니다.

✚ 니코틴 대체재: 니코틴으로 니코틴을 끊는다

니코틴 패치나 껌 등은 약국에서 약사와의 상담을 통해 구매하거나 보건소 금연 클리닉을 통해 무료로 받을 수 있습니다. 붙이는 패치 형태, 껌, 캔디 등이 있습니다. “니코틴도 중독성이 있는데 어떻게 니코틴으로 니코틴을 끊을 수 있나요?”, “니코틴은 몸에 안 좋은 물질 아닌가요?”와 같은 질문을 종종 받습니다. 먼저 담배와 니코틴은 유해성에서 차이가 있습니다. 담배 속 유해물질은 밝혀진 것만 4000여 종에 달합니다. 그중 니코틴은 유해성이 덜하지만 중독성은 강합니다. 니코틴 중독은 흡수되는 속도, 양과 관련이 있는데, 담배를 피우면 니코틴이 폐와 심장을 거쳐 10~20초 만에 뇌에 전달됩니다. 순간의 쾌락을 주고 금

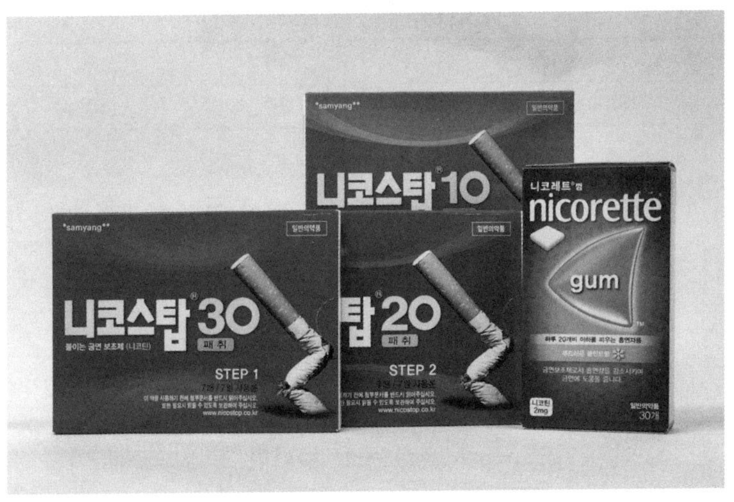

니코틴 껌과 패치

방 사라지는 니코틴의 특성 때문에 담배를 계속 찾게 되는 것입니다. 그런데 니코틴 패치와 껌 등 니코틴 대체재는 소량의 니코틴을 천천히 공급해 몸이 원하는 니코틴의 양을 4주, 8주에 걸쳐 천천히 줄여줍니다.

니코틴 패치는 담배를 하루에 한 갑 이상 피우는지, 그렇지 않은지에 따라 용량이 정해집니다. 보통 10, 20, 30 또는 1단계, 2단계, 3단계 등으로 표시되어 있습니다. 본인의 흡연량에 따라 약사의 안내를 받으면 됩니다. 사용 용량은 아래 표와 같이 처음 용량을 정하되 12주에 걸쳐 서서히 줄여나갑니다. 니코틴 농도가 너무 높아질 수 있으므로 패치를 붙이고 있는 동안에는 담배를 피워서는 안 됩니다.

구분	30(1단계)	20(2단계)	10(3단계)
하루 20개비 이상	4주	4주	4주
하루 20개비 미만	–	8주	4주

니코틴 패치는 아침마다 교체하며, 털이 없는 부위인 엉덩이나 허벅지, 팔 등에 붙여줍니다. 피부에 직접 붙이는 패치의 특성상 이상 반응으로 피부 알레르기가 나타날 수 있습니다. 약 50%에서 피부 알레르기가 발생한다고 알려져 건선이나 만성 피부염이 있는 사람들은 사용하면 안 됩니다. 피부 알레르기를 예방하려면 매일 다른 부위에 붙이고, 가려움이 심한 부위에는 약

한 스테로이드 연고를 사용하면 됩니다. 간혹 니코틴 패치를 붙이면 잠을 못 자는 사람들도 있는데, 그럴 때는 밤에 패치를 제거하거나 16시간만 니코틴 패치를 사용하도록 합니다.

약국에서 흔히 볼 수 있는 또 다른 니코틴 대체재는 니코틴 껌입니다. 어느 연예인이 담배를 끊으려다가 니코틴 껌에 중독되었다는 이야기를 들은 적이 있습니다. 우스갯소리 같지만 용량과 기간을 제대로 지키지 않으면 니코틴 껌에도 중독될 수 있습니다. 니코틴 껌에도 2mg, 4mg 등으로 용량이 있는데, 하루 흡연량에 따라 고농도에서 저농도로 3개월간 서서히 줄여가야 합니다.

니코틴 껌은 종일 붙여야 하는 패치에 비해 용량 조절이 쉽다는 장점이 있습니다. 갑자기 흡연 욕구가 생길 때 바로 씹기에 좋고, 불안감을 줄여주기도 하니 간헐적 흡연자들에게도 좋습니다. 그런데 생각보다 사용법이 까다롭습니다. 일반 껌처럼 씹는 것이 아니라 흡연 충동이 있을 때 1~2분 천천히 씹다가 얼얼하거나 자극이 느껴지면 껌을 잇몸과 볼 사이에 넣어두는 식으로 씹습니다. 이를 '거치parking'한다고 표현하는데, 이렇게 하지 않으면 니코틴이 너무 많이 침에 녹아 삼켜져 흡수가 적어지거나 위장을 자극해 딸꾹질이나 속쓰림이 생길 수 있습니다. 이렇게 간헐적으로 껌을 씹다가 30분 이내에 뱉습니다.

니코틴 껌은 알칼리성이어서 주스나 청량음료 같은 산성 음료를 마시면 효과가 줄어들 수도 있습니다. 그래서 껌을 씹기 전 30분간은 이러한 음료를 피하는 것이 좋습니다. 또한 턱관절이나 치아에 문제가 있다면 껌 형태는 적합하지 않습니다.

니코틴 대체재를 사용하면 금단 증상이 줄어들기는 하지만 완전히 없어지지는 않습니다. 금단 증상은 금연 첫 주에 가장 심하고 4주까지 나타날 수 있습니다. 신경과민, 불안, 두통, 변비, 공복감, 불면 등이 다양하게 나타나는데, 전문가와 상담해 금단 증상에 적극적으로 대처하는 것이 좋습니다. 그래도 금단 증상이 심하다면 용량을 변경하거나 다른 약물로 바꿔야 합니다. 심뇌혈관 질환, 부정맥이나 협심증을 앓았다면 니코틴 패치나 껌을 사용하기에 앞서 반드시 전문가와 상담해야 합니다.

✚ 처방이 필요한 금연 보조 약물

10년 전쯤 금연 보조 약물 처방전을 처음 받아봤습니다. 당시에는 보험 적용이 되지 않아 약값이 5만 원가량 나왔던 걸로 기억합니다. 그러다가 2015년 국민건강보험공단에서 금연 치료를 거의 무료에 가깝게 지원하기 시작했습니다. 그래서 이제는 가까운 금연 치료 참여 의료기관에서 훨씬 적은 비용으로 니코틴 대체재나 의약품을 처방받을 수 있습니다.*

흔히 처방하는 약물은 두 가지입니다. 성분명이 바레니클린(제품명: 챔픽스)과 부프로피온(제품명: 웰부트린서방정)인데, 두 약물 모두 반드시 의사의 처방이 있어야 합니다. 보통 담배를 끊을 때 줄이면서 끊는 것보다 단박에 끊는 게 더 좋다는 연구가 많은데, 이 약물들은 복용 첫 주 동안은 담배를 피울 수 있어서 목표한 금연 날짜 일주일 전에 마음의 준비를 할 수 있다는 장점이 있습니다.

바레니클린은 최근 가장 많이 처방하는 약물로 다른 약과 약물 상호 작용이 없고 성공률이 높아 많이 사용합니다. 이 약은 니코틴 대신 뇌에서 쾌감을 주는 부분에 작용해 흡연 욕구와 금단 증상을 줄여줍니다. 바레니클린은 현재 시판되는 금연 약물 중 가장 효과가 좋다고 알려져 있습니다.

바레니클린은 이상 반응이 많아 주의가 필요한 약물이기도 합니다. 그래서 처음부터 고용량을 쓰지 않고 처음 3일간은 0.5mg을 하루 한 번, 4일간은 하루 두 번 먹다가 2주째부터는 1mg을 하루 두 번 먹습니다. 1~2주 뒤 부작용이나 효과를 평가한 다음 12주 동안 금연에 성공하면 유지를 위해 추가 12주까지 처방하기도 합니다.

가장 많이 호소하는 이상 반응은 울렁거림입니다. 3분의 1 정도가 경험한다고 하는데, 식사 직후에 충분한 물과 함께 복용하

* 금연 치료 지원 사업과 참여 의료기관 정보는 '금연 길라잡이' 홈페이지(https://www.nosmokeguide.go.kr)에서 찾아볼 수 있습니다.

면 완화됩니다. 그 밖에 이상한 꿈을 꾸거나 불면증이 생기기도 합니다. 또 드물지만 중요한 부작용으로 신경우울감, 자살 등의 신경정신계 부작용이 있는데, 한때 세계적으로 이슈가 되기도 했습니다. 따라서 우울증 같은 신경정신과 병력이 있으면 처방을 제한하기도 하고, 약국에서도 갑자기 이유 없이 기분이 이상하고 우울해지거나 이상 행동을 하게 되면 즉시 복용을 중단하고 반드시 주치의에게 알리도록 안내합니다. 특히 술을 마시면 부작용 가능성이 증가하고 금연에도 방해가 되기 때문에 절대로 술을 마시면 안 됩니다.

부프로피온은 원래 우울증 치료제로 쓰던 약입니다. 뇌에서 도파민 등의 농도를 높게 유지해 우울 증상과 니코틴 금단 증상을 줄여줍니다. 바레니클린처럼 금연 일주일 전부터 복용하기 시작하고, 통상 처음 3~6일은 150mg을 하루 한 번, 이후 하루 두 번으로 늘려 7~12주간 복용합니다. 우울증 치료제로 쓰였기 때문에 바레니클린보다 비교적 우울증 환자에게 유익한 면이 있을 수 있습니다.

가장 흔한 부작용은 불면증입니다. 그래서 저녁 약을 조금 일찍 먹으면 불면증에 다소 도움이 되지만, 아침 약과 적어도 8시간 이상 간격을 두어야 합니다. 그 밖에 입 마름, 두통, 변비, 식욕 변화 등이 드물게 나타납니다. 또한 부프로피온은 경련 질환이나 거식증, 폭식증 등이 있던 사람에게는 처방을 제한합니다.

부프로피온 역시 신경정신계 부작용의 위험성이 드물긴 해도 존재하므로 갑자기 이유 없이 기분이 이상하고 우울해지거나 이상 행동을 하게 되면 즉시 복용을 중단하고 반드시 주치의에게 알리도록 안내합니다. 역시 술은 부작용 가능성을 높이므로 금주해야 합니다.

약국에서는 니코틴 대체재를 구매할 때 용량 선택, 사용법, 주의 사항 등에 대해 자세한 설명을 들을 수 있습니다. 저는 약국에서 국민건강보험공단 금연 치료 지원 사업을 소개하고 적극적으로 연계해줍니다. 또한 그들이 올 때마다 금연에 어려운 점은 없는지 묻고, 지지하고 응원합니다. 주변에 금연을 지지해줄 지인이 없는 손님에게는 금연 성공기와 실패기를 공유하며 서로 응원하는 '금연 길라잡이'라는 애플리케이션을 소개하기도 합니다.

금연 상담 공부를 하면서 금연에 여러 번 실패한 사람들이 실패감, 좌절감, 죄책감을 느껴 우울증에 빠지기도 한다는 사실을 알게 되었습니다. 그런데 금연 성공자들을 역추적해보면 여러 차례 금연을 시도했다가 실패한 사람이 많고, 금연 실패자들은 한 번 시도해본 사람이 많다고 합니다. 앞서 소개한 약의 도움을 받아도 성공률은 10~30%라고 합니다. 몇 번 실패했다고 의기소침해지거나 실패자라고 생각하지 말고, 원인을 고민해서 해결하면 좋겠습니다. 각자 금연을 해야 하는 동기를 찾고 금연을 지지해줄 사람을 만들어 지역 약국의 도움을 받으면서 백해무익한 담배를 꼭 끊기 바랍니다.

갑상샘 기능 저하증 및 항진증

갑상샘은 목 앞 중앙에 위치한 나비 모양의 내분비기관으로 티록신thyroxine, T4, 트리요오드티로닌triiodothyronine, T3이라는 갑상샘 호르몬을 분비합니다. 갑상샘은 몸에서 보일러 같은 역할을 합니다. 체온 유지와 함께 탄수화물, 단백질, 지방 대사의 균형을 유지하고 소아의 성장과 발달 과정에 주요한 역할을 합니다.

대표적인 갑상샘 질환으로는 '갑상샘 기능 저하증'과 '갑상샘 기능 항진증'이 있습니다. 갑상샘 기능 저하증은 갑상샘 호르몬 부족으로 갑상샘 호르몬 농도가 저하되거나 결핍되어 나타나는 질환입니다. 반대로 갑상샘 기능 항진증은 갑상샘 호르몬이 너무 많이 분비되어 나타나는 질환입니다. 다음 표에서 보듯 갑상샘 기능 저하증과 항진증은 서로 반대되는 임상 양상을 보입니다.

구분	임상 증상
갑상샘 기능 저하증	지능 감소와 성장 부전(유아 및 청소년기), 추위를 참지 못함, 피로감, 체중 증가, 식욕 부진, 쉰 목소리, 변비, 빈혈, 느린 맥박 등
갑상샘 기능 항진증	지속적인 열감 호소, 체중 감소, 신경 예민, 불면증, 월경량 감소, 당대사 이상, 모발과 손톱이 연하고 가늘어짐, 빈맥, 설사, 안구돌출증, 피부 습윤(그레이브스병) 등

갑상샘 질환은 갑상샘 호르몬인 티록신과 트리요오드티로닌의 농도, 그리고 갑상샘 자극 호르몬thyroid stimulating hormone, TSH의 양으로 진단합니다. 갑상샘 자극 호르몬이란 갑상샘 호르몬의 분비를 촉진하는 뇌하수체 호르몬입니다. 갑상샘 기능이 저하되었을 때는 갑상샘 호르몬의 분비를 촉진하기 위해 혈중 농도가 높아지고, 반대로 갑상샘 기능이 항진되었을 때는 갑상샘 호르몬의 분비를 억제하기 위해 혈중 농도가 낮아집니다.

최근 건강검진이 활성화되고 초음파 진단이 늘어나면서 갑상샘 질환을 조기에 발견하는 경우가 많아졌습니다. 하지만 몸이 보내는 신호를 무시하고 단순 피로로 여기다가 치료 시기를 놓치기도 합니다. 따라서 특별한 이유 없이 위의 표에 있는 임상 증상을 보인다면 병원에서 정확한 진단을 받아보는 편이 좋습니다.

약물요법

갑상샘 질환의 치료는 혈액에 떠다니는 티록신과 갑상샘 자극 호르몬 농도를 정상화합니다. 갑상샘 기능 저하증은 부족한 호르몬을 보충해 전신 대사 기능을 회복하는 것을 목표로 하고, 갑상샘 기능 항진증은 호르몬 과다로 인한 대사 항진 상태를 개선하고 합병증을 방지하며 재발을 막는 것을 목표로 합니다.

1) 갑상샘 기능 저하증

갑상샘 호르몬제를 투여합니다. 보통 약물을 투여하고 2~3주 뒤 증상이 개선되지만 환자에 따라 수개월이 걸리기도 해 꾸준히 복용하는 것이 중요합니다. 갑상샘 호르몬제는 음식에 의해 흡수가 저해될 수 있어 충분한 물과 함께 아침 공복에 복용합니다. 제산제, 철분제, 칼슘제 등과 함께 복용하면 흡수율이 떨어지므로 4시간 이상 간격을 두고 복용합니다. 간혹 과량 투여나 급격한 용량 증가로 월경 이상, 신경과민, 부정맥 등이 발생할 때는 의사에게 알려야 합니다.

갑상샘 호르몬제는 태반을 쉽게 통과하지 않고 태아에 대한 부작용이 없기 때문에 임신 중에도 안전하게 사용할 수 있습니다. 오히려 임의로 치료를 중단하면 유산이나 조산 등의 위험이 있으니 주의해야 합니다. 2017년 한국마더세이프 전문상담센터에서 발행한 《임산부에게 도움이 되는 필수 지식 10가지》(모유 수유 중 안전한 약물 사용 필수 지식)에 따르면 갑상샘 호르몬제의 대표적 약물인 레보티록신은 모유로 넘어가는 양이 아주 적어 수유아에게 미치는 영향이 거의 없습니다. 따라서 갑상샘 호르몬제는 모유 수유 시에도 복용할 수 있습니다.

2) 갑상샘 기능 항진증

장기간의 관해(일시적이건 영속적이건 자타각적 증상이 감소한 상태)를 유지하기 위해 최소 12~24개월간 갑상샘 호르몬의 생성을 차단하는 항갑상샘제를 투여합니다. 약의 시작 용량은 환자의 상태에 따라 다르며 증상 개선 정도에 따라 용량을 점차 줄여나갑니다.

항갑상샘제를 복용해 40~50%에서 영구적인 관해(정상 갑상샘 기능을 유지)를 유도하며 관해 이후 6~12개월마다 정기적으로 추적 관찰합니다. 환자 상태에 따라 갑상샘 기능 항진증의 교감신경계 증상(신경증, 빈맥, 피로, 다한 등)을 줄이기 위해 약물을 보조적으로 사용하기도 합니다.

항갑상샘제의 대표적 성분으로는 프로필티오우라실과 메티마졸이 있는데, 메티마졸을 우선 사용하도록 권고하고 있습니다. 약효 지속 시간이 길어 1일 1회 투여가 가능하다는 장점이 있고, 부작용 발생 빈도가 낮기 때문입니다. 하지만 메티마졸은 임신 초기에 선천기형을 유발할 위험성이 높아 임신 초기 3개월에는 프로필티오우라실을 사용하고 이후에는 메티마졸을 투여합니다. 《임산부에게 도움이 되는 필수 지식 10가지》에 따르면 프로필티오우라실과 메티마졸은 모유 수유 시 수유아에게 안전

분류	성분	대표적인 상품
갑상샘 기능 저하증	레보티록신(T4)	씬지로이드®, 씬지록신®
	레보티록신(T4):리오티로닌(T3)=4:1	콤지로이드®
갑상샘 기능 항진증	메티마졸	부광메티마졸정®
	프로필티오우라실	안티로이드®
	카르비마졸	카멘정®

갑상샘 기능 저하증 및 항진증 치료 약물

한 약물입니다. 항갑상샘제는 부작용이 거의 없지만 이유 없이 인후통, 발열, 황달 등이 발생하면 무과립구증이나 간염이 의심되므로 반드시 의사와 상담해야 합니다.

저는 유난히 체중이 변하거나 피로감을 호소하며 약국을 찾는 손님에게 갑상샘 검사를 권합니다. 갑상샘 환자는 갑자기 짜증이 많아지거나 졸음이 자주 오고 근육 피로가 심한데, 이럴 때는 주저 없이 꼭 검사를 받고, 피로를 없애기 위해 약물 치료와 더불어 비타민B군을 보충하면 도움이 됩니다.

역류성 식도염

위장은 음식의 소화와 흡수를 통해 신체에 에너지를 공급하는 곳으로, 위장병을 오래 방치하면 적절한 영양소의 공급에 문제가 생겨 여러 증상이 나타나게 됩니다. 따라서 적절한 치료와 식이요법을 통해 위장 건강을 지키는 것은 몸 전체의 건강을 유지하는 것과 같습니다. 먼저 대표적 위장관계 질환인 역류성 식도염에 대해 살펴보도록 하겠습니다.

역류성 식도염은 위산이나 위의 내용물이 역류해 식도나 식도와 인접한 부위를 자극해 일어나는 증상 또는 조직 손상을 뜻합니다. 역류성 식도염은 위의 내용물이 식도로 역류하는 것을 막아주는 하부식도괄약근이 이완되거나 괄약근의 압력이 감소했을 때 발생합니다. 몸을 구부리는 자세, 임신, 비만 등으로 위 내부의 압력이 증가하여 위 내용물이 식도로 역류할 때도 발생합니다.

✚ 약물요법

약물 치료의 목표는 통증과 증상을 완화하고 식도 역류의 빈도와 지속 시간을 감소시키며 염증의 치유를 촉진하고 합병증과 재발을 방지하는 것입니다. 따라서 통증과 증상을 완화하기 위해 단기간 약을 복용할 때도 있고, 일정한 계획을 세우고 염증 치유와 재발 방지를 위해 장기간 약을 복용할 때도 있습니다. 역류성 식도염 치료는 위산의 분비를 감소시켜 식도 자극을 막는 것으로, 치료에 사용하는 대표적인 약물은 다음과 같습니다.

1) 히스타민2 수용체 차단제

위벽세포의 히스타민2 수용체에 결합해 위산 분비에 관여하는 히스타민 작용을 막아 위산 분비를 억제합니다. 뒤에 언급할 프로톤 펌프 저해제와 칼륨 경쟁적 위산 분비 억제제P-CAB에 비해 위산 분비 억제 효과가 떨어지지만 약효가 빠르게 나타나는 장점이 있습니다.

2) 프로톤 펌프 저해제

위산 분비의 최종 단계인 프로톤 펌프의 작용을 막는 약물로 1일 1회 복용으로 히스타민2 수용체 차단제보다 오랜 시간 강력하게 위산 분비를 억제합니다. 위산에 의해 활성화되는 약물이기 때문에 일반적으로 식사 전 복용을 권장합니다. 보통 최대 효과 도달까지 4~5일이 소요됩니다.

3) 칼륨 경쟁적 위산 분비 억제제(P-CAB)

위산 분비의 최종 단계인 프로톤 펌프에서 칼륨 이온과 결합해 위산 분비를 억제합니다. 대표적 성분으로 국내 신약인 테고프라잔과 펙수프라잔이 있습니다. 칼륨 경쟁적 위산 분비 억제제는 기존 프로톤 펌프 저해제와 차별화되는 장점으로 최근 많이 사용하는 약물입니다. 프로톤 펌프 저해제와 달리 식사와 관계없이 복용할 수 있습니다. 복용 후 1시간 이내에 빠르게 약효

구분	성분	대표 상품
히스타민2 수용체 차단제	시메티딘	타가메트정®
	파모티딘	가스터정®
	니자티딘	자니틴®
	라푸티딘	스토가®
프로톤 펌프 저해제	덱스란소프라졸(식사 무관)	덱실란트디알®
	란소프라졸	란스톤®
	에스오메프라졸	넥시움®
	오메프라졸	오엠피®
	판토프라졸	판토록®
	라베프라졸	파리에트®
칼륨 경쟁적 위산 분비 억제제	테고프라잔	케이캡®
	펙수프라잔	펙수클루정®

대표적인 역류성 식도염 치료 약물

가 나타나고 16시간 이상 효과가 지속되어 야간 위산 분비 조절 능력이 우수하다는 장점이 있습니다.

✚ 비약물요법

흉통이 있거나 인후 불쾌감을 호소하는 환자들의 과반수가 역류성 식도염이라고 해도 과언이 아닐 만큼 역류성 식도염을 경험하는 사람이 많습니다. 식단의 서구화, 인스턴트식품의 범람, 야식 문화의 발달 등에서 그 원인을 찾을 수 있습니다.

역류성 식도염은 위 내부의 압력 증가를 막기 위해 과식하지 않아야 하며, 위산이 역류하는 것을 막기 위해 식사 후 2~3시간 이내에는 눕거나 취침하지 않는 것이 중요합니다. 그리고 지방 함량이 높은 음식이나 인스턴트식품, 초콜릿, 커피, 콜라 등의 섭취를 줄여야 합니다. 흡연과 음주는 하부식도괄약근의 힘을 약화시켜 위산이 쉽게 역류하게 합니다. 또한 약물의 치료 효과도 감소시키고 염증 치료도 지연시키기 때문에 금연과 금주 역시 중요합니다.

복부비만은 배의 압력을 상승시켜 역류를 유발하므로 역류성 식도염이 있는 비만 환자는 체중을 줄이려고 노력해야 합니다. 간혹 약물에 의해 식도염이 발생하는 경우도 있어 약물 복용 뒤 역류성 식도염 증상이 나타난다면 마음대로 복용을 중단하지 말고 의사와 상담하기 바랍니다.

히스타민2 수용체 차단제 중에는 저함량으로 처방전 없이 살 수 있는 약들이 있습니다. 간혹 위장 증상이 오랜 기간 지속됨에도 이런 약을 복용하면 증상이 완화된다고 내시경 검사를 꺼리는 사람들이 있습니다. 하지만 반복적인 위염이나 식도염은 정확한 진단을 통해 일정 기간 전문적인 약물 치료를 받아야 병의 악화를 막고 생활의 질을 개선할 수 있습니다. 매운 음식을 먹었을 때나 음주 후에만 가끔 그런 게 아니라면 꼭 전문적인 검사를 받아볼 것을 권합니다.

위염과 위궤양

위염은 위의 염증 상태를 말하며, 위궤양은 위염 상태가 심해져 위 점막의 손상이 점막 밑층으로 안쪽의 근층(근육층)에까지 이른 상태를 말합니다. 위염을 제대로 치료하지 않고 방치하면 위궤양으로 발전할 가능성이 커지므로 주의해야 합니다.

✚ 약물요법

위염과 위궤양 치료의 목표는 통증을 감소시키고 염증과 궤양의 치료를 빠르게 하며 재발 및 합병증을 방지하는 것입니다. 치료에 쓰는 약물은 위 점막 공격인자인 위산 분비를 줄여주는 역류성 식도염 치료 약물을 비롯해 위 점막 표면을 덮어 점막 보호 작용을 하는 위 점막 보호제와 위산을 중화시켜 통증을 경감시키는 제산제가 있습니다.

✚ 비약물요법

위염과 위궤양 치료를 위한 비약물요법은 역류성 식도염의 비약물요법과 크게 다르지 않습니다. 탄산음료나 카페인이 함유된 커피와 콜라 등의 섭취를 줄이고, 맵고 짠 자극적 음식을 피해야 합니다. 특별한 질환을 치료하기 위한 목적이 아니라면 비스테로이드성 소염진통제나 해열진통제로 사용하는 아스피린처럼 위궤양을 유발할 수 있는 약물을 자주 복용하지 말아야 합니다. 또한 스트레스는 위산 분비를 자극하고 증상을 악화시키므로 치료 기간에는 최대한 마음을 편안하게 유지하는 것이 도움이 됩니다.

헬리코박터 제균요법

헬리코박터균은 위 점막층에 기생하는 세균입니다. 우리나라 성인의 절반가량이 감염되었을 만큼 감염률이 높습니다. 위장 점막의 상피세포를 손상하고 염증을 일으켜 위염, 위궤양, 위암 등을 유발한다고 알려졌습니다. 이렇듯 헬리코박터균이 위장 질환에 직접 영향을 미친다고 알려지면서 제균 치료에 대한 관심이 커지고 있습니다.

감염 경로로는 항문-구강, 구강-구강 경로가 있습니다. 항문-구강 경로는 대변으로 배출된 균이 직접 접촉, 물, 음식 등을 통해 감염을 일으킵니다. 구강-구강 경로로는 아이에게 미리 씹은 음식을 먹일 때 전염될 수 있으나 사람의 침이나 치석에서 헬리코박터균이 검출되는 비율이 낮아 실제 감염 빈도는 그리 높지 않으리라고 추정합니다. 하지만 헬리코박터균에 감염된 사람은 배우자나 자녀의 감염률이 높은데, 이는 가족 내에서 감염이 이루어진다는 증거로 볼 수 있습니다.

제균요법은 헬리코박터균을 제거하는 항균제를 주로 사용합니다. 임의로 약 복용을 건너뛰거나 중단하면 제균 치료에 실패하기 쉽고 이후 항생제가 듣지 않는 내성균이 생길 수 있으니 주의해야 합니다.

1차 제균요법

위산 분비 억제제와 두 종류의 항생제(아목시실린, 클래리트로마이신)를 복용합니다. 약 70~80%에서 제균에 성공합니다. 치료 과정에서 묽은 변, 울렁거림, 쓴맛, 금속 같은 맛, 발진, 두드러기 등의 이상 반응이 나타날 수 있습니다.

2차 제균요법

1차 제균요법에 실패하면 2차 제균요법을 실시합니다. 위산 분비 억제제, 위 보호제, 두 종류의 항생제(테트라사이클린, 메트로니다졸)를 복용합니다. 복용 기간은 물론이고 복용이 끝난 뒤에도 3일간 금주해야 합니다. 이를 지키지 않고 술을 마시면 심한 구토, 두통, 어지러움이 나타날 수 있습니다. 치료 과정에서 묽은 변, 울렁거림, 소변 진해짐, 대변 변색 등이 나타날 수 있습니다.

천식

천식은 알레르기를 일으키는 물질이나 기타 원인으로 기관지에 알레르기 염증 반응이 일어나 공기가 흐르는 길인 기관지가 좁아지는 만성 기도 질환입니다. 숨이 차고 가랑가랑한 숨소리가 들리면서 기침을 심하게 하는 증상이 나타납니다. 이런 증상은 위험 인자에 노출되면 반복적·발작적으로 나타나며 유전적 요인과 환경적 요인이 결합해 발생합니다.

✚ 약물요법

천식 치료의 목표는 야간 증상을 포함한 천식 증상을 없애거나 최소화하고 천식 발작 때문에 응급실을 방문하는 일이 없게 하며, 증상 완화제의 사용을 최소화하고 운동을 비롯해 생활의 불편을 제거하며, 천식 조절을 달성 및 유지하여 가장 낮은 치료 단계를 사용하고 약제 부작용을 최소화하는 것입니다.

천식에 사용하는 약물은 세 범주로 분류할 수 있습니다. 종류별 상세 정보와 특징은 대한천식알레르기학회의《한국 천식 진료 지침 2021》에 근거했습니다.

1) 질병 조절제

천식 조절을 위해 규칙적으로 사용하는 약물입니다. 기도 염증, 천식 증상, 급성 악화, 폐 기능 저하의 위험을 감소시킵니다. 효과는 서서히 나타나는 편이며 증상이 없더라도 매일 규칙적으로 사용해야 합니다.

① 흡입 스테로이드

흡입 스테로이드는 가장 효과적인 질병 조절제입니다. 기도 염증을 조절하고 기도과민성(외부 자극에 기도가 과도하게 반응해 기도가 쉽게 좁아지는 현상)을 호전시켜 폐 기능을 개선하는 효과가 있습니다. 이상 반응으로 쉰 목소리, 구강 칸디다증(곰팡이의 일종인 칸디다로 인한 구내염), 입안 텁텁함 등이 나타날 수 있습니다. 구강 칸디다증 예방을 위해 흡입기 사용 직후 입을 헹궈내거나 양치질을 해야 합니다.

② 흡입 스테로이드/지속 베타2 항진제

기관지를 확장해 호흡을 편하게 하는 지속 베타2 항진제와 스테로이드 복합제입니다. 흡입 스테로이드와 마찬가지로 이상 반응으로 쉰 목소리, 구강 칸디다증, 입안 텁텁함 등이 나타날 수 있습니다. 역시 구강 칸디다증 예방을 위해 흡입기 사용 직후 입을 헹궈내거나 양치질을 해야 합니다.

③ 류코트리엔 조절제

염증 반응에 관여하는 류코트리엔의 작용을 조절해 항염증 효과를 나타냅니다. 여러 임상 연구에 따르면 기관지 확장 효과가 약간 있고 기침 같은 천식 증상을 줄이며 폐 기능을 호전시킨다고 알려져 있습니다. 이상 반응이 거의 없다고 하지만 두통, 어지러움, 피로감 등이 매우 드물게 발생할 수 있습니다.

류코트리엔 조절제의 한 종류인 몬테루카스트와 자살 충동을 비롯한 신경정신과 이상 반응의 연관성이 한때 세계적으로 이슈가 되었습니다. 결과적으로 2020년 미국식품의약국FDA에서 몬테루카스트로 인한 해당 이상 반응의 위험에 대해 경고했습니다. 따라서 처방 단계에서 신경정신과적 위험성을 상담하고 있으며, 약국에서도 갑자기 이유 없이 기분이 이상하고 우울해지거나 이상 행동을 하게 되면 즉시 복용을 중단하고 반드시 의사에게 알리도록 안내하고 있습니다.

④ 크산틴계 약물

대표적인 약물인 테오필린은 비교적 약한 기관지 확장제로, 저용량에서 어느 정도의 항염증 작용도 합니다. 흡연 시 약의 혈중 농도가 감소해 약효가 떨어질 수 있으므로 반드시 금연해야 합니다.

2) 증상 완화제

천식 증상이 나타났을 때 증상 완화를 위해 사용하는 약물입니다. 운동 유발 천식을 예방하기 위해 운동 전에 사용할 수도 있습니다. 필요할 때만 사용하는 약이다 보니 사용 즉시 효과가 나타납니다. 증상 완화제가 필요하지 않을 정도로 천식 조절 상태를 잘 유지하는 것이 천식 치료의 목표입니다.

① 속효 흡입 베타2 항진제

천식의 급성 증상 완화를 위해 제일 먼저 선택하는 약물로, 기관지를 빠르게 확장해 호흡 곤란을 개선합니다. 운동 유발 천식 증상을 예방하기 위해 운동 전에 사용하기도 합니다. 사용 초기에는 두근거림, 떨림 등의 이상 반응이 나타나기도 합니다. 이틀 이상 지속해서 사용하게 된다면 천식이 조절되지 않고 있다는 뜻이므로 처방 의사와 상담해야 합니다.

② 저용량 흡입 스테로이드/포르모테롤 복합제

기관지를 확장해 호흡을 편하게 하는 지속 베타2 항진제와 저용량 스테로이드 복합제입니다. 흡입 스테로이드와 마찬가지로 쉰 목소리, 구강 칸디다증, 입안 텁텁함 등의 이상 반응이 나타날 수 있습니다. 구강 칸디다증 예방을 위해 흡입기 사용 직후 입을 헹궈내거나 양치질을 해야 합니다.

3) 중증 천식 조절을 위한 추가 약물

고용량의 질병 조절제를 사용하는데도 증상이 지속되거나 급격히 악화할 때 추가할 수 있는 치료제입니다.

① 지속 항콜린 기관지 확장제

질병 조절제를 사용하는데도 증상이 조절되지 않고 기도 폐쇄가 지속되는 경우 지속 항콜린 기관지 확장제를 추가하면 폐 기능이 개선되고 증상 완화제 사용을 줄일 수 있습니다. 입 마름, 쓴맛 등의 이상 반응이 나타날 수 있어 사용 직후 입을 헹궈내거나 양치질을 해야 합니다.

② 경구용 스테로이드

강력한 항염증 작용으로 천식이 악화되는 것을 예방합니다. 질병 조절제를 꾸준히 사용하는데도 증상이 조절되지 않을 때

질병 조절제		
구분	대표 상품	성분
흡입 스테로이드	풀미코트®	부데소니드
	후릭소타이드®	플루티카손
흡입스테로이드/ 지속 베타2 항진제	심비코트®	부데소니드/포르모테롤
	포스터®	베클로메타손/포르모테롤
	세레타이드®	플루티카손/살메테롤
류코트리엔 조절제	싱귤레어®	몬테루카스트
	오논®	프란루카스트
크산틴계 약물	테올란비서방캡슐®	테오필린
증상 완화제		
구분	대표 상품	성분
속효 흡입 베타2 항진제	벤토린®	살부타몰
저용량 흡입 스테로이드/ 포르모테롤 복합제	심비코트®	부데소니드/포르모테롤
	포스터®	베클로메타손/포르모테롤
중증 천식 조절을 위한 추가 약물		
구분	대표 상품	성분
지속 항콜린 기관지 확장제	스피리바®	티오트로퓸
경구용 스테로이드	메치론®	메틸프레드니솔론

대표적인 천식 치료 약물

단기간 사용합니다.

✚ 비약물요법

천식의 발병과 증상 발생을 예방하기 위해서는 위험 인자를 피하거나 감소시키려는 노력이 필요합니다. 천식의 위험 요인은 집먼지진드기, 담배, 동물의 털, 곰팡이, 바퀴벌레 등 다양하므로 본인이 특별히 민감한 것들은 반드시 피해야 합니다. 특히 천식이 있는 자녀를 둔 부모는 반드시 금연해야 하며, 버스정류장이나 거리에서 흡연하는 사람이 있다면 가까이 가지 말아야 합니다.

스테로이드가 들어 있는 천식 치료제, 계속 사용해도 될까요?

천식 환자가 질병 조절제로 처방받은 흡입기를 6개월간 사용하지 않아 천식 증상이 재발해 약국을 찾았습니다. 환자는 흡입기 성분 중 하나인 스테로이드를 오래 사용하면 뼈가 부러지고 다른 장기가 파괴된다는 정보를 듣고 마음대로 약을 중단했습니다. 스테로이드에 관한 인터넷 정보에 과잉 반응해 임의로 천식 치료를 중단한 셈입니다.

스테로이드 함유 천식 치료제는 기관지 점막에만 작용하는 국소적 약물입니다. 전신 작용 약물에 비해 적은 용량으로도 좋은 효과를 나타내며 전신 작용은 거의 일어나지 않습니다. 따라서 사용법만 지킨다면 골다공증의 위험 역시 적습니다. 오히려 환자가 흡입기를 지속적으로 사용했더라면 천식 증상에 만족할 만한 효과를 냈을 것이기에 아쉬움이 남습니다.

약물에 대한 정보를 인터넷으로 쉽게 얻을 수 있어 편리한 점도 많지만 부작용도 많습니다. 전문가와 상담하지 않고 단편적인 정보를 바탕으로 스스로 약을 조절하거나 마음대로 중단해 오히려 병을 키우는 부정적인 결과가 나타나기도 합니다.

천식은 고혈압, 당뇨 못지않게 지속적으로 관리해야 하는 만성 질환으로, 방치하면 생활에 큰 불편을 가져오는 질환입니다. 또한 올바른 방법으로 흡입기를 사용하지 않아 제대로 약효를 보지 못하는 환자도 생각보다 많습니다. 만약 흡입기 사용법에 확신이 없다면 약국을 찾아 약사 앞에서 평소대로 시연해보고 정해진 사용법대로 잘 사용하고 있는지 확인하기 바랍니다.

류마티스 관절염

류마티스 관절염은 다발성 관절염을 특징으로 하는 원인 불명의 만성 염증성 전신 질환입니다. 남성보다는 여성에게 많이 나타나며, 주로 50~60대에 많이 발병합니다. 특히 산모는 류마티스 관절염을 산후풍이려니 생각해서 가볍게 넘기다가 결국은 병이 한참 진행된 뒤에야 진단받기도 합니다.

초기에는 관절을 싸고 있는 활막의 염증으로 시작되어 이후 염증이 점차 주위의 연골과 뼈로 퍼져 관절의 파괴와 변형을 초래합니다. 관절뿐 아니라 미열, 피로, 식욕 부진, 안구 건조, 심혈관계 질환, 폐섬유화증, 피부 궤양 등 전신을 침범할 수 있는 질환입니다.

류마티스 관절염의 정확한 원인은 아직 밝혀지지 않았습니다. 하지만 외부로부터 인체를 지키는 면역계에 이상이 생겨 오히려 인체를 공격하는 현상인 '자가 면역'이 주요 기전으로 알려져 있습니다.

류마티스 관절염의 대표적 증상은 아침에 관절이 뻣뻣해서 펴지지 않는 증상이 1시간 이상 지속되는 조조강직입니다. 그 밖에 관절 침범 양상, 대칭성 관절염, 혈액 검사 등 다른 요소들을 종합적으로 판단해야 하므로 병원에서 정확한 진단을 받아야 합니다. 대부분 관절 마디가 아프다며 여러 병원을 전전하는데, 따로 특화된 류마티스내과가 있으니 그곳에서 올바른 진료와 치료를 받는 것이 중요합니다. 또한 류마티스 관절염은 만성 질환이므로 정기적으로 혈액 검사와 기타 검사를 받아야 합니다. 검사를 통해 질환의 정확한 진행 정도를 파악해 치료의 적절성 여부를 판단하고 약물 부작용과 합병증을 조기에 발견하면 건강하게 관리할 수 있습니다.

✚ 약물요법

류마티스 관절염의 치료 목표는 통증을 완화하고 염증을 감소시키며 관절 구조를 보호하고 관절의 기능을 보존하며 염증의 전신 침범을 조절하는 것입니다.

관절염의 정도, 병의 지속 시간, 침범한 관절 부위, 환자의 특성 등에 따라 약제가 달라지므로 정기적으로 병원을 찾아 병의 진행을 확인하는 것이 무엇보다 중요합니다. 류마티스 관절염은 꾸준한 검사를 통해 약물을 조절해야 하는 질환입니다. 의사가 장기 처방을 해주지 않는다고 불평하는 환자들도 있는데, 류마티스 약제는 간독성이나 소화기 질환, 빈혈 등을 일으킬 수 있어 일정 기간 처방하고 검사를 통해 환자의 상태를 유심히 살피면서 사용해야 합니다. 환자 상태와 관절 증상의 개선, 합병증 유무에 따라 적절한 변화가 이루어지므로 함부로 복용을 중단하거나 마음대로 복용량에 변화를 주면 안 됩니다.

치료에 사용하는 약물은 비스테로이드성 소염진통제, 스테로이드, 전통적인 항류마티스 약제, 생물학적 항류마티스 약제가 있습니다. 가장 많이 사용하는 비스테로이드성 소염진통제, 스테로이드, 전통적인 항류마티스 약제에 대해 살펴보도록 하겠습니다.

1) 비스테로이드성 소염진통제

통증을 빠르게 완화하고 염증을 억제하여 류마티스 관절염 치료에 효과적으로 사용하는 약물입니다. 하지만 비스테로이드성 소염진통제만으로는 류마티스 관절염의 경과나 관절 손상을 막지는 못해서 항류마티스 약제와 함께 사용합니다. 진통 효과는 약 24시간 이내에 나타나지만 항염 효과는 일주일쯤 지나서 나타나기 때문에 통증이 없더라도 약을 꾸준히 복용해야 합니다. 비스테로이드성 소염진통제는 간단한 감기 증상에도 많이 사용하는 약물이기 때문에 다른 질환으로 진료받거나 약국에서 약을 살 때 해당 약물을 복용한다고 알리는 편이 좋습니다.

2) 스테로이드

비스테로이드성 소염진통제보다 염증과 통증을 빠르게 감소시킵니다. 하지만 장기간 사용 시의 부작용 때문에 되도록 저용량으로 단기간 사용합니다. 이어서 소개할 항류마티스 약물의 효과가 나타나기까지 다소 시간이 걸릴 수 있어 그 전까지 류마티스 관절염 증상을 조절하거나 관절염이 악화한 경우 또는 염증 조절이 잘 안 되는 경우에도 사용합니다. 이상 반응으로는 체중 증가, 얼굴 부종, 피부 얇아짐, 골다공증 위험, 쉽게 드는 멍 등이 있을 수 있습니다. 만족할 만한 치료 효과가 나타나면 용량을 서서히 줄이면서 이상 반응을 예방하고 관리할 수 있습니다.

3) 항류마티스 약물

염증을 감소시키고 관절의 변형을 막아 관절의 구조와 기능을 보존하고 염증의 전신 침범을 조절합니다. 성분별 상세 정보와 특징은 대한류마티스학회 자료와 《리핀코트의 그림으로 보는 약리학》(제7판)에 근거했습니다.

① 메토트렉세이트(대표 상품: 유한 메토트렉세이트®)

엽산 길항제이며 가장 흔하게 사용하는 항류마티스 약물입니다. 다른 약물과 달리 일주일에 1번 복용하는 것이 원칙입니다. 약효는 치료 시작 후 보통 3~6주에 나타나는데 항류마티스 약물 중에서는 효과가 빠르게 나타나는 편입니다. 이상 반응으로 탈모, 구내염, 울렁거림 등이 나타날 수 있으며 이를 방지하기 위해 비타민의 한 종류인 엽산을 함께 복용합니다.

② 히드록시클로로퀸(대표 상품: 할록신®)

효과가 약하고 약효가 나타나는 데 6주에서 6개월 정도 걸리지만 부작용이 적어 경증의 류마티스 관절염에 많이 사용합니다. 드물지만 이상 반응으로 피부가 검어지고 시야가 흐려지거나 흔들리는 증상이 나타날 수 있어 정기적으로 안과 검진을 받는 편이 좋습니다.

③ 설파살라진(대표 상품: 사라조피린EN®)

약효가 나타나는 데 1~3개월이 걸리지만 히드록시클로로퀸보다는 효과가 빨리 나타나는 편입니다. 경증의 류마티스 관절염에 사용합니다. 소변 색이 노랗게 변할 수 있고, 이상 반응으로 오심, 설사, 두통, 피부 발진 등이 나타날 수 있습니다.

④ 레플루노미드(대표 상품: 아라바®)

메토트렉세이트와 유사한 작용 기전과 효과를 가진 약물입니다. 약효가 발현되는 데 1개월 정도 소요됩니다. 이상 반응으로 설사, 울렁거림, 탈모 등이 나타날 수 있습니다. 메토트렉세이트에 비해 위장 장애가 적다는 장점이 있습니다.

✚ 비약물요법

류마티스 관절염은 만성 질환이기 때문에 약물요법 외에도 일상적인 관리가 매우 중요합니다. 우선 냉온요법 같은 물리치료가 통증과 염증을 감소시키고 관절의 기능과 안정성 유지에 도움을 줍니다. 물건을 옮기거나 작업할 때 최대한 관절에 무리가 가지 않도록 일의 방법을 바꾸어 관절을 보호해야 합니다. 특히 쪼그려 앉는 자세는 무릎 관절에 무리를 줄 수 있으므로 피해야 합니다. 스트레칭이나 걷기, 수영 등 관절에 무리가 가지 않는 운동과 체중 조절이 도움이 됩니다.

골다공증

골다공증은 나이가 들면서 뼈조직이 감소하는 속도가 재생하는 속도보다 빨라져 뼈의 양이 감소하고 강도가 약해져서 골절이 일어날 가능성이 높은 상태를 말합니다. 골밀도(뼈조직에 있는 뼈무기질의 양) 검사를 통해 진단하며 측정 결과는 T값을 사용합니다. T값은 같은 인종, 같은 성별의 젊은 성인의 정상 최대 골밀도와 비교한 값을 의미합니다. T값이 -1 이상이면 정상, T값이 -1에서 -2.5 사이이면 골감소증, -2.5 이하이면 골다공증으로 진단합니다. T값이 1만큼 감소하면 정상 성인에 비해 골절이 발생할 위험성이 2~3배 증가합니다.

골다공증은 증상이 거의 없어서 뼈가 부러질 때까지도 골다공증이라는 사실을 모를 때가 많습니다. 그래서 '침묵의 질환' 또는 '조용한 도둑'이라고 부르기도 합니다. 모든 부위에서 골절이 일어날 수 있지만 특히 손목뼈와 척추, 고관절에서 골절이 자주 발생합니다. 폐경 이후의 여성과 노년기 남성에서 발생률이 높으므로 정기적인 검진을 통해 골밀도를 확인하여 골절을 예방하는 것이 좋습니다.

✚ 약물요법

치료 목표는 뼈의 강도를 높여 골절을 예방하는 데 있습니다. 골다공증약은 칼슘, 비타민D와 더불어 뼈의 소실을 막는 약, 뼈의 생성을 촉진하는 약으로 나눌 수 있습니다. 종류별 상세 정보와 특징은 대한골대사학회 자료에 근거했습니다.

1) 칼슘

칼슘의 99%는 뼈에 포함되어 있습니다. 칼슘은 우리 몸에서 만들어지지 않아 따로 보충해야 하는데 칼슘 부족 상태가 장기간 지속되면 뼈에서 칼슘이 소실되어 뼈가 약해지고 골절 위험이 증가합니다.

대한골대사학회는 50세 이상 성인에게 하루 800~1000mg의 칼슘 섭취를 권장합니다. 칼슘 보충제는 성분에 따라 칼슘 함유량이 다르며, 특히 탄산칼슘은 위산이 분비되는 식후에 복용하는 것이 좋습니다. 용량을 한꺼번에 복용하기보다는 500mg 이하로 나누어 복용하는 편이 칼슘 흡수에 도움이 됩니다. 칼슘 보충제 복용 시 간혹 변비나 위장 장애를 느끼기도 하는데, 이때는 복용량을 줄이거나 씹어 먹는 제제로 변경하면 증상이 완화될 수 있으니 불편한 증상이 나타나면 전문가와 상담하기 바랍니다.

2) 비타민D

비타민D는 칼슘 흡수에 필수적인 성분으로, 근력을 증가시켜 골절 예방에도 중요하게 작용합니다. 비타민D는 대부분 햇빛을 통해 만들어지는데 음식이나 보충제를 통해서 일부 섭취됩니다.

대한골대사학회는 50세 이상 성인에게 하루 800IU의 비타민D 섭취를 권장합니다. 비타민D는 공복에 복용하면 50% 정도만 흡수되기 때문에 식사 직후에 복용하는 편이 좋습니다.

3) 뼈의 소실을 막는 약물

① 선택적 에스트로겐 수용체 조절제SERM

조직 선택적 작용을 하는 약제로 심혈관계와 뼈에서는 에스트로겐 효능제로 작용하고, 유방과 자궁에 대해서는 에스트로겐 효과를 저해하는 작용을 합니다. 유방암 예방이 가능해 유방암 고위험 여성에게 적합하다는 장점이 있습니다. 하지만 폐경기 증상에는 효과가 없고 오히려 안면홍조 증상이 나타날 수 있어 폐경기 증상이 있는 초기 폐경 여성은 사용을 권장하지 않습니다.

② 비스포스포네이트

현재 가장 많이 사용하는 골다공증약으로, 뼈를 파괴하는 파골세포가 뼈를 녹이는 동안(골 흡수) 파골세포 안으로 들어가 파골세포의 기능과 수명을 단축합니다. 더 쉽게 설명하면 뼈에서 칼슘이 빠져나가는 골 흡수 과정을 방해해 뼈가 소실되는 것을 억제합니다. 파골세포가 수명을 다하고 죽어가는 동안 비스포스포네이트는 뼈 안에 남아 다른 골다공증약과 달리 오랜 기간 효과를 발휘합니다.

먹는 비스포스포네이트는 복용할 때 주의 사항이 있습니다. 첫째, 아침에 일어나자마자 공복에 1컵 이상의 물과 함께 복용해야 합니다. 비스포스포네이트는 위장관을 통해 흡수되는 양이 매우 적습니다. 음식물이나 물이 아닌 다른 음료와 복용하면 흡수율이 감소할 수 있어 공복에 맹물과 함께 복용합니다. 둘째, 복용 후 최소 30~60분간 눕지 않고 바른 자세를 유지해야 합니다. 다른 약물이나 음식도 30~60분 뒤에 복용합니다. 복용 후 바로 누우면 식도에 염증이나 궤양을 유발할 수 있습니다. 충분한 양의 물과 함께 복용하는 것도 위와 식도를 보호하기 위해서입니다.

비스포스포네이트 복용 후 감기몸살과 유사한 증상이 생길 수 있습니다. 시간이 지나면 점차 사라지지만 증상 때문에 너무 힘들 때는 일시적으로 해열진통제를 복용하면 도움이 됩니다. 비스포스포네이트를 장기간 투여하면 임플란트 시술 시 뼈와 잇몸이 잘 아물지 않을 수 있어 주의해야 합니다. 따라서 임플란트 시술을 계획한다면 미리 의사와 상의해야 합니다.

③ RANKL 억제제

뼈를 파괴하는 파골세포의 생성과 기능에 관련된 단백질 RANKL을 억제해 뼈의 소실을 막는 약물입니다. 대표적인 성분으로 데노수맙이 있으며 6개월에 1번씩 위팔, 허벅지 위쪽 또는 복부의 피부 밑에 주사합니다. 치료를 중단하면 2년 이내에 골밀도가 감소할 수 있어 휴약기를 권장하지 않습니다. 비스포스포네이트와 마찬가지로 장기간 투여하면 임플란트를 시술할 때 뼈와 잇몸이 잘 아물지 않을 수 있어 주의해야 합니다. 따라서 임플란트 시술을 계획한다면 미리 의사와 상의해야 합니다.

4) 뼈의 생성을 촉진하는 약물

부갑상샘 호르몬은 골 형성 촉진제입니다. 뼈를 만드는 조골세포를 활성화해 뼈의 양과 질을 동시에 개선하는 약물입니다. 펜형 인슐린 주사처럼 매일 허벅지나 복부의 피부 밑에 주사합니다. 부갑상샘 호르몬 치료는 최대 24개월까지 허용됩니다. 이후에는 다른 골다공증 약물을 투여해야 합니다.

<table>
<tr><th>구분</th><th>성분</th><th>대표 상품</th></tr>
<tr><td rowspan="3">칼슘+비타민D</td><td>탄산칼슘+콜레칼시페롤</td><td>디카맥스1000®
디카맥스디플러스®
디카맥스디®</td></tr>
<tr><td>구연산칼슘+콜레칼시페롤</td><td>칼테오정®
칼테오츄어블정®</td></tr>
<tr><td>침강탄산칼슘+글루콘산칼슘
+락트산칼슘+에르고칼시페롤</td><td>애드칼정®</td></tr>
<tr><td rowspan="3">비타민D</td><td>알파칼시돌</td><td>알파본®</td></tr>
<tr><td>칼시트리올</td><td>로칼트롤®</td></tr>
<tr><td>콜레칼시페롤</td><td>디맥®</td></tr>
<tr><td rowspan="2">SERM</td><td>라록시펜</td><td>에비스타정®</td></tr>
<tr><td>바제독시펜</td><td>비비안트정®</td></tr>
<tr><td rowspan="2">SERM+비타민D</td><td>라록시펜+콜레칼시페롤</td><td>라본디®</td></tr>
<tr><td>바제독시펜+콜레칼시페롤</td><td>본모어디®</td></tr>
</table>

구분	성분	대표 상품
비스포스포네이트	알렌드론산	포사맥스®
	리세드론산	악토넬®
	이반드론산	본비바®
비스포스포네이트+비타민D	알렌드론산+칼시트리올	맥스마빌®
	알렌드론산+콜레칼시페롤	포사맥스플러스®
	리세드론산+콜레칼시페롤	리세넥스플러스®
	이반드론산+콜레칼시페롤	본비바플러스®
RANKL 억제제	데노수맙	프롤리아®
부갑상샘 호르몬	테리파라타이드	포스테오®

대표적인 골다공증 치료 약물

비약물요법

카페인과 알코올을 소량 섭취하고 적절한 운동을 해야 합니다. 특히 폐경기 이후의 여성은 여성 호르몬의 뼈 보호 효과가 사라져 골다공증 발생률이 높아지므로 더욱 주의해야 합니다.

노인은 골절이 회복되는 속도가 현저히 느리므로 걸을 때 지팡이를 사용해 낙상과 외상을 예방해야 합니다. 정기적인 골밀도 검사에서 골감소증 구간에 들어왔다면 적절한 칼슘 보충제를 섭취하는 것도 도움이 됩니다.

골다공증 환자는 가벼운 타박상에도 골절 위험이 있습니다. 책상 모서리에 부딪히지 않게 조심해야 하고, 특히 미끄러운 욕실에서 넘어지지 않도록 주의해야 합니다. 또한 급격하게 자세를 바꾸지 말고 모든 동작을 천천히 주의 깊게 해야 합니다. 가벼운 타박상으로 알고 정형외과 골절 확인 검사를 미루다가 나중에서야 골절로 밝혀지는 경우가 많습니다. 일단 골다공증을 앓는 환자나 노인은 넘어졌을 때 단순히 타박상으로 여기지 말고 골절을 확인하는 검사를 꼭 받아야 합니다.

폐경기 호르몬 치료제

폐경은 난소의 난포 활성이 사라진 이후 정상적인 월경이 중지되는 현상 또는 시점을 말합니다. 구체적으로 마지막 월경 시작일로부터 1년이 지났을 때를 의미합니다. 대부분 만 45~55세에 발생하며, 만 40세 미만에 일어나면 조기 폐경으로 봅니다.

최근에는 폐경 대신 '월경이 완성됐다'는 의미로 '완경完經'이라는 용어를 사용하자는 사회적 움직임이 있습니다. 폐경閉經이라는 단힘의 의미보다 버릴 '폐廢'가 주는 부정적인 어감 때문입니다. 난임이 불임이라는 단어를 대체했듯이 폐경 역시 완경이라고 자연스럽게 부르게 될 날이 곧 오지 않을까 싶습니다. 사실 폐경은 월경meno이 정지했다pause는 뜻의 'menopause'를 그대로 옮긴 것으로 부정적인 의미가 담긴 용어는 아닙니다. 아직은 폐경이 의학용어로 사용되고 있으므로 여기서는 폐경이라는 단어를 사용하도록 하겠습니다.

폐경은 보통 40대 후반부터 점진적으로 월경이 불규칙해지면서 나타납니다. 이 기간부터 폐경 이후 1년을 보통 폐경 이행기 혹은 갱년기라고 부릅니다. 여성 호르몬이 감소하면서 갑자기 더워지며 얼굴이 붉어지고, 식은땀이 나고, 심장이 두근거리기도 하고, 밤에 잠도 안 오고, 울화가 치밀어서 주변 사람에게 짜증을 내는 등 감정의 기복이 생길 수 있습니다. 손가락, 손목, 발목 등 여기저기 온몸이 쑤시고 질이 건조해지는 등 다양한 증상이 나타납니다. 장기적으로는 골다공증이나 혈관 노화, 인지 기능 저하 등의 문제가 발생합니다. 나이에 따른 변화와 호르몬 변화가 동시에 진행되다 보니 남성과 비교해 여성이 건강 관리에 더 어려움을 겪는 시기이기도 합니다.

폐경기 증상은 개인차가 심해서 약을 복용하지 않고 넘길 수도 있지만 증상이 심하면 우울증이나 자신감 상실 등에 빠지기도 하므로 전문가와 상담해 적절한 치료를 받아야 합니다.

✚ 약물요법

폐경기 호르몬 치료의 목표는 호르몬 결핍으로 나타날 수 있는 증상을 개선하고 이차적으로 골다공증을 예방하는 것입니다. 호르몬 치료는 체내에 부족한 여성 호르몬을 공급해 폐경기 증상을 개선합니다. 호르몬 치료의 효과는 치료 시작 시기에 따라 차이가 있습니다. 폐경 초기의 여성은 심장병 위험이 감소하는 경향을 보이나 폐경이 오래 경과된 여성은 심장병 위험이 유의하게 증가했다는 연구 결과가 있습니다. 일반적으로 여성 호르몬 요법은 폐경 10년 이내 혹은 60세 미만에게 실보다 득이 많다고 봅니다.

에스트로겐은 호르몬 요법의 주된 성분으로 먹는 약, 바르는 약, 질정처럼 다양한 제형이 있습니다. 자궁 적출로 자궁이 없는 여성은 에스트로겐 단독 요법으로 치료하고, 자궁이 있는 여성은 에스트로겐과 프로게스토겐을 함께 사용합니다. 에스트로겐으로 인해 자궁내막이 증식되는 것을 프로게스토겐이 막을 수 있기 때문입니다.

폐경기 호르몬 치료에 사용하는 에스트로겐은 피임 목적으로 복용하는 에스트로겐보다 강도가 약해 피임약에 비해 이상 반응이 덜한 편입니다. 에스트로겐의 이상 반응으로 울렁거림이 있을 수 있는데 취침 전에 복용하면 불편함을 줄일 수 있습니다. 그 외에 유방 압통, 혈전색전증, 심근경색 등의 위험이 증가할 수 있습니다. 따라서 폐경기 증상 완화를 위한 호르몬 치료 시에는 되도록 가장 낮은 유효량을 사용합니다. 질 건조감, 성교통 등의 생식기계 위축 증상만 있는 경우 전신 작용을 나타내는 제형보다는 생식기계에 작용할 수 있는 질정 형태의 에스트로겐을 사용합니다.

에스트로겐과 프로게스토겐 복합 제제는 프로게스토겐을 특정 기간에만 복용하는 주기적 요법과 에스트로겐과 함께 지속적으로 복용하는 지속적 요법이 있습니다.

주기적 요법의 대표적인 약물로 크리멘이 있습니다. 백색 알약에는 에스트로겐만 함유되어 있고 분홍색 알약에는 에스트로겐과 프로게스토겐이 함유되어 있어 팩에 표시된 순서대로 복용해야 합니다. 일반적으로 프로게스토겐이 함유된 마지막 분홍색 알약 복용을 앞두고 며칠 내 또는 다음 포장을 복용하는 첫 주 내로 출혈이 발생한다는 특징이 있습니다.

지속적 요법의 대표적인 약물로는 안젤릭이 있습니다. 한 팩에 있는 모든 알약의 성분이 동일하기 때문에 크리멘처럼 복용 순서가 따로 있지는 않습니다. 안젤릭에 함유된 프로게스토겐인 드로스피레논은 소변으로 물을 빼주는 이뇨 작용을 해 몸이 붓지 않는다는 장점이 있습니다.

티볼론은 에스트로겐, 프로게스테론, 안드로겐 세 가지 효능

구분	감소 질환	증가 질환
에스트로겐 단독 요법	골절	뇌졸중
에스트로겐+프로게스토겐 병합 요법	골절 대장암	유방암 뇌졸중 혈전색전증 치매

폐경기 호르몬 치료법과 연관된 질환

을 모두 나타내는 호르몬제로 자궁 유무에 관계없이 사용할 수 있습니다. 골밀도를 증가시키고 척추 및 비척추 골절의 감소가 증명되어 골다공증 예방에 도움이 됩니다. 이 밖에 안면홍조, 야간 발한, 질 건조감 등 폐경기 증상 완화에 도움이 되고 성욕 자체도 높여주는 효과가 있습니다. 다른 호르몬 요법에 비해 부정출혈, 유방 압통, 혈전 발생 위험이 덜하며 안드로겐 효능이 있어 근육량을 증가시킬 수 있습니다. 이 때문에 평소 근육량이 적었던 사람은 약 복용 후 기운이 나는 것 같다고 표현하기도 합니다. 단점으로는 몸이 붓고 체중이 증가하는 부작용이 나타날 수 있습니다.

에스트로겐과 골다공증 치료제인 바제독시펜이 결합된 듀아비브라는 약이 있습니다. 부족한 에스트로겐을 보충하고 뼈의 소실을 방지하는 제제로, 유방암이나 자궁내막암의 위험 없이 폐경 증상을 개선하는 장점이 있습니다. 이 약은 자궁 유무에 관계없이 사용할 수 있습니다.

최근에는 유방암 위험도를 높이지 않는 에스트로겐 단독 제제와 국소적으로 자궁 안쪽에 삽입해 자궁내막 보호 효과로 자궁내막암 위험을 줄여주는 미레나(프로게스토겐)를 함께 사용하기도 합니다.

분류		성분	대표 상품
에스트로겐	먹는 약	에스트라디올반수화물	프레다®
		에스트라디올 발레레이트	프로기노바®
		결합형 에스트로겐	프레미나®
	외용제	에스트라디올반수화물 0.5mg/pump	에스트레바겔®
		에스트리올	오베스틴®질좌제
프로게스토겐		디드로게스테론	듀파스톤정®
		메드록시프로게스테론	프로베라정®
		미분화 프로게스테론(천연 프로게스테론)	유트로게스탄®
복합제	주기적	백색(14정): 에스트라디올반수화물 1.03mg 회색(14정): 에스트라디올반수화물 1.03mg +디드로게스테론 10mg	페모스톤1/10®
		분홍색(14정): 에스트라디올반수화물 2.06mg 노란색(14정): 에스트라디올반수화물 2.06mg +디드로게스테론 10mg	페모스톤2/10®
		백색(16정): 에스트라디올발레레이트 2mg 분홍색(12정): 에스트라디올발레레이트 2mg +시프로테론아세테이트 1mg	크리멘®
	지속적	에스트라디올반수화물 1.03mg +드로스피레논 2mg	안젤릭®
		에스트라디올반수화물 1.03mg +디드로게스테론 5mg	페모스톤콘티®
합성 스테로이드		티볼론	리비알®
에스트로겐+SERM 혼합 제제		결합형 에스트로겐 0.45mg+바제독시펜 20mg	듀아비브®

대표적인 폐경기 호르몬 치료 약물

폐경기 호르몬 치료제를 복용해야 할지 말아야 할지 고민입니다

약국에서 폐경 호르몬 치료제에 대해 상담하다 보면 "호르몬제를 먹으면 유방암이 생긴다던데 먹어도 되나요?"라는 걱정 섞인 질문을 많이 받습니다. 미국에서 시행한 연구에 따르면, 5년 이상 에스트로겐과 프로게스테론 병합 요법을 실시했을 때 유방암 발생 위험도가 연간 1만 명당 9명 증가했다고 합니다. 우리나라에 비해 미국이 유방암 발생률과 사망률이 2배가량 높다는 점을 감안하면 우리나라에서는 1만 명당 4명 정도(0.04%) 증가한다고 볼 수 있습니다. 높은 비율은 아니지만 암이라는 이름이 주는 무게감이 있고 개인에게는 '나에게 유방암이 생기느냐 아니냐'가 50% 확률로 체감되기 때문에 충분히 걱정될 수 있다고 생각합니다.

하지만 이러한 걱정 때문에 호르몬 치료로 충분히 이득을 볼 수 있는 9996명에게도 치료 자체를 금하면 득보다 실이 더 많습니다. 또한 유방암에는 호르몬제 외에도 이른 초경, 늦은 폐경, 비만, 고지방 식이 등 다양한 요인이 영향을 미칩니다. 일반 여성의 유방암 위험도를 1000명 중 1명이라고 볼 때 프로게스토겐 함유 호르몬 치료 시 위험도는 1000명 중 1.8명으로 그리 높은 편이 아니라는 연구도 있습니다. 약국에서 상담하다 보면 폐경기 증상으로 너무 괴로운데 호르몬 치료에 대한 막연한 두려움 때문에 안타깝게도 참고 견디는 여성이 무척 많습니다. 본인의 가족력, 병력, 생활습관 등에 대해 전문가와 자세히 상담한 뒤에 득과 실을 따져 치료 여부를 결정하는 것이 오히려 폐경기 삶의 질에 득이 될 수 있음을 명심했으면 합니다.

✚ 비약물요법

폐경은 정도의 차이가 있을 뿐 여성이라면 누구나 겪는 과정입니다. 따라서 긍정적으로 받아들이는 마음가짐이 중요합니다. 가족 역시 폐경기 여성이 겪는 심리적·신체적 변화를 이해하고 일상생활의 변화를 받아들일 수 있도록 잘 도와야 합니다.

폐경기에 가장 부족하기 쉬운 영양소인 칼슘이 많이 함유된 시금치, 당근 등 녹황색 채소, 뼈째 먹는 생선, 유제품, 흰콩으로 만든 음식의 섭취를 늘리고 필요하다면 칼슘 보충제를 먹는 것도 좋습니다. 걷기나 달리기, 에어로빅 등의 운동을 몸에 무리를 주지 않는 선에서 규칙적으로 하면 골다공증의 악화를 막고 폐경기 우울증과 심혈관계 질환 예방에도 도움이 됩니다.

과민성 방광과 요실금

✚ 요실금

요실금은 의지와 상관없이 소변이 새는 증상을 말합니다. 남성보다는 중년 여성에게 많이 나타나며 우리나라 여성의 40%가 경험할 만큼 흔한 증상입니다. 일반적으로 요실금은 복압성, 절박성, 범람성(일류성), 혼합성 네 가지로 분류합니다.

복압성 요실금은 웃거나 재채기하거나 무거운 것을 들 때처럼 배에 힘이 들어갈 때 소변이 새는 증상입니다. 중년 여성의 요실금 대부분이 여기에 해당합니다. 중년 여성에게 흔한 이유는 노화, 특히 출산으로 인해 방광과 골반 근육이 약해지기 때문입니다. 소변을 담는 방광이 아래로 처지고 소변이 새어 나가지 않게 꽉 조이는 요도괄약근이 약해져 소변이 새게 됩니다.

주로 약물 외 방법으로 치료하는데, 증상이 심하지 않을 때는 방광괄약근을 강화하는 케겔 운동이 도움이 됩니다. 대한배뇨장애요실금학회에서 추천하는 케겔 운동법은 다음과 같습니다. 6~8초간 항문을 최대로 조인 뒤 같은 시간 동안 서서히 풀어주기를 8~12번 시행하는 것을 한 세트로 합니다. 한 세트가 끝나면 항문을 빠르게 5~10번 수축해 마무리하는데, 이렇게 매일 5세트씩 진행합니다.

변비나 복부비만이 있으면 배에 압력이 더 많이 가해지기 때문에 변비 개선과 체중 조절도 도움이 됩니다. 증상이 심하다면 요실금 수술을 받는 것이 근본적인 치료법이니 비뇨기과 전문의와 상담해야 합니다.

절박성 요실금은 소변이 자주 마렵거나 참지 못하고 속옷을 적시는 요실금입니다. 방광이 과도하게 예민해져서 생기는 요실금으로 과민성 방광의 대표 증상이기도 합니다. 여성만 아니라 남성에게도 많이 나타납니다. 복압성 요실금과는 달리 소변 참기 훈련과 함께 약물 치료가 도움이 됩니다.

범람성(일류성) 요실금은 방광에서 소변이 넘쳐흘러 새는 요실금입니다. 방광을 짜주는 배뇨근이 역할을 제대로 하지 못해 오히려 소변을 보려고 할 때는 소변이 잘 나오지 않습니다. 결과적으로는 방광이 완전히 비워지지 않아 잔뇨가 남는데, 이로 인해 방광이 가득 차 소변이 넘치게 됩니다. 전립샘 비대증으로 소변 배출에 문제가 있거나 당뇨, 자궁암 또는 직장암 수술력 등으로 방광 수축 기능이 약해지는 경우에 생길 수 있습니다.

혼합성 요실금은 이 중 두 가지 이상이 혼합되어 나타나는 요실금을 말합니다.

✚ 과민성 방광

과민성 방광은 요로 감염 및 다른 원인(방광암, 방광결석, 전립샘암 등) 없이 방광이 과민해진 상태를 의미합니다. 유병률은 남성과 여성이 유사합니다. 방광에 소변이 별로 차지 않았는데 소변을 참기 힘들어하는 요절박 증상을 동반합니다. 대개 하루 8회 이상의 빈뇨, 수면 시간에 소변을 보는 야간뇨를 동반하기도 하고, 절박성 요실금과 복압성 요실금을 동반하기도 합니다.

나이가 들어감에 따라 방광 근육은 탄력이 줄고 딱딱해집니다. 그 결과 방광 용적이 작아지고 방광으로 가는 신경에도 문제가 생겨 조그만 자극에도 방광이 예민해집니다. 남성은 전립샘 비대증 때문에 과민성 방광이 나타날 수 있습니다. 여성은 방광 자체의 변화뿐 아니라 복압성 요실금과 함께 과민성 방광이 발생할 수 있습니다.

방광은 500ml 맥주잔 정도의 크기입니다. 방광의 절반인 250~350ml만큼 소변이 차면 소변이 마렵다는 느낌이 드는데, 1시간 동안 몸에서 만드는 소변은 50ml 소주잔 정도의 양입니다. 따라서 물을 많이 마시지 않았다면 소변을 보고 1시간이 지나지 않아 소변이 마려운 건 실제 소변이 찼다기보다 방광이 과민해진 상태임을 의미합니다.

이때는 방광 용적을 늘려 소변 횟수를 줄이고 요절박을 조절할 수 있는 소변 참기 훈련(방광 훈련)이 도움이 됩니다. 소변이 마려울 때 잠깐 참고 기다리면 방광 자극이 사라지고 둔감해지

> 아래 중 하나라도 해당한다면 비뇨기과 전문의에게 진료받는 것이 좋습니다.
>
> - 하루에 소변을 8회 이상 본다.
> - 소변이 일단 마려우면 참지 못한다.
> - 어느 장소에 가더라도 화장실 위치부터 알아둔다.
> - 화장실이 없을 것 같은 장소에는 잘 가지 않는다.
> - 화장실에서 옷을 내리기 전 소변이 나와 옷을 버리는 경우가 있다.
> - 소변이 샐까 봐 물이나 음료수 마시는 것을 삼간다.
> - 화장실을 너무 자주 다녀 일하는 데 방해가 된다.
> - 패드나 기저귀를 착용한다.
> - 수면 중에 2번 이상 화장실에 간다.

과민성 방광 자가 진단법

출처: 대한배뇨장애요실금학회

는 것을 이용하는 방법입니다. 일주일에 15~30분씩 점차 소변 보는 간격을 늘려 최종적으로는 3~4시간마다 소변을 볼 수 있도록 유도합니다. 꾸준히 실천하면 과민성 방광 증상이 호전되고 규칙적인 배뇨 활동을 할 수 있습니다.

✚ 절박성 요실금과 과민성 방광 약물 치료

1) 항콜린제(항무스카린제)

과민해진 방광을 둔하게 해 비정상적인 방광 수축을 억제하는 약물입니다. 성분마다 정도의 차이가 있지만 대부분 방광만 무디게 만드는 게 아니라 다른 신체 부위도 무디게 만들어 이상 반응이 나타납니다. 침 분비가 줄어 입안이 바짝 마르거나 변비, 흐린 시야, 졸음, 어지러움 등이 나타날 수 있습니다.

2) 베타3 효능제

방광에 분포된 베타3 수용체가 자극을 받으면 방광이 이완됩니다. 베타3 효능제는 방광 용량을 늘려 소변보는 횟수를 줄여줍니다. 항콜린제에 비해 입 마름, 변비 등의 이상 반응이 발생할 가능성이 적다는 장점이 있습니다.

구분	성분	대표 상품
항콜린제 (항무스카린제)	옥시부티닌	디트로판®
	톨터로딘	디트루시톨®
	솔리페나신	베시케어®
	프로피베린	비유피®
	트로스퓸	스파스몰리트®
	이미다페나신	유리토스®
	페소테로딘	토비애즈®
베타3 효능제	미라베그론	베타미가®

대표적인 절박성 요실금 및 과민성 방광 치료 약물

✚ 범람성 요실금 약물 치료

전립샘 비대증으로 인해 범람성 요실금이 나타날 때는 전립샘 비대증 치료제를 사용합니다. 방광 수축 기능이 약해져 범람성 요실금이 발생할 때는 방광 근육을 수축해 소변을 잘 볼 수 있게 도와주는 베타네콜(마이토닌®)을 사용합니다. 이상 반응으로 울렁거림, 설사, 복통 등이 나타날 수 있습니다.

✚ 생활습관 관리

방광 질환은 일상의 배변 활동과 생활 방식, 식습관 등과 밀접한 관련이 있어 평소 생활습관을 잘 관리하는 것이 중요합니다. 다음은 대한배뇨장애요실금학회에서 발표한 '방광 건강 수칙 7계명'입니다.

첫째, 규칙적으로 운동하고, 자신에게 맞는 체중을 유지합니다.

둘째, 카페인 섭취량을 줄이고 흡연 및 알코올 섭취를 삼갑니다.

셋째, 적절한 수분 및 섬유질을 섭취해 변비를 예방합니다.

넷째, 배뇨 일지를 작성해 자신의 배뇨 습관을 체크합니다.

다섯째, 소변을 참기 어렵거나 화장실을 자주 간다면 방광 훈련을 시행합니다.

여섯째, 골반 근육 체조로 방광 및 골반을 강화합니다.

일곱째, 배뇨와 관련한 증상 발생 시 조기에 전문의와 상담해 치료합니다.

전립샘 비대증과 발기부전

과거에는 전립샘이 비대해져 방광 하부의 소변 통로를 막아 소변의 흐름이 감소한 상태, 조직학적으로는 전립샘이 증식된 것을 전립샘 비대증으로 정의했습니다. 하지만 조직학적으로 전립샘이 비대해진 사람에게서 모두 비슷한 증상이 나타나는 것은 아니어서 최근에는 '50세 이상 남성에서 하루 8회 이상 소변을 보는 증상(빈뇨), 자다가 일어나 소변을 보는 증상(야간뇨), 강하고 갑작스럽게 소변이 마려운 느낌을 느끼면서 참을 수 없는 증상(절박뇨) 등의 방광 저장 증상과 소변을 볼 때 뜸을 들여야 소변이 나오는 증상(지연뇨), 소변의 흐름이 끊기는 증상(단절뇨), 소변 줄기가 가는 증상(세뇨, 약뇨), 배뇨 시 힘을 주어야 하는 현상 등 방광의 배출 장애를 나타내는 증상을 통칭한 하부 요로 증상의 호소'로 전립샘 비대증을 정의합니다.

전립샘 비대증은 위에서 언급한 하부 요로 증상과 국제 전립샘 증상 점수표, 전립샘의 크기, 최대 요속 등을 종합적으로 평가해 진단합니다. 개인마다 차이가 심해 명확한 선을 정할 수는 없지만, 보통 국제 전립샘 증상 점수 7점 이상, 전립샘 크기 20cc(호두 크기) 이상, 최대 요속 초당 15ml 이하라는 점에는 이견이 없습니다. 환자가 불편하게 느끼는 증상의 정도에 따라 약물 치료를 하거나 생활요법으로 교정하기도 하며 수술로 치료하기도 합니다.

✚ 약물요법

전립샘 비대증은 생명을 앗아가는 치명적 질환은 아니지만 적절하게 치료하지 않으면 전반적인 삶의 질을 떨어뜨릴 수 있습니다. 따라서 증상이 있다면 참지 말고 전문가와 치료의 시작과 방법에 대해 상담하는 편이 좋습니다. 치료에 사용하는 약물로는 전립샘 근육을 이완시키는 약물, 전립샘 크기를 줄이는 약물, 전립샘에 혈액 공급을 증가시키는 약물 등이 있습니다.

1) 알파 (수용체) 차단제

전립샘의 크기를 줄이지는 못하지만 전립샘과 방광 출구의 근육을 이완시키는 약물로 알파 차단제라 부릅니다. 알파 수용체는 우리 몸에서 대표적으로 혈관과 전립샘에 위치합니다. 알파 수용체가 자극을 받으면 전립샘 근육이 수축해 소변이 나오는 길인 요도가 좁아집니다. 알파 차단제가 전립샘 근육을 이완하면 소변이 시원하게 나오고 잔뇨감도 줄어듭니다. 효과가 빨리 나오는 편이라 보통 7~10일 이내에 불편한 증상이 완화됩니다.

성분에 따라 차이가 있지만, 알파 차단제가 전립샘뿐 아니라 혈관에도 영향을 미치면 혈관이 확장되어 기립성 저혈압이 나타날 수 있습니다. 전립샘 비대증 치료를 받는 대부분이 고령자이고 고혈압약을 복용하는 경우가 많아 이에 대해 주의해야 합니다. 따라서 알파 차단제를 복용 중이라면 장시간 앉거나 누웠다가 일어날 때는 천천히 움직여야 합니다. 실제로 순간적으로 어지러움을 느껴 넘어질 뻔했다는 환자들을 쉽게 만날 수 있습니다. 그런 환자들에게는 천천히 움직이도록 재차 당부하고, 어지러움이 덜한 시간대인 취침 전에 복용하도록 안내합니다.

이상 반응으로 사정 시 정액량이 감소하거나 역행성 사정 같은 사정 장애가 나타나기도 합니다. 원래 사정 시 방광목의 근육이 수축되어 정액이 요도를 통해 나와야 합니다. 알파 차단제를 투여하면 방광목이 이완되면서 정액이 방광 쪽으로 역류해 사정되는 정액의 양이 감소하는 역행성 사정이 나타날 수 있습니다.

실제로 전립샘 비대증 약을 복용한 뒤 이상 반응으로 사정 장애가 나타난 손님과 상담한 적이 있습니다. 사정 시 정액이 나오지 않아 놀라기도 했지만 나와야 할 정액이 방광으로 역류했다면 역류한 정액으로 건강에 이상이 생기지는 않을까 걱정이 많았습니다. 우선 약물을 중단하면 회복되는 이상 반응이라고 안내하고 약물에 의해 전립샘과 함께 정낭 및 정관의 평활근이 이완되면서 사정되는 정액량 자체가 감소했을 가능성도 있으며 혹여 정액이 방광 쪽으로 역류했더라도 이후 소변볼 때 정액이 소변과 섞여 나오니 안심해도 된다고 설명했습니다.

만일 백내장 수술을 받아야 한다면 반드시 안과의사에게 알파 차단제 복용 사실을 알려야 합니다. 알파 수용체는 홍채에도 존재하는데, 알파 차단제로 인해 홍채가 제대로 수축하지 않아 수술이 어려워지고 이로 인한 합병증이 발생할 수 있기 때문입니다.

2) 5-알파 환원효소 억제제

5-알파 환원효소 억제제는 남성 호르몬의 작용을 억제해 전립샘 크기를 줄여주는 약물입니다. 테스토스테론이 전립샘 내

에서 디하이드로테스토스테론DHT이라는 호르몬으로 바뀌면서 전립샘의 성장을 자극합니다. 이때 호르몬을 전환시키는 스위치 역할을 하는 것이 5-알파 환원효소인데 이를 억제해 전립샘의 크기를 줄입니다. 5-알파 환원효소 억제제는 최소 6개월 정도 복용해야 효과가 나타납니다. 이를 보완하기 위해 알파 차단제와 5-알파 환원효소 억제제를 병용하는 경우가 많습니다.

이상 반응으로 발기부전, 성욕 저하, 정액량 감소 등의 사정장애가 나타난다고 알려져 있습니다. 임신했거나 임신 가능성이 있는 여성은 태아의 생식기 발달을 저해하는 이상 반응이 나타날 수 있으므로 약을 만지거나 복용해서는 안 됩니다. 같은 이유로 이 약을 복용하는 동안 그리고 복용 종료 후 일정 기간 헌혈이 제한되는데, 대표 성분인 피나스테리드는 1개월간, 두타스테리드는 6개월간 헌혈이 금지됩니다.

3) PDE5 억제제

평활근을 이완시키는 cGMP라는 물질이 PDE5phosphodiesterase 5라는 효소에 의해 분해되는 것을 억제합니다. 전립샘 비대증 치료에 대한 정확한 작용 원리는 밝혀지지 않았지만, 전립샘과 방광 근육 이완 작용으로 혈관을 확장해 전립샘에 혈액 공급을 증가시켜 전립샘 비대증 증상을 개선한다고 알려졌습니다. PDE5 억제제는 주로 필요할 때에만 복용해 발기부전 치료제로 사용하는데, 이 중 타다라필 5mg은 매일 복용해 발기부전을 동반하는 전립샘 비대증 치료에 사용합니다. PDE5 억제제는 다른 전립샘 비대증 치료제와 달리 사정 기능에도 긍정적 효과가 있습니다. 전립샘 비대증에 대한 효과는 빠르면 2주 정도 복용하면 나타납니다.

발기부전 치료제(PDE5 억제제)

발기부전은 성생활에서 충분히 발기가 되지 않거나 유지되지 않는 상태를 의미합니다. 일반적으로 이러한 상태가 3개월 이상 지속되면 발기부전으로 정의합니다. 고령, 고혈압, 당뇨, 고지혈증, 흡연, 음주 등이 원인으로 작용합니다. 따라서 원인으로 작용하는 동반 질환이 있다면 이를 적극적으로 치료하는 것이 상당히 중요합니다.

성적 자극이 주어지면 성기에서 산화질소를 방출하고 산화질소는 cGMP 생성을 증가시킵니다. 증가한 cGMP가 혈관을 확장해 혈액 공급이 증가하면 결과적으로 발기가 이루어집니다. 발기부전 치료제는 cGMP를 분해하는 효소인 PDE5를 억제해 충분히 발기되게 하고 지속 시간을 유지해줍니다.

발기부전 치료제가 직접적으로 발기를 유발한다고 오해하는 경우가 많은데, 발기부전 치료제는 성적 자극의 결과로 만들어진 cGMP의 활동을 오랫동안 유지시켜 효과를 나타내기 때문에 성적 자극이 없는 상태에서는 아무런 약효가 없습니다. 따라서 약물 복용 뒤 충분한 전희를 가짐으로써 성적 자극을 충분히 주는 것이 필요합니다.

발기부전 치료제는 보통 약을 복용한 뒤 약물이 흡수되어 최고 약물 농도에 도달하는 데 1~2시간이 소요됩니다. 그러므로 성관계 직전에 약

성분	대표 상품	최고 약물 농도에 도달하는 데 걸리는 시간	지속 시간
실데나필	비아그라®	60분	6시간
타다라필	시알리스®	120분	36시간
유데나필	자이데나®	60분	12시간
미로데나필	엠빅스®	75분	6시간
아바나필	제피드®	30분	6시간

발기부전 치료 약물의 최고 약물 농도 도달 및 지속 시간

물을 복용하면 적절한 효과를 얻기 어렵습니다. 약효가 가장 빨리 나타난다고 알려진 아바나필도 30분 정도 소요되고, 약효 지속 시간이 가장 긴 타다라필은 2시간 정도 소요됩니다. 따라서 적절한 효과를 위해서는 약을 복용한 뒤 충분한 시간적 여유를 가지고 성관계를 시도하는 것이 중요합니다.

음식도 약효에 영향을 미칠 수 있습니다. 특히 실데나필과 미로데나필은 고지방 식이를 피해 공복에 복용해야 합니다. 식사와 함께 복용하면 흡수율이 떨어지고 약효가 나오기까지의 시간도 지연될 수 있으므로 복용 전 1~2시간 정도 금식하는 것이 도움이 됩니다.

발기부전 치료제는 혈관 확장 작용이 있어 두통, 안면홍조 등의 이상반응이 흔하게 나타날 수 있습니다. 간혹 발기부전 치료제를 영양제쯤으로 생각해 서로 나눠 먹는 남성들이 있습니다. 하지만 발기부전 치료제는 심혈관 질환이 있거나 혈압약, 협심증약을 복용 중일 때는 저혈압이 생길 수 있어 주의가 필요하므로 반드시 의사와 상담한 뒤 복용 가능 여부를 결정해야 합니다. 실제로 자신이 처방받은 발기부전 치료제를 좋은 약이라고 나눠줬다가 친구가 얼굴이 붉어지고 어지러워 쓰러질 뻔해 원망을 들었다는 남성도 있습니다. 다행히 큰 사고로 이어지지는 않았지만 주의가 필요한 부분입니다.

4) 기타

급박뇨와 빈뇨처럼 방광이 예민한 경우 방광을 덜 예민하게 해 과민성 방광 치료에도 쓰는 항콜린제나 베타3 효능제를 사용하기도 합니다. 항콜린제와 베타3 효능제에 관한 내용은 앞의 '절박성 요실금과 과민성 방광 약물 치료'를 참고하기 바랍니다.

야간에 화장실에 여러 번 가는 경우 야간 소변량을 감소시키는 약물인 데스모프레신(미니린®)을 사용하는데 신장에서 수분 흡수량을 증가시켜 소변량을 줄여줍니다. 일반적으로 취침 전에 복용하며, 수분 저류 및 저나트륨혈증(두통, 구역, 구토, 체중 증가, 심각한 경우 경련)의 이상 반응을 예방하기 위해 복용 1시간 전에서 투여 후 8시간까지 수분 섭취를 제한해야 합니다.

구분	성분	대표 상품
알파 차단제	탐스로신	하루날디®
	실로도신	트루패스®
	알푸조신	자트랄엑스엘®
	나프토피딜	플리바스®
	독사조신	카두라엑스엘®
	테라조신	하이트린®
5-알파 환원효소 억제제	피나스테리드	프로스카®
	두타스테리드	아보다트®
PDE5 억제제	타다라필 5mg	시알리스® 5mg

대표적인 전립샘 비대증과 발기부전 치료 약물

✚ 비약물요법

평소 규칙적으로 생활하고 충분한 휴식을 취하며 너무 오래 앉아 있지 않도록 합니다. 과일과 채소류, 특히 토마토, 마늘, 녹차의 섭취를 늘리고 육류와 지방 및 칼로리는 제한합니다. 또한 방광을 자극하는 음료나 커피의 섭취를 줄이고, 저녁 식사 후에는 과도한 수분 섭취를 줄이는 편이 좋습니다.

전립샘 비대증 환자는 평소에 체중을 조절하고 내장지방을 줄이려고 노력해야 합니다. 소변을 너무 오래 참는 것은 좋지 않으며 과음도 삼가야 합니다. 피로는 전립샘 비대증을 악화시키므로 피해야 하고, 좌욕을 자주 하면 좋습니다.

심한 전립샘 비대증을 앓고 있다면 감기약을 먹을 때 코감기약 성분 때문에 배뇨 기능이 떨어지고 소변이 나오지 않는 이상 반응이 나타날 수 있습니다. 감기약 외에도 편두통 예방약, 신경통약에 의해 유사한 이상 반응이 나타날 수 있습니다. 따라서 비뇨기과 외 다른 과에서 진료받을 때 전립샘 비대증 치료 중이라는 사실을 알리는 것이 좋습니다.

PART
3

모르면 독이 되는 일반의약품 이야기

05

알아야 도움이 되는 일반의약품 사용법

60대 후반 남성이 약국에 들어옵니다.

고객: 약사님, 뿌리는 모기약 하나 주세요.

약사: 가을인데도 모기가 많죠?

고객: 아니, 손자 녀석이 어린이집에서 이를 옮아왔길래 뿌려주려고. 우리도 어릴 때 그렇게 많이 했잖소.

일반의약품은 환자가 약사의 도움을 받아 원하는 약을 선택할 수 있습니다. 그런데 잘못된 일반의약품 사용을 자신만의 비법처럼 여기는 사람이 많아 당혹스러울 때가 잦습니다.

뿌리는 모기약은 주로 곤충의 신경계를 마비시켜 호흡 곤란 등으로 죽게 합니다. 이런 가정용 살충제를 무분별하게 사람에게 사용하면 망막 변성을 일으켜 시력 손실 등 안과 질환이 나타날 수 있습니다.

약사법 제2조는 일반의약품을 “의사, 치과의사의 처방에 의하지 않고 환자가 직접 선택할 수 있는 의약품”이라고 정의합니다. 약사는 환자가 약을 잘 선택할 수 있도록 약의 성분과 효능, 효과, 부작용 등에 대한 정보를 제공합니다. 예를 들어 목감기약을

약국에 진열된 일반의약품

찾는 환자가 있다면, 환자의 증상을 고려해 진통제와 기침가래약이 섞여 있는 목감기약과 목의 통증만 가라앉혀주는 목감기약 중에서 어떤 목감기약이 적합한지 결정할 수 있도록 도와줍니다. 혹은 다른 증상으로 처방받은 약을 먹고 있는데 목감기 증상이 나타나 약을 추가로 복용하려고 할 경우 약사는 환자가 현재 복용 중인 약을 확인한 뒤 성분이 겹치지 않도록 약 선택을 도와줍니다.

이렇듯 일반의약품을 살 때도 환자와 약사의 '소통'이 매우 중요합니다. 다음은 일반의약품과 관련해 제가 약국에서 환자들과 이야기하면서 중요하다고 생각했던 점입니다.

복용할 사람의 나이부터 말해주세요

약을 사러 약국에 오는 사람들이 약사에게 건네는 첫 마디는 "○○약 주세요!"입니다. 이때 약사는 먼저 "본인이 직접 드실 건가요?"라고 물으면서 복용할 사람의 나이를 확인합니다. 그러면 약을 사러 온 사람 중 절반 정도는 자신이 아닌 다른 사람이 복용할 약이라고 말합니다.

복용할 사람의 나이에 맞는 약을 사야 한다는 당연한 사실을 잊어버리는 사람들이 있습니다. 한 30대 남성이 아이가 먹을 종합감기약을 사러 약국에 찾아왔습니다. 약 먹을 아이가 몇 살인지 물어보니 22개월이 되었다고 합니다. 그런데 시중에서 판매하는 어린이 종합감기약은 24개월 이후부터 복용할 수 있습니다. 그래서 이 사실을 말해주니 남자는 지금까지 계속 먹여왔는데 무슨 소리냐며 화부터 냈습니다. 진정하고 아이 엄마에게 누가 먹을 약인지 전화로 확인하라고 했더니, 초등학교에 다니는 딸이 먹을 종합감기약이었답니다.

성인이 먹는 약을 사서는 어린 자녀에게 먹이려는 사람들도 있습니다. 대부분 일반의약품 사용 설명서에는 나이에 따라 복용해야 하는 양이 쓰여 있지만, 이것을 확인하지 않고 성인과 같은 용량 혹은 무조건 성인이 먹는 용량의 반을 어린이에게 먹이기도 합니다. 하지만 어린이가 먹으면 안 되는 약도 있으므로 일반의약품을 살 때는 반드시 복용할 사람의 나이를 약사에게 말해야 합니다.

가임기 여성이 이유 없이 몸살, 소화불량 증상을 보인다면 임신 여부를 고려해야 합니다

20대 후반 여성이 약국에서 임신 테스트기를 사와 집에서 자가 진단을 했는데 임신으로 확인되었습니다. 심각한 표정으로 다시 약국에 온 그녀는 얼마 전 임신은 생각도 못 한 채 몸살 기운이 있어 종합감기약을 복용했고, 어제는 온 가족이 구충제를 먹었다고 합니다. 그러면서 산부인과에 가기 전에 자신이 복용한 약이 어떤 약인지 알려달라고 했습니다. 다행히 자신이 복용한 약의 이름을 기억하고 있었기에 성분을 적어주었습니다.

몇 시간 뒤 그 여성은 산부인과에서 임신 3주임을 확인하고 임신부용 종합영양제를 처방받아 왔습니다. 알고 보니 최근 임신을 위해 여러 노력을 하고 있었다고 합니다. 그런데도 배란일 이후에 찾아온 이유 없는 몸살을 감기로 착각하는 실수를 범한 것이었습니다. 다행히 임신 기간이나 약의 성분을 고려할 때 걱정할 만한 건 아니었습니다.

약국에서 임신 테스트기와 감기약 혹은 소화제를 함께 사 가는 가임기 여성들이 있습니다. 임신 가능성이 있어서 테스트기로 확인한 뒤 약을 복용하려는 것입니다. 가임기 여성이 소화불량이나 몸살 증상을 보인다고 해서 모두 임신을 생각해봐야 하는 것은 아니지만, 약사로서 안전을 위해 이 부분을 확인할 때가 있습니다. 그런데 미혼이거나 개인 사정이 있는 여성들은 이 질문을 굉장히 불편해합니다. 하지만 약사의 이러한 질문을 너무 불편하게 생각하지 않았으면 좋겠습니다. 안전하게 약을 사용하기 위한 작은 확인 절차일 뿐입니다. 혹시 약국에서 이런 질문을 받지 못했거나 피임을 하고 있더라도 임신 가능성이 있다면 본인이 먼저 약사에게 이야기해야 합니다. 그래야 안전하게 약을 사용할 수 있습니다.

사용법이 편리한 파스,
주의 사항도 꼼꼼히 살펴주세요

20대 후반 여성이 약국에서 플루비프로펜 성분 파스를 사서 붙였는데 천식 발작으로 호흡 곤란을 일으켜 응급실에 입원한 사례가 있습니다. 플루비프로펜 성분이 알레르기 반응을 일으킨 것인데, 파스를 떼자마자 편하게 호흡했다고 합니다.

복용하는 약물과 마찬가지로 파스의 성분도 주의 깊게 살펴야 합니다. 피부에 직접 붙이는 제품의 특성상 피부 관련 이상 반응도 자주 나타납니다. 약국에서 많이 판매되는 일반의약품 중 하나가 파스인데, 사용법을 제대로 숙지하지 않아서 겪는 문제가 많습니다. 아래 사항을 기억한다면 파스 사용 시 부작용을 막을 수 있습니다.

✚ 파스는 접촉성 피부염을 유발합니다

특정 약물에 부작용이 있다면 파스 성분을 잘 확인해야 합니다. 록소프로펜 부작용이 일어나는 체질이라면 파스 성분 중 프로펜 계열의 성분이 있는지 확인해야 합니다(록소프로펜, 케토프로펜, 플루비프로펜 등). 심한 발진과 수포가 생길 수 있으므로 특히 주의해야 합니다.

또한 파스의 주성분 외에도 접착제에 알레르기가 있는 사람도 많습니다. 파스를 만들 때 피부에 부착하기 위한 접착제가 들어가는데, 피부가 약한 사람은 접착제 알레르기 때문에 파스를 붙인 모양대로 피부가 빨갛게 변하기도 합니다. 이럴 때는 즉시 파스를 제거하고 피부가 가라앉을 때까지 다른 치료법을 써야 합니다.

✚ 작용 시간을 확인합니다

작용 시간이 12시간인 파스인데도 하루고 이틀이고 붙여두기만 하면 통증이 가시는 것 같다고 생각하는 사람이 많습니다. 하지만 절대 그렇지 않습니다. 파스는 작용 시간만큼 부착한 뒤 꼭 떼어내야 합니다. 그래야 피부 관련 이상 반응도 줄일 수 있습니다. 최근에는 파스의 포장에 대부분 지속 시간이 표시되지만 없는 경우에는 약사에게 문의해주세요.

✚ 깨끗이 씻고 재부착해야 합니다

파스를 다시 부착할 때는 파스를 붙였던 부위를 깨끗이 씻고 건조시킨 다음 1시간쯤 지난 뒤 부착해야 합니다. 파스 접착제에 피부가 예민해진 상태에서 다시 습하게 부착하면 발진이 생길 수 있습니다.

✚ 햇빛에 노출하지 말아야 하는 파스가 있습니다

가장 많이 생산되는 케토프로펜 제제(제품명: 케토톱, 케펜텍)의 파스는 햇빛에 과민 반응을 보일 수 있으므로 파스를 부착한 부위가 햇빛에 노출되지 않도록 주의해야 합니다.

✚ 사용 연령을 꼭 확인해야 합니다

파스도 의약품인 만큼 사용 연령을 꼭 확인해야 합니다. 성분에 따라 사용 금기 연령이 명시된 것도 있지만, 대부분의 소염진통제 파스는 소아에 대한 사용 경험이 적어 소아에게 사용하는 것은 권하지 않습니다. 케토프로펜, 피록시캄 성분의 파스는 15세 이상 사용할 수 있습니다.

처방약을 복용하고 있다면 중복되는 약을 꼭 확인해야 합니다

어제 감기에 걸려서 병원에 다녀왔는데 갑자기 소화가 안 되네요. 그래서 당장 먹을 소화제를 사려는데, 제가 처방받은 약이랑 같이 먹어도 될까요?

약국에서 일반의약품을 사려는 환자들에게 자주 받는 질문입니다. 요즘에는 약국에서 처방약 봉투에 약 이름을 인쇄해 주기도 하고, 병원에서도 환자 보관용 처방전을 따로 주기 때문에 약 이름을 확인하기 쉽습니다(병원에서 환자 보관용 처방전을 주지 않더라도 환자가 요청하면 받을 수 있습니다). 그런데 가끔, 특히 어린이 보호자들이 이를 확인하지 않고 처방약과 일반의약품을 동시에 아이에게 먹일 때가 있습니다.

얼마 전 30대 남성이 어린이 해열제를 사러 약국에 왔습니다. 특별히 찾는 약이 있는지, 아이가 몇 살인지 물어보고 타이레놀 현탁액을 꺼냈습니다. 혹시나 하는 마음에 아이가 현재 병원에서 처방받은 약을 복용하고 있는지 물어보니 병원에서 처방받은 감기약을 먹고 있다고 했습니다. 아이 엄마에게 전화해 처방받은 약을 알아보니 이미 처방약에 해열제 성분인 이부프로펜과 아세트아미노펜이 포함되어 있었습니다. 그래서 해열제 대신 물수건으로 아이의 열을 식히고 계속 관찰하라고 권유했습니다. 시간이 지나도 열이 떨어지지 않고 아이가 힘들어하면 응급실에 가거나 아침 일찍 진료받은 병원으로 다시 찾아가라고도 당부했습니다.

아이가 해열제를 두 종류나 복용하고도 열이 떨어지지 않는 것은 아이의 몸이 병을 이겨내는 과정일 수도 있고 다른 질병일 가능성도 있습니다. 만일 아이의 처방약 여부를 확인하지 않고 추가로 해열제를 주었더라면 신체가 완전히 발달하지 않은 아이가 약물 과다 복용으로 구토나 어지럼증 같은 이상 반응을 보였을 수 있습니다.

만성적으로 관절염약을 복용하는 환자 역시 약의 중복 사용을 꼭 확인해야 합니다. 대부분의 관절염약에는 소염진통제가 포함되어 있어서 진통제가 포함된 종합감기약을 함께 복용하면 진통제가 이중으로 투여되고 이러한 습관이 반복되면 간 손상과 위장 장애를 불러올 수 있습니다.

또한 속이 쓰릴 때 자주 이용하는 겔포스나 알마겔 현탁액 같은 일반의약품은 더욱 주의해야 합니다. 이러한 약들은 다른 약과 동시에 복용하면 서로의 흡수를 방해하기도 하므로 장기 복용하는 약이 있다면 약사에게 꼭 미리 알려야 합니다.

비슷한 증상이 반복된다면 생활습관과 주변 환경을 살펴봐야 합니다

환자: 기침, 가래가 너무 오래되어서 그런데 여기 좋은 약 좀 있나요?

약사: 지금까지 복용하셨던 약이 있나요?

환자: 병원 가서 이런저런 검사도 다 해보고 약국에서 약도 여러 가지 먹어봤는데 잘 안 듣던데요?

약사: 혹시 담배 피우시거나 먼지 많은 곳에서 일하세요?

환자: 담배야 많이 피우지요.

어느 약국에서나 흔히 볼 수 있는 장면입니다. 얼마 전 기침, 가래가 너무 낫지 않는다며 생약 성분으로 된 특정 면역증강제를 구해달라는 환자가 있었습니다. 그 약을 왜 먹으려고 하는지 물어보니 여러 병원에 다니며 기관지 검사, 위장 검사 등 필요한 검사는 다 해봤지만 기침, 가래가 떨어지지 않는다고 하소연했습니다. 그런데 옆에서 이야기를 듣던 환자 부인이 "담배를 피우니까 그렇지!"라고 하는 것이었습니다. 이런 환자에게 과연 어떤 명약과 명의가 소용 있을까요?

먼지가 많은 곳에서 일하는 사람들은 기침, 가래가 잘 멈추지 않고, 교사처럼 직업상 말을 많이 하는 사람들도 기침, 가래나 목감기가 쉽게 낫지 않습니다.

공장에서 일하던 50대 여성 환자는 보름 정도 기침이 끊이지 않아 여러 병원을 찾아다니고 다양한 약을 써봤지만 낫지 않았습니다. 한의원에서 침도 맞고 한약도 먹었지만 역시 효과를 보지 못했고, 증세는 점점 심해져 숨이 차도록 기침을 했고 나중에는 몇 걸음만 걸어도 숨이 차서 주저앉을 정도가 되었습니다.

환자에게 어떤 공장에서 일하는지 물어보니 가지각색의 와이셔츠를 만드는 공장이었습니다. 거기서 옷감을 염색하고 옷감이 마르면 염색이 잘되도록 스팀다리미를 이용해 다림질하는 일을 했는데, 다리미로 다릴 때 냄새가 너무 심해 일이 힘들다고 했습니다. 저는 산업 먼지나 생산 과정에서 발생하는 화학물질 때문에 생긴 직업성 기침, 즉 천식이라고 생각해 호흡기내과 진료를 권했습니다. 결국 호흡기내과에서 알레르기 천식과 호흡기 치료를 받고 비로소 걸어 다닐 수 있게 되었으나 직장은 그만둬야 했습니다.

이처럼 자신의 직업이나 환경은 고려하지 않은 채 당장의 증상만 해소하려 든다면 돌이킬 수 없는 결과를 불러올 수 있습니다. 따라서 어떤 질병이든 잦은 일반의약품 사용에도 상태가 개선되지 않는다면, 자신의 생활습관과 환경을 돌아보고 하루빨리 적절한 치료를 받아야 합니다.

환자: 목감기약을 사려고 하는데요.

약사: 목감기약 A는 기침가래약과 진통제가 함께 있는 약이고 B는 목의 염증을 가라앉혀주는 약인데, 지금 상태가 정확히 어떠신가요?

환자: 아, A랑 비슷한 약은 몇 번 먹어봤는데… 더 좋은 약은 없나요?

약사: 얼마나 드셨는데요?

환자: 한 일주일이요. 그런데 효과가 없어서 다른 약을 먹어보려고요.

약사: 혹시 침 삼킬 때 많이 아프지 않으세요? 병원은 가보셨어요?

환자: 병원에 갔는데 편도가 많이 부었다고 하더라고요. 처방약을 한 이틀 먹었는데 괜찮아져서 안 갔죠. 그런데 다음 날 재발해서 약국에서 해결하려고 했는데 잘 안 되네요.

일교차가 큰 환절기에는 편도염이나 감기를 앓는 사람들이 갑자기 늘어납니다. 늦은 밤 약국에 있다 보면 "병원까지 가기는 그렇고…"라는 말과 함께 목감기약을 찾는 환자들이 많이 옵니다. 약간의 몸살 기운이 있는 초기 감기는 종합감기약으로 해결할 수 있지만, 편도가 심하게 붓거나 일반의약품을 오랜 기간 복용해도 낫지 않을 때는 병원에서 진료를 받는 편이 좋습니다.

앞의 예처럼 병원에 가야 할 정도의 증상에도 여기저기 약국을 바꿔가며 '명약'을 찾는 사람들이 가끔 있는데, 이 약을 줘도 아니다, 저 약을 줘도 아니다 하면서 병원에 가라는 조언도 거부하니 참 곤란합니다. 이런 환자들에게는 약사가 해줄 이야기나 권할 약이 더 없습니다.

약사는 환자들이 약국에서 일반의약품을 살 때 올바른 정보로 환자의 선택을 돕고, 일반의약품으로 해결할 수 없는 부분은 환자가 더 나은 방향을 찾도록 권합니다. 그런데 병원에 가기가 귀찮다며 병을 키우는 환자가 많아 답답할 때가 있습니다.

40대 후반 여성이 엉덩이에 종기가 나서 염증을 제거하는 소염제와 고약을 사러 왔습니다. 고약 사용법이 간단하지 않아 이

전에 사용한 경험이 있는지 물었더니 이미 여러 차례 고약을 사용했으나 종기가 사라지지 않고 통증이 심해져 이제 소염제까지 추가로 먹어보려 한다고 했습니다. 저는 근처 외과에서 의사에게 적절한 치료를 받는 게 좋겠다고 권했지만 결국 이번 한 번만 더 해보겠다며 약만 사 갔습니다.

며칠 뒤 그 환자는 병원에서 치료받고 항생제와 소염진통제를 처방받아 다시 약국에 왔습니다. 상처를 손으로 자주 건드리는 바람에 염증이 더 심해져 장기간 치료가 필요하다고 의사가 말했다고 합니다. 이후 그 환자는 한 달간 병원에 다녀야 했습니다.

잦은 일반의약품 사용에도 증상이 나아지지 않는다면, 무조건 약을 달라고만 하지 말고 약사와 상의하기 바랍니다. 분명히 증상을 해결할 적절한 방법을 찾을 수 있을 것입니다.

사용 설명서를 꼭 읽어주세요

대부분 일반의약품에는 손바닥만 한 사용 설명서가 들어 있습니다. 사용 설명서에는 약을 어떤 증상에 쓰는지, 어떻게 복용해야 하는지, 주의 사항은 무엇인지 등 약을 안전하게 사용하기 위한 정보가 담겨 있습니다. 하지만 사용 설명서는 대개 내용이 너무 길고 일상에서 사용하지 않는 단어가 많아 이해하기 어렵습니다. 또 막상 필요해서 찾아보면 사용 설명서 어디에 필요한 내용이 쓰여 있는지 모를 때도 허다합니다.

✚ 효능·효과, 용법·용량, 사용 연령을 제일 먼저 확인!

일반의약품 사용 설명서를 읽을 때 가장 중요한 사항은 약의 효능·효과, 용법·용량, 사용 연령입니다. 이러한 내용은 연고나 안약의 경우 포장 내부에 들어 있는 사용 설명서에, 종합감기약이나 소화제, 항히스타민제(알레르기 비염 약)처럼 10여 개의 알약이 포장된 경우에는 상자 겉면에 빽빽하게 쓰여 있습니다. 따라서 약을 보관할 때 반드시 상자와 함께 보관해야 이 내용을 확인할 수 있습니다.

1) 효능·효과

약의 [효능·효과]에는 약을 어떤 증상에 사용하는지에 대한 정보가 담겨 있습니다. 예를 들어 종합감기약은 [효능·효과]에 "감기의 제증상 완화"라고 쓰여 있고, 그 옆에 "콧물, 코막힘, 재채기, 인후통, 기침, 가래, 오한, 발열, 두통, 관절통, 근육통"이라고 감기의 제증상(여러 증세)을 자세하게 설명하고 있습니다. 이는 종합감기약 한 알에 이런 증상을 완화하는 콧물약, 기침가래약, 몸살약이 모두 들어 있다는 뜻입니다.

약의 [효능·효과]에 쓰여 있는 내용을 이해하기 위해 코감기약과 종합감기약을 비교해보겠습니다. 코감기약의 [효능·효과]에는 종합감기약처럼 "감기의 제증상 완화"라고 쓰여 있지만 설명이 조금 다릅니다. "콧물, 코막힘, 재채기, 인후통, 오한, 발열, 두통, 관절통, 근육통"이라고 적혀 있는데, 종합감기약과 달리 '기침, 가래' 두 단어가 빠져 있습니다. 코감기약과 종합감기약 모두 두통, 관절통 등을 완화하는 몸살약(흔히 진통제를 말함)이 들어 있지만, 코감기약은 기침, 가래 증상을 완화하는 약을 포함하고 있지 않습니다. 만약 코감기약을 복용하던 중에 기침, 가래 증상이 추가로 발생한다면 약을 바꿔 복용해야 합니다.

2) 용법·용량, 사용 연령

[용법·용량]과 [사용 연령]은 따로 표시하기도 하고 같이 표시하기도 합니다. 일반적으로 나이에 따라 복용해야 하는 약의 개수가 적혀 있습니다. 약의 형태가 가정에서 쉽게 분할해 복용할 수 있도록 단단하거나 캡슐에 가루가 들어 있는 경우는 8~10세, 11~14세, 15세 이상 등으로 나누어 용량을 표시할 때가 많습니다.

그러나 약의 형태가 가정에서 나누어 복용할 수 없는 액상캡슐(캡슐 안에 액체로 들어 있는 약)이라면 "성인 1일 1회 1캡슐"과 같이 표시합니다. 이때 성인의 기준은 보통 15세 이상이지만 꽃가루가 날리는 계절에 자주 찾는 알레르기 비염 약에는 "12세 이상 성인이 아침·저녁 1알씩 식사와 상관없이 복용"하라고 적혀 있기도 합니다.

따라서 집에 있는 약을 복용할 때는 사용 연령에 따른 용량과 올바른 사용법을 반드시 확인한 뒤 복용해야 합니다.

✚ 사용 금기 환자를 꼭 확인!

나이와 상관없이 복용할 수 있는 약보다 나이에 따라 다르게 복용해야 하는 약이 더 많습니다. 그래서 약을 먹을 때는 어린이도 복용할 수 있는지, 나이 많은 사람도 복용할 수 있는지 먼저 살펴봐야 합니다.

보통 연고의 사용 설명서를 보면 [사용상의 주의 사항]의 첫째 항목에서 "다음 환자(부위)에는 투여하지 마십시오"라는 경고문과 함께 이 약을 써서는 안 되는 환자(부위)를 밝히고 있습니다. 여름철 아이들이 모기에 물렸을 때 자주 찾는 '리카-에이크림'이나 '키드-에이크림' 같은 약의 사용 설명서를 살펴보면 30개월 이하의 유아에게는 사용하지 말도록 경고하고 있습니다. '물파스'나 '버물리-에스' 같은 액체형 약들도 같은 주의 사항을 표기하고 있는데, 약에 들어 있는 DL-캄파 성분이 30개월 이하의 유아에게 경련을 일으킬 위험이 있다고 보고되었기 때문입니다. 반면 '버물리-키드크림'은 생후 1개월 미만의 유아에게 사용하지 못하게 하고 있습니다. 같은 어린이용 연고라도 이렇게 사용할 수 있는 나이가 정해져 있다는 사실을 기억하고, 2~3세 아이가 벌레에 물려 연고를 사용할 때는 꼭 사용 가능 연령을 확인하기 바랍니다.

속이 쓰리고 아플 때 자주 찾는 '알마겔 현탁액'과 '겔포스-엠 현탁액'의 [사용상의 주의 사항] 역시 눈여겨봐야 합니다. 이 약들의 [사용상의 주의 사항] 첫째 줄에는 "의사의 치료를 받고 있는 환자나 다른 약을 복용하고 있는 환자의 경우 신중히 복용할 것"이라고 명시되어 있습니다. 언뜻 생각하면 '의사의 치료를 받고 다른 약을 복용하면 추가로 약을 먹을 때 신중해야 하는 게 당연한데, 이 주의 사항이 뭐가 특별하지?'라고 생각할 수도 있습니다. 그러나 알마겔 현탁액과 겔포스-엠 현탁액은 다른 약과 함께 복용하면 일부 약의 흡수를 방해하기 때문에 사정이 조금 다릅니다.

병원에서 관절염 치료를 위해 약을 처방받은 환자가 약국에 와서 속이 쓰리다며 알마겔 현탁액을 달라고 합니다. 만일 환자가 약사에게 관절염약을 복용하는 사실을 말하지 않고 복약 상담 내용을 제대로 듣지 않은 상태에서 알마겔 현탁액을 관절염약과 함께 장기 복용한다면 알마겔 현탁액이 관절염약의 흡수를 막아 올바른 효과를 기대하기 어렵습니다. 또한 관절염약 때문에 속쓰림이 생겼을 수도 있으므로 병원에서 의사와 상담하여 위장을 보호하는 약을 처방받거나 위장 장애를 비교적 덜 일으키는 약으로 처방을 변경하는 편이 좋습니다.

✚ 일반 연고를 함부로 눈에 사용하면 안 됩니다

눈에 연고를 사용할 때는 사용 설명서를 항상 주의 깊게 봐야 합니다. 사용 설명서가 길어서 눈에 잘 띄지 않고 약마다 순서가 조금씩 다르긴 하지만, 일반적으로 "이 약을 사용하는 동안 다음의 행위를 하지 마십시오"라는 내용이 [사용상의 주의 사항]의 '이 약의 복용(사용) 시 주의할 사항' 혹은 '적용상의 주의'에 적혀 있습니다.

예컨대 가정에서 많이 사용하는 '마데카솔연고'의 사용 설명서를 보면 '8. 적용상의 주의' 1)항에 "안과용으로 사용하지 마십시오. 만일 눈에 들어간 경우에는 즉시 물로 씻습니다. 증상이 심할 경우에는 안과의사의 치료를 받습니다"라고 쓰여 있습니다.

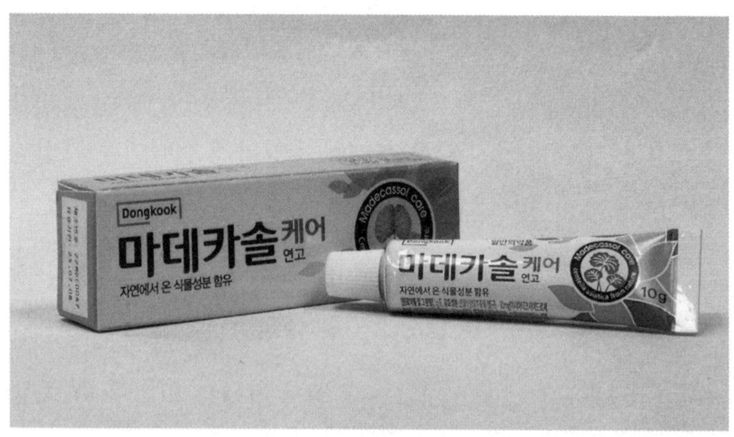

마데카솔연고

'후시딘연고' 역시 사용 설명서에서 '2. 이 약을 사용하는 동안 다음의 행위를 하지 마십시오'의 6)항과 7)항에서 "안과용으로 사용하지 마십시오", "눈 또는 눈꺼풀과 같은 얼굴 안쪽에 사용하는 것은 적합하지 않습니다"라고 주의를 주고 있습니다.

'지금까지 눈 근처에 발라도 아무 탈 없었는데'라고 생각하는 사람도 물론 있을 것입니다. 그래서 눈에 바르도록 허가된 안연고에 대해 간단히 살펴보겠습니다. 안연고란 결막낭에 사용하는 연고로 의약품 입자가 75μm 이하여야 하며 눈에 자극을 주지 않고 완전히 무균적이어야 합니다. 사용 기간 중에도 오염되지 않도록 주의해야 하고, 안연고나 안약 등은 절대로 다른 사람과 함께 사용해선 안 됩니다.

일반 연고는 피부에 적용하는 것으로 안연고보다 입자가 조

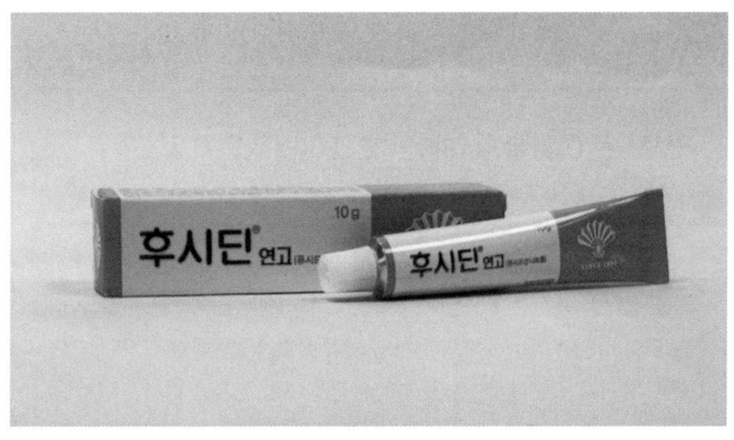

후시딘연고

금 더 크고 사용할 때 안연고처럼 오염에 민감하게 주의하지 않아도 됩니다. 따라서 안연고로 허가받지 않은 일반 연고를 눈 주위나 눈의 상처에 직접 사용하면 눈에 자극을 주어 상처를 치료하려다 오히려 염증을 유발할 수 있으므로 주의해야 합니다.

또한 일반 피부에 사용하는 연고와 항문이나 질과 같은 점막에 사용하는 연고가 다르다는 점도 명심해야 합니다. 실제로 질이 찢어져서 상처가 난 것 같아 피부 상처에 바르는 후시딘연고를 발랐더니 싹 아물었다며 또 사러 온 여성이 있었습니다. 하지만 일반 피부에 사용하는 연고와 점막에 사용하는 연고는 피부의 흡수율이나 사용 부위에 따라 내용물을 생산하는 방식이나 성분이 다릅니다. 이 여성처럼 연고제를 아무렇게나 모든 부위에 바르다간 오히려 염증을 옮길 수 있으므로 주의해야 합니다. 피부 상처 연고를 곳곳에 다 사용할 수 있다면 굳이 안연고, 일반 연고를 구분해서 만들 필요가 없을 것입니다.

약사들은 어떻게 약 이름만 보고 어떤 약인지 알죠?

약국에는 약사들이 약 이름을 검색하면 약의 성분, 즉 약을 만드는 재료를 확인할 수 있는 시스템이 있습니다. 요리사가 음식 재료를 보고 어떤 맛이 나는지 아는 것처럼 약사도 약의 성분을 확인하면 그 약에 어떤 효능·효과가 있는지 알 수 있습니다. 집에 포장 상자는 없지만 약 이름은 표시된 약들을 약국에 가져가면 약사들이 이 시스템을 활용해 어떤 약인지 알려줄 것입니다.

✚ 약 포장지의 '핵심 주의 사항'은 꼭 지켜야 합니다

일반의약품을 보면 작은 글씨의 사용 설명서와는 별도로 약 포장 겉면에 조금 큰 글씨로 쓰여 있는 문구가 있습니다. 이 주의 사항들은 원래 사용 설명서에 작은 글씨로 적혀 있던 내용인데, 사람들이 주의 사항을 제대로 읽지 않아 여러 문제가 발생하자 꼭 읽고 사용하라는 뜻에서 포장 겉면에 큰 글씨로 써놓은 것입니다. 가장 대표적인 예가 귀 뒤에 붙이는 멀미약 '키미테패취' 입니다.

키미테패취의 포장 겉면에는 몇 가지 주의 사항이 큼지막하게 쓰여 있습니다. 첫 번째 주의 사항은 "노약자에게 투여를 자제합니다"이고, 두 번째는 "키미테패취는 한 번에 1매만 붙입니

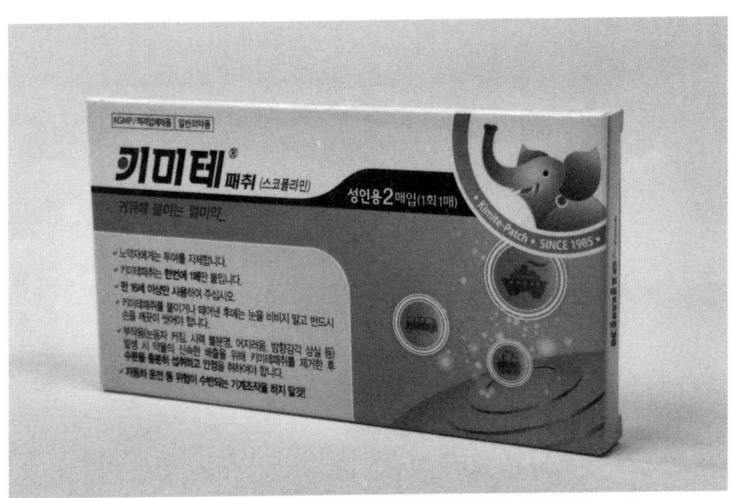

성인용 키미테패취

다"입니다. 이 주의 사항들은 키미테패취가 어지럼증을 일으키는 사례가 있어 써놓은 것입니다. 실제로 체력이 약한 노인이 여행에서 장시간 키미테패취를 부착한 뒤 어지럼증을 호소하며 주저앉은 사례가 있습니다. 이전에 키미테패취를 사용해보지 않은 노인이 단시간 여행할 때는 마시는 멀미약 사용을 권장합니다.

또 다른 주의 사항은 "키미테패취를 붙이거나 떼어낸 후에는 눈을 비비지 말고 반드시 손을 깨끗이 씻어야 합니다"입니다. 이는 키미테패취의 스코폴라민 성분이 일으키는 산동 작용으로 시야가 흐려질 수 있기 때문입니다.

참고로 어린이용 키미테는 안전성 문제로 2013년 의사 처방이 필요한 전문의약품으로 전환되었다가 현재는 생산되지 않고 있습니다. 어른용 키미테를 반으로 잘라서 붙이는 것도 위험할 수 있으므로 어린이는 어린이용 먹는 멀미약을 복용하는 편이 좋습니다.

키미테패취의 주의 사항이 이렇게나 많으니 차라리 마시는 멀미약이 낫겠다고 생각할지도 모릅니다. 그렇다면 한 가지 꼭 알아야 할 사항이 있습니다. 마시는 멀미약이나 짜 먹는 멀미약의 복용법은 "1회 복용 후 추가로 필요할 때 4시간의 간격을 둔다"입니다. 한두 시간 거리의 단거리 여행은 마시는 멀미약이 괜찮겠지만, 배나 차로 오랜 시간 이동한다면 위의 주의 사항을 단단히 숙지하고 키미테패취를 사용하는 편이 더 효과적입니다.

이거 유통기한* 지난 거 아닌가요?

가끔 유통기한이 지난 약이 아니냐며 어제 구입한 약을 바꿔달라고 오는 손님들이 있습니다. 심지어 유통기한이 지난 약을 팔았다고 호통을 치기도 합니다. 이는 사용 설명서 맨 마지막 줄에 나와 있는 '사용 설명서 개정일' 때문에 일어나는 오해입니다. 사용 설명서 개정 연월일을 유통기한으로 착각하는 경우가 있는데, 사용 설명서 개정일은 현재 사용 설명서를 최종으로 수정한 날짜를 의미합니다.

약을 사용하면서 추가로 발생한 이상 반응이 있으면 사용 설명서에 추

3) 수유부에 대한 안전성은 확립되어 있지 않고 전신투여 시 유즙으로의 이행이 보고되었으나 국소사용 시 상용(일상적으로 사용)량에서는 영아(젖먹이)에 영향을 미치지 않습니다.
4) 미숙아 및 신생아는 간기능이 미숙하므로 장기간 또는 광범위한 표면에 투여할 경우에는 간기능 장애가 나타날 수 있으므로 주의하십시오.

4. 다음과 같은 경우 이 약의 사용을 즉각 중지하고 의사, 치과의사, 약사와 상의 하십시오. 상담시 가능한 이 첨부문서를 소지하십시오.

일시적인 작열감(화끈감) 때때로 발진, 약한 동통(통증) 및 자극 등의 과민반응이 나타날 수 있으므로 이러한 증상이 나타날 경우에는 투여를 중지하십시오. 또한 중증(심한 증상)의 다리궤양 환자에 적용시 통증이 유발될 수 있습니다.

5. 저장상의 주의사항
1) 어린이의 손에 닿지 않는 곳에 보관하십시오.
2) 의약품을 원래 용기에서 꺼내어 다른 용기에 보관하는 것은 의약품 오용(잘못 사용)에 의한 사고 발생이나 의약품 품질 저하의 원인이 될 수 있으므로 원래의 용기에 넣고 꼭 닫아 보관하십시오.
3) 개봉한 후에는 즉시 사용하고 남은 약은 버립니다(포 포장 제품에 한함).

【저장방법】 기밀용기, 실온(1~30℃)보관
【포장단위】 5 g/튜브, 10 g/튜브, 0.25 g/포x12
【문의전화】 본사 : (02)2021-9300, 소비자 상담실 : 080-023-1897(수신자 요금 부담)
【제조자】 동화약품(주),충청북도 충주시 충주산단1로 167

본 의약품에 대한 자세한 허가사항은 동화약품(주) 홈페이지(www.dong-wha.co.kr) 또는 식품의약품안전처 의약품통합정보시스템(https://nedrug.mfds.go.kr)을 참조해주시기 바랍니다. 본 의약품은 KGMP 품질관리를 필한 제품입니다. 구입시 사용기한 또는 유효기한이 경과되었거나 변질, 변패 또는 오손된 제품이 발견될 경우 공정거래위원회 고시 소비자분쟁해결기준에 의거, 구입처를 통하여 교환 또는 환불 받을 수 있습니다. 2004

※ 부작용 보고 및 피해구제 신청 : 한국의약품안전관리원(1644-6223)
※ 이 첨부문서 작성일자(2020년 4월 1일) 이후 변경된 내용은 www.dong-wha.co.kr에서 확인하실 수 있습니다.

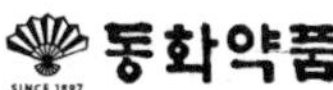

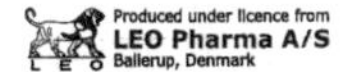

사용 설명서 개정일(작성일자) 예시

* 소비자들은 '유통기한'이 익숙하지만, 의약품은 '사용기한', 건강기능식품 등의 식품은 '소비기한'이 공식 용어로 사용됩니다. 이전에는 식품에 '유통기한'이 사용되었으나 법 개정으로 2023년 1월 1일부터 소비자 중심의 '소비기한'으로 표시됩니다.

가하기도 하고, 반대로 안전성이 확인된 부분이 있으면 빼기도 합니다. 정확히 몇 년마다 수정해야 한다는 법은 없지만, 제약회사는 약의 안전성을 지속적으로 관리하며 설명서를 수정·보완해 나갑니다. 그러니 이제 유통기한이 지난 약이라고 오해하지 말고 '약이 이렇게 안전하게 관리되고 있구나' 하고 이해하기 바랍니다.

상황별 상비약 구성

집에 꼭 있어야 하는 상비약

소독약, 상처에 바르는 연고, 탈지면(솜), 접착용 파스 혹은 에어파스, 압박붕대, 알레르기약, 지사제, 해열진통제, 종합감기약 등

여행 갈 때 꼭 지참해야 하는 상비약

멀미약, 알레르기약, 벌레퇴치제, 해열진통제, 지사제, 소화제, 소독약, 상처에 바르는 연고, 밴드, 파스, 냉팩(벌레 물리거나 갑작스러운 타박상에는 냉찜질이 필수), 평소 복용하는 만성 질환 약 등

코로나19 재택 치료 상비약

① 소염진통제(이부프로펜, 덱시부프로펜 등): 인후통, 발열 증상 완화
② 진해거담제: 기침, 가래 해소
③ 항히스타민제: 콧물이 계속 나 불편할 경우
④ 소화제, 지사제, 위장약: 소화불량, 설사, 복통 등을 완화
* 신장이나 간 기능이 저하된 사람은 의사에게 알리고 진료를 통해 약을 처방받는 것이 좋습니다.

06

많이 찾는 일반의약품 이야기

환자: 약사님, 콧물약 하나 주세요.

약사: 어떤 증상이 제일 불편하세요?

환자: 콧물이랑 코막힘이 있는데 약간 머리도 아프고 열도 나요. 매년 알레르기 비염 때문에 고생을 해서요. 알레르기약이면 될 거 같은데요.

약사: 아, 이럴 때는 일반 알레르기약보다 코감기약을 드시는 게 나아요. 알레르기약에는 열이나 통증을 가라앉히는 성분이 없거든요.

환자: 아, 그래요?

일반의약품은 처방전 없이 약국에서 살 수 있습니다. 안전상비의약품*으로 지정된 몇 종류의 약은 편의점과 같은 24시간 연중 무휴 운영 점포에서도 살 수 있지만, 약사가 없어 약을 살 때 필요한 조언이나 설명을 들을 수 없습니다. 지금부터 설명할 일반의약품들은 약국에서만 구매할 수 있습니다.

알레르기약(항히스타민제)

알레르기(알러지)는 우리 몸의 면역 반응과 관련이 있습니다. 알레르기 반응에서 핵심적 역할을 하는 물질이 '히스타민'입니다. 히스타민은 면역 반응에서 혈관을 확장해 우리 몸이 빠르게 이 물질을 제거하도록 돕지만 너무 많이 나오면 가려움증, 콧물, 재채기 등 불편 증상을 일으킵니다. 알레르기약은 히스타민의 작용을 막아 알레르기 질환을 치료하기 때문에 '항히스타민제'라고 합니다.

알레르기 비염과 코감기는 재채기와 콧물이 기본 증상이지

* 일반의약품 중 가벼운 증상에 환자 스스로 판단하여 시급하게 사용할 수 있는 의약품을 말합니다. 2012년 11월 15일부터 시행된 제도로, 편의점과 같이 위해상품 차단 시스템이 있는 24시간 연중 무휴 운영 점포에서만 등록과 판매가 가능합니다. 성분, 부작용, 함량, 제형, 인지도, 구매 편의성 등을 고려해 20개 품목 이내로 정하며, 현재 해열진통제 5종, 종합감기약 2종, 소화제 4종, 붙이는 소염진통제(파스) 2종 등 13개 품목이 판매되고 있습니다.

만, 시간이 지날수록 코감기는 일반 감기처럼 열이나 목의 통증, 기침 등의 증상이 심해집니다. 알레르기 비염은 묽은 콧물이 지속되지만, 코감기는 묽은 콧물이 시간이 지나면서 하얗고 끈적끈적해지며 상태가 심하면 노란색이나 녹색으로 변하기도 합니다. 그래서 콧물, 코막힘, 재채기 외에 열이나 목의 통증 등이 있다면 코감기약을 복용해야 합니다.

항히스타민제는 약이 개발된 순서에 따라 1~3세대로 나뉩니다. 1세대 항히스타민제는 2세대나 3세대와 비교해 졸음과 입 마름이 심한 편입니다. 하지만 오랜 기간 사용되어 안전성과 효과가 입증되었고 가격 또한 저렴해서 처방약이나 일반의약품의 종합감기약에 많이 사용합니다. 2세대나 3세대도 많이 처방되는데, 1세대에 비해 작용 시간이 길고(12~24시간) 졸음과 입 마름이 적게 나타나 장기간 복용이 필요하거나 약효의 지속이 필요할 때 주로 사용합니다. 약국에서 처방전 없이 구할 수 있는 일반의약품 항히스타민제 성분은 두 종류입니다.

성분	대표 상품	구분
세티리진염산염	지르텍정, 세티스정, 세노바액	2세대
로라타딘	클라리틴정, 클라리틴시럽	2세대

2세대 항히스타민제는 1세대와 비교해 졸음과 입 마름 같은 부작용이 적게 나타나지만 아예 없지는 않습니다. 그래서 '세티

리진'은 부작용을 줄이기 위해 자기 전에 복용하도록 권합니다.

참고로 생체 리듬의 특성상 이른 아침 시간과 밤에 알레르기 반응이 심해집니다. '로라타딘'은 세티리진과 비교해 졸음이 덜해서 아무 때나 복용하지만 사람에 따라 다를 수 있습니다. 따라서 항히스타민제를 복용한 뒤 자주 졸리다면 자기 전에 복용하기를 권합니다.

위장약

위는 식도와 십이지장을 이어주는 커다란 소화주머니입니다. 음식물이 식도를 거쳐 위벽을 자극하면 위산이 나오고, 위산은 비활성 상태의 소화효소를 활성화해 음식물이 잘 소화될 수 있게 도와줍니다. 또한 강한 산성으로 외부에서 들어온 각종 세균을 죽이는 역할도 합니다. 이때 위산이 위벽에도 자극을 주기 때문에 위는 두꺼운 보호막으로 자신을 보호합니다. 하지만 떡볶이처럼 매운 음식, 잦은 술자리, 카페인(커피, 녹차 등), 흡연, 스트레스 등에 의해서 위 내부의 균형이 깨지면 위산이 평소보다 과하게 만들어지기도 하고 위 보호막이 약해져 참기 어려운 속쓰림 증상이 나타날 수 있습니다.

위장약은 크게 짜 먹는 위장약과 알약 위장약으로 나뉩니다.

짜 먹는 위장약에는 위산의 힘을 약하게 하는 탄산칼슘이나 수산화마그네슘 등의 제산제 성분과 위산이 식도를 타고 역류하지 못하게 둑을 만들어주는 알긴산나트륨 성분이 많이 활용됩니다. 만일 가슴이 타는 듯하면서 신물이 자주 올라오는 위산 역류 증상이 심하다면 알긴산나트륨 성분이 함유된 약이 더 도움이 됩니다. 알약 위장약에는 주로 위산 분비를 억제하는 성분과 제산제가 활용합니다. 두 가지 약이 동일한 성분을 함유한 경우도 있으므로 두 가지 형태의 위장약을 함께 복용할 때는 반드시 약사와 상담해 중복 성분이 없는지 확인해야 합니다.

구분	A 제품	B 제품
주성분	콜로이드성인산알루미늄 수산화마그네슘 시메치콘	알긴산나트륨 탄산칼슘 탄산수소나트륨
작용 원리	위벽에 자극적인 위산을 묽게 하고, 위벽을 감싸 보호하고, 가스가 방귀나 트림으로 잘 배출되게 도와줌	알긴산 둑을 만들어 위 내용물이 식도 쪽으로 올라가지 못하게 함으로써 가슴이 타는 듯하면서 신물이 올라오는 속쓰림을 잡아줌
사용 연령	성인	12세 이상

변비약

보통 일주일에 3일 미만의 배변, 딱딱하거나 마른 변을 보는 경우, 배변 시 통증이 있거나 어려움을 느끼는 경우, 복부팽만감이

나 불편감, 잔변감(배변 후 변이 남아 있는 느낌) 등을 느끼는 경우 중 두 가지 이상에 해당할 때 변비라고 합니다. 간혹 하루에 한 번 화장실을 가지 못하는 것이 답답해서 변비약을 복용하기도 하는데, 사람마다 변을 보는 빈도는 다양하므로 이럴 때는 변비약 복용을 권하지 않습니다.

변비의 원인은 매우 다양합니다. 스트레스를 많이 받으면 장의 운동이 활발하지 않아 변비가 생길 수 있습니다. 수분이나 식이섬유 섭취가 부족하거나 잦은 다이어트 등으로 식사량이 감소하면 변의 물기와 양이 줄어 변비가 생길 수 있습니다. 학업이나 업무 등으로 오래 앉아 있어 운동량이 부족해도 장의 운동이 활발하지 않아 변비가 생길 수 있습니다. 철분제, 칼슘제, 항우울제, 제산제, 진경제, 콧물감기약 등 복용하는 약물에 의해서도 변비가 생길 수 있습니다. 만일 최근에 약물 복용 후 변비가 시작되었다면 반드시 약사와 변비의 원인이 되는 약물은 없는지 확인한 뒤 변비약을 복용하기 권합니다.

변비약은 작용 원리에 따라 다음의 네 가지로 나뉩니다.

✚ 팽창성 변비약

우리 몸의 생리 현상과 가장 유사하게 작용하는 변비약으로 보통 식이섬유를 원료로 합니다. 장에 있는 수분을 흡수해 부피가 늘어나면서 변의 양과 수분을 늘려주는 역할을 합니다. 약이 작용하는 과정에서 많은 양의 물이 필요하다 보니 종이컵 한 컵 정도의 충분한 물과 함께 복용하는 것이 중요합니다.

대개 약효가 나오기까지 3일 이상 걸리지만 부작용이 거의 없거나 있어도 배가 빵빵하게 부른 느낌이나 잦은 방귀 정도입니다. 다이어트 중이거나 나이가 들어 식사량 자체가 줄어서 변의 양도 적고 딱딱한 형태일 때 도움이 됩니다. 그 외에 변비약을 처음 복용해 자극성이 적은 약을 원할 때도 권합니다.

✚ 삼투성 변비약

장 쪽으로 물을 끌어들여서 딱딱한 변에 물기를 줘 변을 배출하기 쉽게 도와줍니다. 팽창성 변비약과 마찬가지로 약효를 나타내는 데 물이 필요해 충분한 물과 함께 복용하는 것이 좋고, 일반적으로 효과가 나타나기까지 1~3일이 걸립니다. 간혹 다이어트 목적으로 변비약을 먹기도 하는데, 이는 올바른 복용법이 아닙니다.

락툴로오즈 성분이 함유된 제품은 물약 형태로 복용이 편해서 유아부터 성인까지 사용할 수 있다는 장점이 있으나 배가 빵빵하게 부른 느낌이나 잦은 방귀가 나타날 수 있습니다.

✚ 연화성 변비약

딱딱한 변을 부드럽게 하고 변의 표면을 매끈하게 해 변이 장에서 잘 빠져나갈 수 있게 도와줍니다. 일반적으로 복용 후 1~3일 안에 효과가 나타나고, 단일 성분보다는 성인이 복용하는 복합 변비약의 성분으로 활용합니다.

✚ 자극성 변비약

직접적으로 장운동을 자극해 변비를 해결해주며, 복용 후 6~10시간 이내로 효과가 빠르게 나타납니다. 그래서 자기 전에 복용하면 다음 날 아침 쾌변 소식을 들을 수 있다는 장점이 있습니다. 하지만 장을 직접적으로 자극하다 보니 자주 복용하면 나중에는 장이 스스로 운동하는 힘이 약해져 약의 용량을 높여야 할 수 있습니다. 따라서 정해진 복용 기간과 방법을 지키는 것이 중요하며, 동시에 생활습관도 교정할 필요가 있습니다.

상처 치료제 vs 흉터 치료제

상처와 흉터는 다릅니다. 흉터는 피부의 상처가 회복되고 남은 흔적으로, 상처의 부위와 크기 그리고 균의 감염 여부 등에 따라 달라집니다. 피부에 상처가 나면 우리 몸은 빠르게 상처 회복을 위한 작업을 시작합니다. 일단 출혈을 멈추게 하고, 상처 부위를 청소하기 위해 진물이 나옵니다. 이후 상처 부위를 덮는 새살이

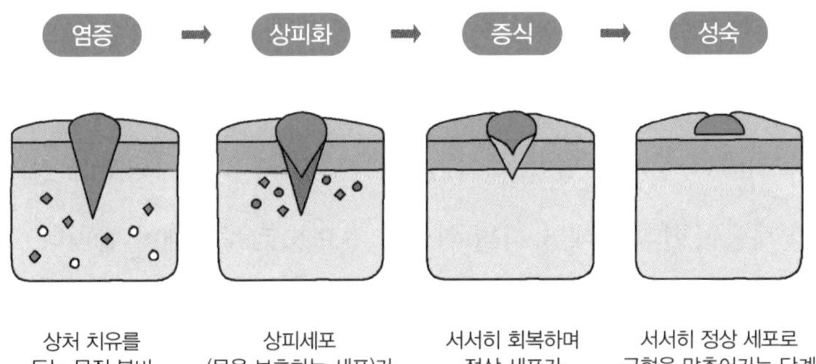

상처의 치유 단계

만들어지며 정상 피부가 되는 긴 과정을 거친 뒤에도 회복이 잘 안 되면 흉터가 남기도 합니다.

상처 회복은 상처를 입은 직후부터 시작됩니다. 상처 주변의 오염 물질은 회복을 늦추고 감염을 일으킬 수 있으므로 피가 어느 정도 멈추면 흐르는 물이나 식염수를 흘려서 상처 주변을 깨끗하게 닦아 말린 뒤 살균소독제(이하 소독약)를 사용하는 것이 좋습니다.

소독약은 과산화수소, 소독용 에탄올, 포비돈요오드액 등이 있습니다. 소독약은 초기 상처 치료에서 균의 감염을 막기 위해 사용하지만, 원칙적인 목적은 노출된 상처 부위가 아닌 상처 주변 피부의 균을 없애는 것입니다. 따라서 상처 부위에 듬뿍 바를 필요가 없고, 소독약을 너무 자주 사용하면 오히려 피부 재생을 방해하므로 3~5일이 지나면 1일 1회 정도만 사용합니다. 특히 과산화수소와 알코올은 포비돈요오드액과 비교해 정상 세포를 많이 손상시켜 피부 재생을 방해하고, 포비돈요오드액은 수술 후나 커다란 상처가 났을 때와 같은 특별한 경우를 제외하고 장기간 사용하면 피부에 착색될 위험이 있으므로 주의해야 합니다.

피부는 촉촉해야 재생이 잘되고 흉터가 생길 가능성이 낮아집니다. 이 원리를 활용한 것이 습윤 드레싱 밴드(이하 습윤밴드)입니다. 습윤밴드는 상처를 덮어서 세균의 감염을 막고 상처가 마르면서 오는 신경 자극을 줄여 통증이 덜 생기게 도와줍니다.

하지만 일반 거즈 드레싱 밴드와 달리 얇은 습윤밴드는 상처에 직접 달라붙어 상처 부위가 넓은 경우에는 밴드를 교체할 때 피부가 같이 떨어질 수 있어 주의해야 합니다. 화상 상처나 큰 상처에 사용한다면 직접 달라붙지 않는 형태의 습윤밴드를 선택해야 합니다. 습윤밴드는 제품의 특성상 상처에서 나오는 진물의 도움을 받으므로 진물이 밖으로 흐르지 않는다면 2~3일에 한 번 교체하는 것이 좋습니다. 만일 습윤밴드를 붙이고 가렵거나 따갑다면 다른 치료 방법을 선택하도록 합니다.

상처 치료 연고는 대부분 바르는 항생제입니다. 바르는 항생제는 오염된 상처 부위에 4시간 이내에 사용했을 때 감염을 방지할 수 있습니다. 따라서 오래된 상처에 상처 치료 연고를 사용하는 것은 의미가 없습니다. 항생제의 성분에 따라 작용하는 균의 종류가 다르지만, 우리가 이를 구분하기는 어려우므로 사용

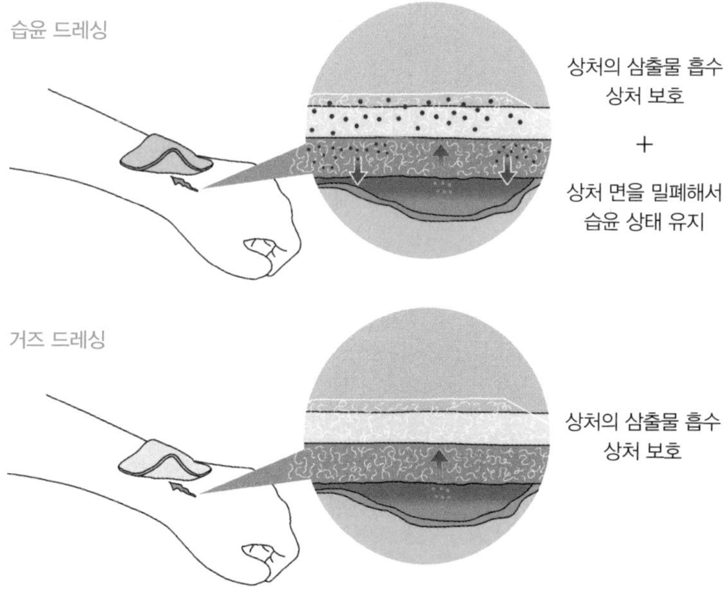

습윤 드레싱과 거즈 드레싱의 차이

설명서에 적힌 효능·효과를 참고해 선택합니다.

바르는 항생제도 먹는 항생제와 마찬가지로 잘못 사용하면 항생제가 듣지 않는 항생제 내성균이 생길 수 있습니다. 우리나라는 항생제 연고 내성균의 비율이 높은 국가에 속하므로 정해진 용법과 용량을 지켜 항생제 연고를 사용해야 합니다. 많이 자주 바른다고 상처가 빨리 낫지는 않습니다.

흉터는 상처 치료를 어떻게 하느냐에 따라 달라집니다. 흉터 치료제는 상처가 아물고 피부의 손상이 없어진 뒤, 딱지가 생겼다면 딱지가 떨어진 뒤에 사용합니다. 작은 흉터는 3~6개월이 지나면 자연적으로 흐려지거나 사라지는데, 간혹 새살이 자라는 과정에서 문제가 생기면 보기 흉한 흉터가 남습니다. 상처가 아무는 곳에 살이 붉은색을 띠며 솟아오르는 흉터를 '비후성 흉터'라 하고, 상처 입은 범위를 넘어 새살이 계속 자라는 것을 '켈로이드성 흉터'라고 합니다.

현재 판매하는 흉터 치료제는 일반의약품과 의료기기 형태로 나뉩니다. 일반의약품은 약국에서만 살 수 있고, 의료기기는 약국 외에서도 구입할 수 있습니다. 일반의약품 흉터 치료제에 함유된 알란토인, 헤파린나트륨, 양파 추출물 등의 성분은 염증

상처 치료제 주요 성분		
구분	성분	역할
일반의약품	퓨시드산	항생제(균 감염 치료 및 예방)
	네오마이신	항생제(균 감염 치료 및 예방)
	센텔라 정량 추출물	피부 재생에 도움
흉터 치료제 주요 성분		
구분	**성분**	**역할**
일반의약품	헤파린나트륨	콜라겐 구조를 느슨하게 해 흉터 조직 완화
	양파 추출물 (세파연조엑스)	흉터 부위 피부 과다 증식 억제 피부 색소 침착 억제
	알란토인	각질 용해 작용으로 약물 투과성 향상 진정 및 피부 보습에 도움
의료기기	실리콘	흉터 부위 수분 손실 예방 흉터 부위 피부를 평평하게 개선

상처 치료제와 흉터 치료제의 주요 성분

을 없애고 새살이 도드라지게 자라는 것을 막아 흉터의 붉은 기를 없앱니다. 또한 흉터 부위에 수분을 많이 유지하도록 도와 가려움증을 가라앉혀줍니다. 의료기기는 실리콘이 주요 성분입니다. 이 성분은 흉터의 수분이 날아가는 것을 막아 흉터가 흐려지고 도드라진 살이 평평해지도록 도와줍니다.

흉터는 정상 피부보다 수분 증발량이 많다고 알려져 있는데, 수분 증발량이 많으면 가려움이 심해질 수 있습니다. 그래서 제왕절개나 큰 수술 흉터에는 붙이는 흉터 치료제를 권합니다. 오래된 흉터는 어떤 제품을 사용해도 치료 기간이 오래 걸립니다. 따라서 흉터가 걱정된다면 초기에 상처 치료를 잘하고 상처가 아문 뒤에 되도록 빠른 시일 내에 흉터 치료제를 사용해야 합니다.

감기약

약국에서 구입할 수 있는 감기약은 크게 종합감기약, 코감기약, 기침감기약(목감기약)으로 나뉩니다. 종합감기약에는 몸살, 두통, 콧물, 기침, 가래를 완화하는 성분이 모두 들어 있고, 코감기약이나 기침감기약에는 일부 성분만 들어 있습니다.

감기약은 감기로 인해 발생하는 불편 증상을 완화하는 약입니다. 따라서 적절한 휴식이 동반되지 않으면 앓는 기간이 길어질 수 있으니 수면과 휴식, 식사 등을 잘 관리해야 합니다. 종합 감기약에는 다음과 같은 성분이 활용됩니다.

A 제품		B 제품	
성분	효능·효과	성분	효능·효과
구아이페네신	가래	구아이페네신	가래
트리프롤리딘	콧물, 재채기	클로르페니라민	콧물, 재채기
덱스트로메토르판	기침	구연산티페피딘	가래
DL-메틸에페드린	코막힘, 기침	DL-메틸에페드린	코막힘, 기침
슈도에페드린	코막힘, 기침	카페인무수물	졸음 방지
아세트아미노펜	몸살, 인후통	아세트아미노펜	몸살, 인후통

종합감기약에는 카페인 성분이 있습니다. 감기약에 함유된 카페인은 콧물이나 재채기를 완화하는 성분 때문에 발생하는 졸리고 멍한 느낌을 줄여줍니다. 같은 목적으로, 마시는 멀미약에도 카페인 성분이 있습니다. 또한 적정량의 카페인은 코나 목의 부은 혈관을 수축시키고 진통제 효과를 상승시킵니다. 그래서 두통약에도 카페인이 함유됩니다. 카페인은 커피, 초콜릿, 에너지음료, 초콜릿으로 만든 간식 등 여러 음식에 들어 있습니다. 평소 혈압이나 심장 질환을 앓는 사람이 카페인을 많이 먹으면 혈압이 오르거나 심장이 두근거릴 수 있으므로 카페인이 함유된 감기약을 복용할 때 주의해야 합니다. 질환이 없더라도 카페인에 예민한 사람은 가슴이 두근거리거나 잠이 안 올 수 있어서 카

페인이 포함되지 않은 감기약을 권합니다.

약은 성인과 어린이가 복용하는 양이 다릅니다. 따라서 약의 사용 설명서에서 복용 가능한 연령대를 확인하고 어린이는 반드시 어린이 감기약을 복용해야 합니다. 성인이 복용하는 감기약을 임의로 쪼개거나 부수어 먹지 않도록 주의해야 합니다.

인공눈물

인공눈물은 눈물층에서 가장 많은 부분을 차지하는 수성층을 보충하는 역할을 합니다. 눈물층은 단순한 물이 아니라 지방층, 수성층, 점액층(점막층)으로 구성된 하나의 막입니다. 지방층은 수분이 날아가는 것을 막고, 점액층은 수분이 눈의 표면에 잘 퍼지고 떨어지지 않도록 합니다. 수성층은 눈물막의 대부분으로 수분(98%)과 병원균(세균, 바이러스 등)을 잡는 효소 및 면역 물질이 있습니다. 세 층이 안정적으로 유지되어야 눈물막이 눈에 영양분을 공급하고 눈을 청소하며 부드럽게 해줍니다.

인공눈물은 눈물이 적게 만들어지거나 점액이 부족하여 눈물막이 잘 유지되지 않아 눈이 건조할 때 사용합니다. 인공눈물을 넣으면 눈물층이 안정되어 눈이 건조해서 나타나는 각종 증상이 개선됩니다. 눈이 건조해지면 기본적으로 가렵고 따가우며 모래가 굴러가거나 바늘로 찌르는 듯한 통증이 발생할 수 있습니다. 심하면 두통이 오고 시야가 흐려지며 눈을 뜨고 있는 것 자체가 힘들어집니다. 이럴 때 손으로 눈을 자주 만지면 눈에 상처나 염증이 생길 수 있으므로 인공눈물을 사용해 불편함을 개선하고 눈을 보호합니다.

때로 눈이 건조한 상태에서 눈을 보호하기 위해 반사적으로 눈물이 많아지기도 합니다. 하지만 이 눈물은 병원균을 죽이는 면역 물질이 없는 무기능성 눈물이기 때문에 이럴 때도 인공눈물을 사용합니다.

인공눈물은 방부제와 포장 형태에 따라 렌즈를 끼고 사용할 수 있는 것과 아닌 것, 일회용과 병으로 된 약으로 구분합니다.

---

1. 나이가 들면서 눈물의 분비량이 줄거나 상태가 변할 때
2. 콘택트렌즈 사용으로 각막의 예민함이 떨어져서 눈물의 생산이 줄어들 때
3. 갱년기에 여성 호르몬이 감소해 눈물이 적어질 때
4. 주위 환경이 건조하거나 오염되었을 때
5. 컴퓨터나 독서, 스마트폰으로 눈의 깜빡임이 줄어들 때
6. 자가 면역 질환으로 눈물샘이 손상되어 눈물 생산에 문제가 생겼을 때
7. 지방 분비샘이나 점액 분비샘에 염증이 생겼을 때
8. 비타민A 부족으로 점액이 잘 만들어지지 않을 때
9. 갑상샘 질환이 있을 때(항진증은 눈물이 잘 증발하고, 저하증은 눈물 감소)
10. 눈물을 감소시키는 약을 복용할 때(항히스타민제, 이뇨제, 여드름 치료제 등)

눈물층의 균형이 깨지는 다양한 이유

그래서 렌즈 사용 여부와 평소 인공눈물 사용 패턴을 고려해 본인에게 맞는 제품을 구매해야 합니다. 예를 들어 병으로 된 인공눈물은 개봉하면 한 달 안에 사용해야 안전합니다. 평소 인공눈물을 자주 사용한다면 병으로 된 인공눈물을 선택해도 괜찮지만, 간헐적으로 사용한다면 일회용 인공눈물을 추천합니다.

인공눈물은 수시로 넣어야 눈물층을 안정적으로 유지할 수 있습니다. 따라서 하루에 최소 4~5번은 넣어야 의미가 있습니다. 특히 건조한 환경이나 업무량 증가 등으로 일시적으로 발생한 안구건조증이 아니라면 인공눈물을 수시로 넣어서 눈의 불편함을 줄여야 눈을 보호할 수 있습니다.

인공눈물은 약의 성분과 제조사에 따라 제품명이 다양하고 제품에 따라 개인차도 있으므로 제품 선택 시 다음의 성분표를

성분	역할
히알루론산	점액층 주성분, 수성층 수분 유지 친수성 물질로 눈 표면 보습 강화 각막과 결막의 재생 촉진 눈 표면의 염증 감소에 도움
카르복시메틸셀룰로오즈	수분을 끌어들여 눈물층을 두텁게 유지하는 데 도움
히프로멜로오스	눈물의 점도를 증가시켜 눈물이 눈에 머무르는 시간을 연장
트레할로스	단백질과 결합해 안구 표면을 보호하고 보습하는 작용
염화칼륨+염화나트륨	눈물만 보충하는 역할 눈물 증발을 방지하거나 습기를 유지하지는 못함

일반의약품 인공눈물의 주요 성분과 역할

참고하기 바랍니다. 인공눈물을 처음 사용한다면 약사와 제품의 사용 후기나 효능·효과 등에 대해 상담한 뒤 구매하는 편이 좋습니다.

무좀약

무좀은 대표적인 곰팡이 감염 질환으로 '백선증'이라고도 합니다. 발생 부위에 따라 손발톱 무좀, 손 무좀, 발 무좀, 고부백선(사타구니), 두부백선(머리) 등으로 구분합니다. 우리가 흔하게 접하는 무좀은 손발톱 무좀과 발 무좀입니다.

발 무좀은 주로 여름에 많이 생기지만 발의 상태에 따라 1년 내내 고생하기도 합니다. 무좀균은 따뜻하고 습기가 많은 곳을 좋아하는 특성이 있어 발에 땀이 많은 사람에게 자주 발생합니다. 또한 합숙소나 공중목욕탕, 수영장, 헬스장 등 집단생활을 통해 쉽게 옮아서 나도 모르게 무좀에 걸리기도 합니다. 하지만 무좀균에 접촉했다고 다 무좀에 걸리지는 않습니다. 무좀균이 발의 각질층까지 침투해 번식하려면 시간이 걸리므로 매일 1~2회 발을 깨끗이 씻고 말리는 것이 중요한 예방법입니다. 발에 땀이 많이 난다면 바람이 잘 통하는 신발과 땀 흡수가 잘되는 면양말을 착용하고 볼이 좁은 신발은 피하는 것이 좋습니다.

먹는 무좀약은 처방전이 필요하고, 바르거나 뿌리는 외용제는 약국에서 처방전 없이 살 수 있는 제품도 있습니다. 외용제로 사용하는 무좀약의 대표적인 성분으로는 클로트리마졸, 테르비나핀, 에코나졸 등이 있습니다. 이 성분은 곰팡이균(진균) 세포막의 주성분인 에르고스테롤이 합성되는 것을 방해해 곰팡이균의 성장과 증식을 억제합니다.

무좀약은 가려움 등의 증상이 사라지더라도 최소 2주 정도는 매일 바르거나 뿌려야 재감염을 막을 수 있습니다. 직업 특성상 매일 바르기 어렵다면 1회 사용으로 최대 2주가량 유지되는 제품도 있으니 상황에 맞게 선택하기 바랍니다. 단, 이 약을 바른 뒤에는 24시간 씻지 않아야 하므로 이 시간을 확보할 수 없는 상황이라면 매일 사용하는 무좀약을 써야 합니다.

손발톱 무좀은 다른 피부 질환에 비해 치료 방법이 다양하지 않고 치료 기간도 깁니다. 손톱은 대개 6개월, 발톱은 9~12개월의 치료 기간이 필요합니다. 경구용 손발톱 무좀 치료제는 반드시 처방이 필요하고, 일반의약품으로는 외용제만 구입할 수 있습니다. 제품에 따라 사용법이 다른데, 감염 부위를 사포로 갈아내고 약을 바르는 것과 매니큐어처럼 바로 적용하는 것으로 나뉩니다. 각각의 자세한 사용법은 제품 설명서에서 한 번 더 확인하기 바랍니다. 뿌리는 무좀약 또한 손발톱 무좀에 효과가 있는 약이 있습니다. 만일 발 무좀과 심하지 않은 손발톱 무좀이

동시에 생겼다면 약사에게 문의 후 이러한 제품을 선택할 수도 있습니다.

어린이 해열진통제

어린이는 성인과 달라 체온 조절에 미숙하고 기초 체온도 약간 높습니다. 예컨대 신나게 놀고 난 뒤 땀 배출을 통한 체온 조절이 원활하지 않아 열이 날 수 있습니다. 그러나 대부분은 중이염, 편도염, 기관지염 등과 같이 몸의 어딘가에서 외부로부터 감염된 균이나 바이러스와 면역계가 싸우고 있어서 열이 납니다. 병원균과 싸우는 초기에 약간의 열이 나는 것은 정상 반응이므로, 아이가 짜증을 내거나 힘들어하지 않는 미열에는 굳이 해열진통제를 먹이지 않아도 괜찮습니다. 일종의 '열 공포증'으로 아이가 열이 나 체온이 올랐을 때 당장 열을 떨어뜨리지 않으면 큰 문제가 생길까 봐 해열진통제를 자주 사용하곤 하는데, 아이가 자고 일어난 뒤 열이 떨어지는 등의 특징이 있다면 굳이 해열제 사용을 권하지 않습니다.

어린이 해열제는 크게 세 가지 성분으로 나뉩니다. 각각 성분은 달라도 해열진통 효과가 있다는 점은 같습니다. 하지만 복용 시간과 특성이 다르고, 아이마다 복용 후 해열 효과에도 차이가 있어서 기존의 복용 경험을 고려해 아이에게 맞는 해열제를 선택하면 됩니다.

이부프로펜은 화학적으로 S-이부프로펜과 R-이부프로펜이 섞여 있습니다. 연구를 통해 해열, 진통, 소염 작용을 나타내는 것은 S-이부프로펜이고, R-이부프로펜은 위장 장애 등의 이상 반응에 관여하는 성분임이 밝혀졌습니다. 그래서 S-이부프로펜 성분만 분리해 만든 것이 덱시부프로펜입니다. 덱시부프로펜은 이부프로펜보다 적은 양으로 같은 해열, 진통 효과를 나타내는 장점이 있습니다. 따라서 이부프로펜을 복용한 뒤 구토나 구역질을 경험한 아이라면 덱시부프로펜이나 아세트아미노펜을 선

대표적 어린이 해열제

택하는 편이 좋습니다.

어린이가 복용하는 약의 용량은 나이보다 체중이 우선합니다. 간이나 신장 등 장기의 기능이 미숙한 아이에게는 용량을 정확하게 측정할 수 있는 투약 도구(투약 스푼, 계량컵, 경구용 주사기 등)를 사용해 정확한 용량을 먹어야 합니다. 약 사용 설명서에 나와 있는 연령 및 몸무게를 비교하여 연령보다 체중이 적게 나간다면 연령보다 몸무게에 따른 용량을 선택하는 편이 좋습니다.

	아세트아미노펜	이부프로펜	덱시부프로펜
상품명	타이레놀시럽 챔프시럽(빨강) 세토펜시럽 콜대원키즈펜시럽 써스펜좌약 등	부루펜시럽 챔프이부펜시럽(파랑) 이부서스펜시럽 콜대원키즈이부펜시럽 키즈앤펜시럽 등	맥시부펜시럽 등
사용 가능 연령	4개월 이후	6개월 이후	6개월 이후
효과 지속 시간 (복용 간격)	4~6시간	6~8시간	4~6시간
효과가 나타나는 데 걸리는 시간	30분~2시간 (개인차가 있으나 이부프로펜이 조금 더 빠른 편)		
하루 최대 복용 횟수	5회	4회	4회
교차 복용	이부프로펜 또는 덱시부프로펜과 교차 복용 가능 1~2시간 간격으로 교차 복용	아세트아미노펜과 교차 복용 가능 이부프로펜과 덱시부프로펜은 교차 복용 불가능 1~2시간 간격으로 교차 복용	
효과	해열, 진통	해열, 진통, 소염	

어린이 해열진통제 비교

출처: 식품의약품안전처

원칙적으로 해열제는 한 가지만 복용하는 것이 좋지만, 한 가지만으로 열이 떨어지지 않을 때는 다른 계열로 1~2시간 정도 간격을 두고 복용하도록 합니다. 어린이 해열진통제로 많이 판매되는 제품을 예로 들어 설명하면, 부루펜과 맥시부펜은 같은 계열의 약이므로 타이레놀과 부루펜 또는 타이레놀과 맥시부펜을 교차 복용할 수 있습니다.

구토나 목의 염증 때문에 입으로 약을 먹기 어렵다면 좌약식 해열제를 사용할 수 있습니다. 좌약식 해열제의 주요 성분은 아세트아미노펜으로, 동일 성분의 해열제를 시럽이나 가루약, 알약 등으로 복용했다면 사용하지 말아야 합니다.

어린이 배앓이약

아이들 소화불량에 많이 사용하는 약은 생약 성분이 복합되어 있습니다. 성인이 복용하는 소화효소제는 초등학생 이하의 연령대는 복용할 수 없는 제품도 있으므로 주로 시럽 형태의 생약제제를 많이 활용합니다. 어린이 배앓이약에 많이 쓰는 생약 성분의 효능은 다음과 같습니다.

성분	효능
인삼	위장관 기능 강화
감초	복통 완화, 위장관 점막 재생
황련	위장관 강화, 염증 완화
황백	
황금	
아선약	위장관 자극 감소, 염증 완화
육계	위를 따뜻하게 함
용담	담즙 배설 용이, 간 기능 개선
현호색	통증을 그치게 함
회향	장운동을 원활하게 함
창출	음식 뭉친 것 해소
복령	위를 열어주고 습(수분)을 소변으로 내보냄
사인	설사를 멈추게 함

생약 제제의 어린이 배앓이약은 주로 기름진 음식을 많이 먹은 뒤 가스가 차고 배가 아프거나 묽은 변을 자주 볼 때 효과가 좋습니다. 일시적인 증상 치료 목적의 약이므로, 증상이 자주 발생한다면 반드시 식습관 등 다른 원인을 살펴봐야 합니다.

어린이 벌레 물린 데 바르는 약

아이들이 벌레에 물렸을 때 바르는 약은 어른이 사용하는 것과 다릅니다. 30개월 이상이라면 어른이 쓰는 것을 함께 사용할 수 있지만 자극감이 심해서 아이들이 따가움을 호소하는 경우가 있어 주의가 필요합니다.

벌레 물린 데 사용하는 제품은 염증과 가려움증을 가라앉혀 주는 연고나 바르는 물약, 긁지 않도록 물린 부위를 시원하게 해주는 하이드로겔밴드가 있습니다. 바르는 물약은 나이와 상관없이 사용할 수 있는 '의약외품'과 연령 구분이 있는 '일반의약품'으로 나뉩니다. 의약외품에는 주로 알로에 성분이 포함되는데, 물린 부위를 시원하게 해줘서 아이들이 상처를 긁지 않고 염증을 가라앉히는 데 도움을 줍니다.

일반의약품은 가려움증과 염증을 가라앉히는 항히스타민제(디펜히드라민, 에녹솔론 등)를 기본 성분으로 하며, 몇 가지 성분에 따라 사용 연령에 제한이 생깁니다. 대표적인 약인 버물리 시리즈를 사용 연령대에 따라 나누면 다음과 같습니다.

구분	제품 예
1개월 이상 사용	버물리 키드 크림
30개월 이하 사용 금지	둥근머리 버물리겔 버물리 에스액 버물리 플라스타

생후 30개월 이후 부터 사용할 수 있는 약에는 DL-캄파 성분이 들어 있습니다. 이 성분은 피부의 수용체를 억제해 벌레 물

린 부위의 가려움증과 자극을 완화하는데, 30개월 이하의 소아에게 사용하면 경련을 유발할 수 있습니다. 또한 청량감을 주는 L-멘톨은 아이들이 발랐을 때 약간 따가운 느낌을 줄 수 있습니다. 특히 벌레 물린 곳을 아이가 심하게 긁어서 피부가 조금 까졌을 때는 더욱 자극적일 수 있어 주의해야 합니다.

1개월 이상 소아부터 사용할 수 있는 약에는 가려움증과 알레르기 반응을 완화하고 피부 재생을 돕는 덱스판테놀, 피부 회복을 돕는 비타민E(토코페롤아세테이트) 등을 활용합니다. 이 약은 발랐을 때 자극감이 없고 피부를 보호하고 재생하는 기능도 있어 아이들의 가려움, 피부염, 습진, 두드러기, 땀띠, 동상, 짓무름에도 쓸 수 있습니다.

벌레 물린 데 바르는 약의 성분과 효능·효과는 다음과 같습니다.

구분	역할	대표 성분
항히스타민제	가려움과 알레르기 반응 완화	디펜히드라민
국소마취제	가려움과 통증 완화	디부카인
자극성 피부염 치료제	피부 자극 및 염증, 통증 완화	에녹솔론, 글리시리진산
소염진통제	염증 및 통증 완화	살리실산메틸
피부발적제	가려움 및 자극 완화	DL-캄파
청량제	피부를 시원하게 해 가려움 완화	L-멘톨
상처 치료제	손상된 피부조직 재생	덱스판테놀

어린이 벌레 물린 데 바르는 약의 주요 성분과 역할

PART

4

안전한 약물 사용 이야기

07

어린이 약, 꼭 기억해야 할 주의 사항

약사: (따르릉~) 네, ○○약국입니다.

보호자: 약사님, 저 아름이 엄마인데요, 지난번에 받은 약이 조금 부족해서요. 약 잘못 주신 거 아닌가요?

약사: 잠시만요, 한번 확인해볼게요. 혹시 약을 하루에 몇 번 먹이셨어요?

보호자: 아침, 점심, 저녁으로 하루 세 번이요. 시럽 두 개랑 가루약 다 섞어서요.

약사: 아이코, 시럽 중 하나는 아침, 저녁 두 번만 복용하는 거예요. 제가 약병에도 표시하고 복약 상담 할 때도 말씀드렸는데 놓치셨나 봐요.

보호자: 아, 지금 확인해보니 그렇네요. 어쩐지 애가 계속 잠만 자더라고요. 그럼 어떻게 해요? 아름이 괜찮을까요?

약사: 정해진 용량보다 조금 더 복용해서 아이가 잠을 많이 자긴 하지만, 아이 나이대에서 위험한 양은 아니라서 걱정 안 하셔도 돼요. 모자란 게 콧물약인데, 아이가 많이 불편해하면 오늘 병원에 다시 다녀오시는 게 나을 듯해요. 증상이 심하지 않으면 예정대로 내일 가셔도 되고요.

보호자: 다행이네요. 아름이 콧물이 심하지는 않아서 내일 병원 갔다가 다시 갈게요. 감사해요.

알약을 못 먹는 어린이는 가루약과 물약을 같이 먹다 보니 성인보다 약 복용법이 복잡할 때가 많습니다. 그래서 약국에서 어린이 약을 조제할 때는 최대한 쉽게 아이에게 먹일 수 있도록 애씁니다. 저희 약국도 스티커를 활용해 각 약의 효능과 보관 방법, 복용 횟수와 용량을 표시합니다. 이렇게 표시해도 가끔 횟수를 확인하지 않은 채 무조건 하루 세 번 먹이는 실수를 하기도 합니다. 앞의 사례처럼 조금 더 복용해도 건강상 큰 위해가 없는 약이라면 다행이지만, 항생제나 해열진통제라면 이야기가 다릅니다. 안전한 어린이 약물 사용을 위해 다음의 내용을 꼭 기억하기 바랍니다.

아이의 약 확인하기

"제가 먹는 약을 아이에게 먹였는데 괜찮을까요?"

저녁 시간에 한 여성이 다급한 목소리로 약국에 전화를 걸어왔습니다. 가루약과 알약이 바뀔 가능성은 없겠지만, 아이와 어른 약 모두 알약으로 조제되었다면 이런 일이 벌어질 수 있습니다. 다행히 엄마와 아이 모두 콧물약을 복용 중이었고, 아이가 1회 최대 용량을 먹지 않았기 때문에 크게 걱정할 일은 없었습니다.

형제자매 사이에 서로 약을 바꿔 먹거나 예전에 지은 약을 새로 지은 약으로 착각해 복용하는 일도 종종 일어납니다. 그래서 어떤 보호자는 항상 봉투에 큼지막하게 아이들 이름을 써달라고 하고, 시럽 병에도 이름을 크게 써달라고 합니다. 가장 기본적인 부분이지만 실수할 수도 있으므로 반드시 주의해야 합니다.

알약을 못 먹는 아이

아이가 알약을 먹기 어려워한다면 반드시 진료받을 때 의사에게 이야기해 가루약이나 물약으로 처방받아야 합니다. 간혹 진료받을 때 아이가 알약을 못 먹는다는 사실을 의사에게 알리지 못해 알약을 처방받고 약국에서 조제한 약을 임의로 자르거나 부수어 아이에게 먹이는 경우가 있습니다. 하지만 알약으로 만들어진 약을 가루약으로 만들어 먹으면 약효에서 차이가 나 치료가 지연될 수 있습니다. 따라서 아이가 알약을 못 먹는다면 의사에게 꼭 이야기하기 바랍니다.

처방받은 알약을 가루로 만들어서 아이에게 먹여도 되나요?

알약을 쪼개거나 갈면 정상적인 약효를 내지 못하는 약도 있어서 처방받은 알약을 가루로 만들어 아이에게 먹이는 것은 결코 좋은 방법이 아닙니다.

참고로 아이가 알약을 먹을 수 있도록 연습시키면 치료에도 더 좋고, 나중에 성인이 되어서도 약 먹기가 더 편합니다. 성인이 되어서도 알약은 물론 비타민제도 못 삼키는 지인이 있는데 불행하게도 갑상샘암에 걸렸습니다. 그런데 알약을 먹지 못해 암을 치료하는 과정에서 커다란 불편을 겪었습니다.

그렇다고 알약을 못 먹는 아이에게 억지로 알약 삼키는 연습을 시키면 오히려 약 자체에 대한 거부감이 들게 할 우려가 있으므로 천천히 작은 알약부터 삼킬 수 있도록 연습하는 편이 좋습니다. 나중에 커서 어른이 먹는 약을 가루약으로 만들면 굉장히 쓰기 때문에 어릴 때처럼 맛있게 약을 먹을 수 없다고 설명해주는 것도 좋은 방법입니다.

보관 방법과 복용 횟수, 정확히 알고 먹이기

어린이 약의 처방은 어른과 달라서 적은 용량을 자주 먹기도 하고 비슷한 효능을 가진 약을 가루약과 물약으로 동시에 먹기도 합니다. 따라서 아이가 어떤 약을 처방받았는지 정확히 알고 먹이는 것이 무엇보다 중요합니다.

항생제 시럽의 경우 종종 냉장 보관하라는 말을 들었을 것입니다. 그런데 냉장 보관을 해야 하는 오구멘틴시럽이나 세파클러시럽과 달리 클래리스로마이신시럽은 냉장 보관을 하면 맛이 써져 아이가 먹기 힘들어집니다. 그래서 클래리스로마이신시럽은 15~30℃에 보관해야 합니다.

또 항생제는 성분에 따라 1일 복용 횟수도 다양합니다. 예를 들면 아지트로마이신은 하루 1번, 클래리스로마이신은 하루 2번, 오구멘틴이나 세파클러는 하루 3번 등 다양합니다(복용 횟수는 의사의 처방에 따라 다를 수 있습니다.) 따라서 약국에서 처방 의약품을 받을 때, 그리고 아이에게 약을 먹일 때 보관 방법과 복용 횟수를 다시 확인해야 합니다.

항생제를 먹으면 내성이 생기지 않나요?

아이가 항생제를 자주 복용하면 내성이 생기지 않을까 걱정하는 보호자들이 많습니다. 하지만 오히려 처방받은 항생제를 중간에 끊었다가 증상이 나타나면 다시 먹이는 식의 복용법이 내성을 더 키울 수 있습니다. 특히 축농증이나 중이염은 증세를 보면서 항생제를 바꾸는데, 보호자가 임의로 복용을 중단하면 증상이 더 오래갈 수 있습니다. 따라서 항생제를 처방받았을 때는 꼭 처방 일수를 지키고 계속 먹여야 할지 고민이 될 때는 의사와 상담한 뒤 결정하는 편이 바람직합니다.

아이에게 약 먹일 때 주의할 점

✚ 물약을 누워서 먹어도 되나요?

아이에게 물약을 먹일 때는 기관지에 물약이 직접 들어가지 않도록 아이 머리를 약간 뒤로 젖혀 약이 입으로 흘러 들어가게 합니다. 약이 기관지로 들어갈 수 있으므로 눕히거나 상체를 완전히 젖힌 상태에서 약을 먹이면 안 됩니다. 아이의 기관지로 약이 들어가면 흡인성 폐렴(기관지 및 폐로 이물질이 들어가 생기는 폐렴)에 걸릴 위험이 있습니다.

✚ 약에 설탕이나 꿀을 섞어도 되나요?

가루약을 싫어하는 아이에게는 약을 미지근한 물에 녹인 뒤 설탕이나 올리고당처럼 달콤한 것을 살짝 섞어서 먹이기도 합니다. 이때 주의할 사항은 돌이 지나지 않은 아기에게는 꿀을 먹여서는 안 된다는 점입니다. 꿀에는 마비를 일으키는 신경독소인 보툴리눔 독소Botulinum Toxin를 생성하는 박테리아가 들어 있을 수 있습니다. 면역력을 완전히 갖추지 못한 돌 이전의 아기가 보툴리눔균 포자(균류가 번식을 위해 만들어내는 생식세포)에 오염된 꿀을 섭취하면, 이 포자가 장내에서 균으로 생장하면서 만들어지는 독소에 의해 영아 보툴리누스증을 일으킬 수 있습니다. 이 포자는 산도가 높은 곳에서는 번식이 억제되지만, 돌이 지나지 않은 아기의 위액은 아직 산도가 충분히 높지 않아서 포자의 번식을 억제할 수 없습니다.

✚ 약을 우유나 분유에 타서 먹여도 되나요?

가루약을 우유와 섞어 먹여도 되는지 묻는 보호자가 많은데, 약은 우유와 함께 먹이지 않는 편이 좋습니다. 특히 항생제는 약효에 문제가 생길 수 있습니다. 또한 약을 분유에 타서 먹이면 아이의 입맛이 변해 분유를 먹지 않으려 할 수도 있습니다. 가능하면 약은 물과 함께 먹이는 것이 좋습니다.

✚ 물약과 가루약을 미리 섞어놔도 되나요?

아이에게 물약과 가루약을 섞어 먹여도 되는지 궁금해하는 보호자도 많습니다. 가루약과 물약을 아예 섞어서 달라고 요구하기도 합니다. 대개 대수롭지 않게 생각하고 약사에게 요구하지만, 그러면 매회 약의 용량도 조절이 잘 안 될뿐더러 화학적으로 어떤 반응이 일어날지 예측할 수 없습니다. 따라서 물약과 가루약은 되도록 따로 받아 가서 각각 먹여야 합니다.

만약 아이가 약을 여러 번 먹는 걸 힘들어해 한 번에 섞어서 먹여야 할 때는 먹이기 직전에 섞는 편이 그나마 안전합니다. 그리고 아이가 유치원에 가야 하는 상황처럼 부득이하게 약을 섞어서 가지고 가야 할 때는 상대적으로 약물 상호 작용이 큰 항생제만이라도 꼭 따로 복용하도록 하는 편이 좋습니다.

연령에 맞는 복용법 지키기

어린이는 어른과 달라서 어린이에게 맞는 복용법이 따로 있습니다. 처방의약품은 조제받은 대로 복용하면 되지만, 일반의약품을 사용하기 전에는 사용 설명서에 어린이에 대한 사용법이 따로 나와 있는지 확인해야 합니다.

어린이에 대한 사용법을 따로 설명하고 있지 않다면 마음대로 반으로 잘라 먹이거나 개수를 줄여 먹이는 식으로 어른 약을 아이에게 함부로 먹이지 말아야 합니다. 꼭 그 약이 아니더라도 어린이에게 안전하게 먹일 수 있는 약이 많이 있습니다.

또한 아이가 넘어져 멍이 들거나 삐었을 때 파스를 붙여주면 되지 않을까 생각하는 보호자들도 있습니다. 하지만 대부분의 파스는 단순히 냉찜질 기능만 있는 게 아니라 소염진통제가 들어 있는 일반의약품입니다. 특히 '케토톱'이나 '케펜텍'처럼 많이 사용하는 파스에 들어 있는 케토프로펜 성분은 만 15세 이하에게는 금기인 약이므로 파스를 어린이에게 붙이면 위험할 수 있습니다.

약국에서 판매하는 종합감기약, 콧물감기약, 기침감기약은 만 2세 이상, 즉 24개월 이상 아이부터 복용할 수 있습니다. 많은 부모가 이 사실을 알고 있지만 24개월 가까이 되었을 때, 즉 20개월 이상이 되면 '먹여도 되지 않을까?' 하는 유혹에 빠집니다. 하지만 일반의약품의 연령별 안전 용량에는 2세 미만 영아에 관한 내용이 없습니다. 그러므로 2세 미만 영아는 의사에게 진료를 받은 뒤 처방받은 약을 먹이는 것이 안전합니다.

약은 아이 손이 닿지 않는 장소에 보관하기

약을 먹이고 난 뒤 남은 약은 아이의 손이 닿지 않는 곳에 보관하는 것이 좋습니다. 가끔 약을 무척 좋아하는 아이들이 있는데, 이런 아이들은 약을 간식처럼 먹기도 하므로 약물 오남용 사고가 일어날 수 있습니다.

또 아이 눈에는 어른이 아침마다 혈압약이나 당뇨약을 먹는 것이 마치 맛있는 과자나 사탕을 혼자 먹는 것처럼 보여 어른 몰래 약에 손을 대는 경우가 있습니다. 약을 건드리면 안 된다고 평소에 주의를 주었더라도 어른 눈에서 벗어났을 때 아이의 호기심을 막을 수는 없습니다. 따라서 아이가 집에 있다면 남은 약은 반드시 아이 손이 닿지 않는 서늘한 장소에 두고 다른 약들도 아이가 찾지 못하게 멀리 두어야 합니다. 약 뚜껑을 제대로 닫지 않거나 약병 근처에 한두 알씩 흘려놓으면 상당히 위험합니다.

어린이 시럽제로 인한 사고도 빈번하게 일어납니다. 달콤한 주스인 줄 알고 아이가 한 번에 많은 양을 마시기도 하므로 아이 손이 닿지 않는 곳에 보관하거나 뚜껑을 잘 닫아두는 등 주의하여 관리해야 합니다.

아이에게 약 먹일 때 부모의 자세 살펴보기

심리적인 요인 역시 아이의 약 먹는 습관에 많은 영향을 끼칩니다. 기본적으로 부모가 아이에게 약을 먹일 때는 맛있는 것을 준다는 마음으로 약을 주는 것이 좋습니다. 아이는 부모가 풍기는 분위기에도 영향을 많이 받습니다. 아이가 약을 나름대로 맛있다고 느끼도록 하거나 왜 약을 먹어야 하는지 이해할 수 있도록 아이에게 설명하는 편이 좋습니다. 특히 아이가 약을 먹을 때 칭찬하면 힘들어하면서도 약을 굉장히 잘 먹습니다. 아이가 처음 약을 먹을 때의 경험과 느낌은 커가면서 두고두고 영향을 미치므로 처음이 굉장히 중요합니다.

어린이의 안전한 약 사용을 위한 그 밖의 당부

어린이 약은 복용법이나 관리법이 어른 약보다 까다롭습니다. 그런데 어른의 잘못된 복용법 때문에 아이들이 피해를 보기도 합니다. 앞서 이야기한 것들과 더불어 다음 네 가지 사항을 기억해 어린이의 안전한 약 사용에 한 걸음 더 다가가기 바랍니다.

✚ 어린이가 약을 토했을 때

아이가 약을 먹은 즉시 혹은 15분 이내에 토했다면 바로 다시 먹이는 것이 좋습니다. 우리 몸에는 '구토 중추'라는 구토를 담당하는 곳이 있습니다. 토하고 난 직후에는 구토 중추도 피곤해져서 구토 능력을 상실하지만 시간이 지나면 다시 회복됩니다. 약을 토한 뒤 아이를 달래고 한참이 지나 다시 먹이면 아이의 구토 중추도 회복되어 다시 토할 수 있으므로 토한 즉시 약을 다시 먹여야 합니다.

약 먹고 한 시간쯤 지나서 토했다면 이미 약이 대부분 흡수된 상태이므로 다시 투약할 필요가 없습니다. 15분에서 60분 사이에 토했다면 약이 이미 소장으로 내려가 버렸을 수도 있고, 아니면 구토를 통해 배출되었을 수도 있습니다. 따라서 약의 종류에 따라 재투약 여부를 결정합니다. 이때는 약국이나 병원에 문의한 뒤 투약하는 편이 안전합니다.

✚ 형제자매가 처방받은 약을 나누어 먹이지 마세요.

간혹 첫째 아이가 처방받은 약을 둘째 아이에게 나누어 먹일 때가 있습니다. 어른들도 약을 나누어 먹는 것은 좋은 습관이 아니지만, 아이들은 체중별로 약의 용량이 달라지므로 더 위험할 수 있습니다.

✚ 처방받고 남은 약은 버리는 편이 안전합니다.

처방약의 사용기한은 원칙적으로 처방받은 날수입니다. 예를 들어 3일분의 약을 처방받았다면 그 약의 사용기한은 3일인 셈입니다. 하지만 대개는 남은 약을 집에 두었다가 이후 비슷한 증상이 나타나면 찾아 먹입니다. 가까운 시일 내에 비슷한 증상이 나타난 것이라면 다행이지만, 오래됐다면 약이 변질되어 문제를 일으킬 수 있으므로 주의해야 합니다.

✚ 아픈 아이에게 가장 필요한 약은 휴식입니다.

텔레비전 소리를 줄이고, 실내 공기를 건조하지 않게 하며, 단체생활에서 스트레스를 받지 않도록 학원이나 어린이집도 쉬는 편이 좋습니다. 부모들이 자녀에게 약을 먹여가며 쇼핑도 하고 학습지도 풀게 하는데, 이는 치료를 지연시킬 뿐입니다.

약은 되도록 안 먹이는 것이 좋다?

어린 자녀를 둔 부모 중에서 약 먹이는 것 자체를 꺼리는 경우를 자주 봅니다. 물론 우리나라가 다른 나라에 비해 감기약 처방률이 높고, 환자들 역시 필요 이상으로 약을 많이 먹습니다. 실제로 병원에서 약이 필요하지 않다고 해도 기어이 처방을 받아내는 사람들을 종종 봅니다.

결론적으로 약은 되도록 안 먹는 것도, 그렇다고 많이 먹는 것도 좋지 않습니다. 정말 필요할 때 올바르게 복용해야 원하는 효과를 얻을 수 있습니다. 오히려 약을 먹어야 할 때 먹지 않거나 약을 먹다가 마음대로 중단하는 일이 약을 많이 먹는 것보다 더 해로울 수 있습니다. 그러므로 약 복용을 중단해야 할 때는 반드시 전문가와 상담해야 합니다.

08

청소년 건강을 해치는 여러 약물

학생: 약사님 혹시 시험 기간에 도움 되는 약은 없을까요?

약사: 몇 살이에요?

학생: 중2요.

약사: 공부할 때 많이 힘든가요?

학생: 몬스터랑 캔 커피 아무리 마셔도 잠이 안 깨요. 하루에 거의 한두 캔은 마시는 것 같은데, 먹고 나면 한 시간 정도만 잠깐 정신이 맑아지는 느낌? 초등학교 6학년 때 처음 마시고 지금까지 쭉 마셨거든요.

약사: 카페인을 많이 섭취하면 오히려 더 피곤해질 수 있어요. 우선 고카페인 음료 대신 상큼한 음료로 바꿔보고 우리 다시 이야기해요.

경기도보건교사회가 보건교사들을 상대로 한 설문조사에 따르면, 보건실에 내왕하는 청소년들의 약물 오남용이 심각하다고 합니다. 만성 두통이나 월경통으로 진통제를 자주 복용하는 학생, 불안해서 잠이 안 와 수면제를 임의로 복용했다는 학생, 일명 '에너지 드링크' 같은 고카페인 음료를 습관적으로 마시는 학생이 많다고 합니다. 약의 부작용이나 위험성을 충분히 알지 못한 상태에서 또래 사이에 쉽게 퍼지는 정보와 습관 탓에 청소년들이 약물 오남용 위험에 노출되어 있습니다.

약부터 제대로 알아야

약물이란 인체에 작용하여 신체적·정신적 변화를 가져오는 모든 물질로, 크게 세 가지 특징이 있습니다. 첫째는 한번 사용하면 자꾸 사용하고 싶은 충동을 느끼게 되는 '의존성'입니다. 둘째는 사용할 때마다 양이 늘지 않으면 효과가 없는 '내성'입니다. 셋째는 사용을 중단하면 견디기 어려울 정도로 몸에 이상이 오는 '금단 증상'입니다.

무분별한 약물 사용에는 오용과 남용이 있습니다. 약물 오용drug misuse은 의사의 처방이나 약사의 복약 상담 없이 혹은 그것을 무시하고 약을 잘못 사용하는 것입니다. 약물 남용drug abuse은 인간의 감정이나 행동에 변화를 주기 위해 약물을 사용하는 것으로, 향정신성 의약품을 의학적인 목적이 아닌 다른 목적으로 사용하는 것을 말합니다. 이처럼 약에는 양면성이 있습니다. 제대로 사용할 때는 긍정적인 효과를 내지만, 오남용하면 돌이킬 수 없는 부정적 결과를 불러옵니다.

남용 약물의 대표적 예는 술과 담배, 향정신성 의약품이나 마약 등입니다. 흔히 술과 담배를 하나의 기호식품으로 취급하지만, 엄격히 따지면 이 둘은 습관성과 중독성을 지닌 '약물'입니다. 특히 담배는 뇌신경 세포를 흥분시키고 술은 뇌신경 세포의 기능을 억제하는 약물입니다. 향정신성 의약품이나 마약은 중추신경계에 작용하는 환각·각성·습관성·중독성이 있는 물질을 말합니다.

성장기에 있는 청소년들은 성인보다 약물 부작용이나 중독에 더욱 취약합니다. 따라서 청소년들을 보호하기 위해 '청소년 유해 약물'을 법으로 정하여 규제하고 있습니다(청소년 보호법 제2조 제4호 가목).

구분	내용
청소년 유해 약물	1. 「주세법」에 의한 주류 2. 「담배사업법」에 의한 담배 3. 「마약류 관리에 관한 법률」에 의한 마약류 4. 「화학물질 관리법」에 의한 환각물질 5. 그 밖에 다음의 기준에 따라 청소년보호위원회가 결정하고 여성가족부 장관이 이를 고시한 것 가. 청소년의 정신 기능에 영향을 미쳐 판단력 장애 등 일시적 또는 영구적 정신 장애를 초래할 수 있는 약물일 것 나. 청소년의 신체 기능에 영향을 미쳐 정상적인 신체 발육에 장애를 초래할 수 있는 약물일 것 다. 습관성, 중독성, 내성 또는 금단 증상 등을 유발함으로써 청소년의 정상적인 심신 발달에 장애를 초래할 수 있는 약물일 것

에너지 드링크와 카페인 중독

2010년경부터 '에너지 드링크'라 불리는 고카페인 음료들이 줄줄이 출시되면서 학교 앞 편의점에서 스테디셀러로 자리 잡았습니다. 자연스레 청소년들의 고카페인 음료에 대한 접근도가 높아지면서 습관적 섭취와 중독성에 대한 우려를 낳고 있습니다.

여성가족부의 2020년 청소년 매체 이용 및 유해 환경 실태 조사에 따르면, 최근 1개월간 고카페인(에너지) 음료를 먹어본 학생이 42.7%였습니다. 특히 고등학생의 고카페인 음료 이용 빈도가 높았는데, 일주일에 한 번 이상 이용한다는 응답이 24.6%였습니다. 그중 7.2%는 매일 이용한다고 응답해 카페인 의존이 의심됩니다.

카페인은 중추신경을 흥분시켜 각성 작용을 합니다. 화학적으로 중추신경을 흥분시켜 잠을 쫓고 집중력을 높여주는 효과가 있지만, 이것은 어디까지나 일시적인 효과이며 체력을 회복해주지는 않습니다. 또한 카페인은 내성이 생겨서 이전과 같은 각성 효과를 얻기 위해서는 점점 더 많은 양을 섭취해야 하므로 중독에 빠지기 쉽습니다.

카페인을 만성적으로 복용하면 어떤 부작용이 나타날까요? 권장량 이상의 카페인을 섭취하면 가슴 두근거림, 손 떨림, 불면, 불안, 구토 같은 부작용이 생길 수 있으며, 심한 경우 정신착란과 흥분, 사망에 이르기도 합니다. 프랑스에서는 레드불을 마시고 농구를 하던 청소년이 심장마비로 사망한 사례가 보고되어 레드불 판매를 금지하기도 했습니다. 2013년 미국에서는 19세 학생이 하루에 고카페인 음료 세 캔을 먹고 사망한 사례가 있습니다.

이 밖에도 카페인의 습관적 섭취는 칼슘이나 철분처럼 성장에 꼭 필요한 영양소의 흡수를 저해하고 숙면을 방해합니다. 따라서 어린이와 청소년의 성장을 방해하고 빈혈이나 저골밀도 등을 유발할 수 있습니다.

이런 이유로 식품의약품안전처에서는 어린이와 청소년의 1일 카페인 섭취량을 체중 1kg당 2.5mg 이하로 제한하고 있습니다. 청소년은 성인보다 카페인 해독 능력이 떨어지고 체구도 작아서 적은 양에도 중독에 빠질 수 있습니다. 아래 표는 청소년들이 쉽게 접하는 고카페인 음료의 카페인 함량입니다. 이 중 카페인 함량이 237mg이나 되는 스누피 커피우유는 시험 기간에 중고등학교 앞 편의점에서 구하기가 힘들 정도라고 합니다.

카페인은 초콜릿, 탄산음료 같은 식품에도 조금씩 포함되어 있기 때문에 고카페인 음료와 같이 섭취할 경우 카페인 섭취 권장량을 훌쩍 넘기기 쉽습니다. 저도 약국에서 카페인을 습관적으로 섭취하는 사람들을 자주 접하는데, 결국에는 카페인이 숙면 방해와 영양 불균형, 신경과민을 일으켜 대부분 만성 피로의 악순환에 빠집니다. 피로는 충분한 휴식과 수면, 영양 보충으로 해결하는 것이 장기적으로 더 현명한 방법입니다.

어린이·청소년의 1일 카페인 섭취 권장량 = 체중 1kg당 2.5mg 이하
(가령 체중이 50kg인 청소년은 125mg 이하)

고카페인 음료	카페인 함량
핫식스	60mg
레드불	62.5mg
레쓰비	85mg
몬스터	100mg
스누피 커피우유	237mg

청소년이 많이 섭취하는 고카페인 음료 1회 분량당 카페인 함량

청소년 건강을 위협하는 흡연

지난 10여 년간 우리나라 청소년의 흡연율은 절반 수준으로 감소했습니다. 하지만 청소년은 성인보다 니코틴에 더 민감하고 의존성도 빨리 생깁니다. 니코틴 중독은 청소년의 뇌 발달에 영향을 미칠 수 있으며, 매일 흡연하는 성인 대부분이 청소년기에 처음 흡연을 시도했다는 통계를 봤을 때 청소년에 대한 금연 교육과 정책은 여전히 매우 중요합니다. 2017년 청소년 건강행태 조사 결과에 따르면, 흡연하는 중학생의 52.1%, 고등학생의 50.4%가 호기심으로 처음 담배를 피우게 되었다고 합니다. 작은 호기심이 미래의 건강을 위협하지 않도록 청소년 대상 금연 교육을 더욱 강화할 필요가 있습니다.

흡연은 청소년에게 치명적인 영향을 남깁니다. 캘리포니아 의과대학 유전학 교수인 존 위엔키John K. Wienke 박사의 논문에 따르면, 18세 이전에 담배를 피우면 유전인자에 영구적인 변형이 생겨 담배를 끊어도 암 발생 위험은 그대로 지속된다고 합니다. 담배로 생기는 여러 질병의 위험은 얼마나 오래 많이 피웠는지보다 얼마나 일찍 시작했는지가 더 중요하다고 할 수 있습니다.

담배의 유해 물질은 4000가지가 넘고 어른, 아이 할 것 없이 담배를 피우면 담배로 인한 질병에서 벗어날 수 없습니다. 담배의 유해 물질로는 타르, 니코틴, 일산화탄소가 대표적입니다. 그중 타르는 담배를 끊어도 없어지지 않는 '담뱃진'이라 불리는 황갈색 액체입니다. 폐암 환자의 폐 사진을 보면 대부분 타르에 검게 물들어 있는 것을 볼 수 있습니다. 담배가 암을 유발하는 것은 바로 이 타르 때문인데, 타르는 상피세포나 폐포세포를 손상시키고 폐에 달라붙어 폐암을 일으키는 주범입니다.

니코틴은 대표적인 중독성 물질로, 이 때문에 한번 담배를 피우기 시작하면 쉽게 끊을 수 없습니다. 니코틴은 알코올보다 중독성이 6~8배 높으며, 술이나 코카인 중독보다 훨씬 많은 사람이 니코틴에 중독되어 있다고 합니다.

일산화탄소는 흡연 시 청소년들이 직접 체험하는 유해 물질입니다. 흡연하는 학생들은 일산화탄소 때문에 산소 공급이 원활하지 않아 체육 시간에 많이 힘들어합니다. 일산화탄소는 운동 능력을 떨어뜨리고 체력을 저하시킵니다. 또한 뇌의 활동을 상당히 위축시켜 학업에도 악영향을 미칩니다.

냄새가 안 나는 전자담배는 괜찮을까?

일반 담배에 비해 냄새가 적은 전자담배의 특성 때문에 일반 담배와 전자담배를 동시에 사용하는 청소년이 흡연 청소년 2명당 1명꼴이라고 합니다. 미국에서는 2014년부터 청소년들이 가장 많이 사용하는 담배 제품이 전자담배가 되기도 했습니다. 일반 담배처럼 직접 불을 붙여 태우지 않는 전자담배는 건강에 덜 해로울까요?

결론부터 이야기하면 둘 다 똑같은 담배이며, 둘 다 몸에 해롭습니다. 첫째, 니코틴 중독 측면에서는 일반 담배와 전자담배가 다를 것이 없습니다. 둘째, 전자담배에서도 일반 담배를 불에 태울 때 발생하는 수천 가지의 발암 물질 중 60% 이상이 동일하게 발생한다고 조사되었습니다. 셋째, 전자담배를 가열하는 과정에서 급성 폐 손상을 일으키는 유해 물질이 나올 수 있어 경각심을 가지고 지켜봐야 합니다.

2019년 미국에서는 액상형 전자담배를 사용한 뒤 2291명이 중증 폐 질환에 걸리고, 그중 48명이 사망한 것으로 보고되었습니다. 관련 수치가 명확하지 않지만 국내에서도 미국과 유사한 의심 사례가 계속 발생하고 일부 액상형 전자담배 제품에서 폐 손상을 유발하는 물질이 검출되어 2019년 보건 당국에서도 액상형 전자담배 사용 중지를 강력하게 권고했습니다.

심각한 청소년 음주 문제

알코올은 청소년 유해 약물 중 우리나라 청소년이 가장 많이 경험하는 것입니다. 2019년 기준 청소년 음주 경험률(39.4%)은 흡연 경험률(12.7%)보다 3배나 높습니다. 청소년의 음주는 성인보다 적은 양으로도 위험할 수 있으며 뇌 발달 저해, 급성 알코올 중독alcohol poisoning으로 인한 사망 등의 원인이 됩니다.

술은 에틸알코올 함량이 1% 이상인 음료를 말합니다. 알코올은 열량이 7kcal/g으로 영양학적으로 중요한 성분이 없습니다. 알코올은 소화의 과정을 거치지 않고 직접 혈액에 흡수되는 물질로, 배설 속도가 흡수 속도보다 느려서 체내에 심각하게 농축될 수 있습니다. 알코올과 알코올의 대사산물인 아세트알데하이드는 모든 간세포에서 비타민 합성을 막아 영양이 부족한 상태를 만듭니다. 또한 아세트알데하이드는 뇌에 작용하여 내성을 일으키는 의존성을 형성합니다.

음주는 알코올 의존증을 포함한 정신 및 행동 장애, 암, 폭력 및 교통사고 등 200개가 넘는 질병과 손상의 원인입니다. 청소년 음주는 사고, 폭력, 자살, 학업 부진 또는 여러 가지 일탈 행동을 촉발할 수 있으며, 과음을 자주 하면 성장기의 두뇌에 손상을 초래할 수 있습니다.

청소년기에 음주를 시작하면 성인이 되었을 때 알코올 이용에 문제가 생길 가능성이 높습니다. 한 연구에 따르면, 15세 이전에 음주를 시작한 청소년은 21세가 된 이후 음주를 시작한 사람에 비해 성인이 되어 알코올 의존자가 될 가능성이 4배나 높은 것으로 조사되었습니다.

청소년이 얼마나 약물로부터 안전한가를 보면 그 사회의 미래를 알 수 있습니다. 청소년 음주 예방 정책과 교육을 더 발전시켜 나간다면 청소년 범죄 또한 크게 줄일 수 있을 것입니다.

나비약과 뼈말라족

'나비약'은 나비 모양으로 생긴 펜터민염산염 성분의 식욕 억제제를 말합니다. 이 약은 전문의약품이어서 의사의 처방 없이는 복용할 수 없으며, 향정신성 의약품으로 분류되어 더욱 엄격히 관리합니다. 그렇다면 '뼈말라족'은 무엇일까요? '프로아나'를 지향하는 청소년들 사이에서는 '키빼몸'(키에서 몸무게를 뺀 숫자)이 125 이상인 상태를 '뼈말라'라고 부른다고 합니다. 프로아나란 찬성을 뜻하는 프로pro와 거식증을 뜻하는 아노렉시아anorexia를 합친 말로, 거식증을 옹호하고 지나치게 마른 몸매를 추구하는 것입니다. 최근 청소년들 사이에서는 SNS를 통해 프로아나와 뼈말라족이 유행한다고 합니다. 음식을 먹고 토하기를 반복하던 청소년들이 살을 빼기 위해 급기야 나비약을 불법적인 경로로 접하고 있습니다.

펜터민염산염 성분의 식욕 억제제는 만 16세 이하 어린이나 청소년이 사용할 수 없도록 법으로 규제하고 있습니다. 그러나 나비약을 접한 청소년들은 SNS에서 대리 구매를 통해 이 약을 손에 넣었다고 말합니다. 인터넷 등을 통해 향정신성 의약품을 유통한 자는 마약류 관리에 관한 법률, 청소년 보호법 위반으로 강도 높게 처벌받을 수 있습니다. 구입한 청소년 또한 처벌받을 수 있으므로 이 약이 마약류라는 사실을 정확히 인식해야 합니다.

펜터민염산염 성분의 식욕 억제제는 가슴 두근거림, 불면, 우울감, 환청, 환각 등 다양한 부작용이 있습니다. 실제로 SBS 〈그것이 알고 싶다〉에서 인터뷰한 청소년은 나비약을 먹고 '죽어'라는 환청을 듣기도 했으며, 그 고통을 이겨내기 위해 자해를 시도했다고 합니다.

그럼에도 청소년들이 나비약을 계속 복용하고, 뼈말라족을 지향하는 이유는 미디어와 주변 환경의 영향이 큽니다. 미디어에서 나오는 마른 몸의 연예인들, 날씬한 몸을 강요하는 사회 분위기는 왜곡된 신체 이미지를 갖게 합니다. 자신의 외모와 주변 사람들의 반응에 민감한 청소년 시기에는 프로아나와 같은 잘못된 가치관을 무분별하게 받아들이기도 합니다.

하지만 기초대사량에도 못 미치는 영양 상태가 장기화하면 뇌는 기아 상태에 빠지고, 두통과 만성 피로, 우울증, 탈모, 월경불순 등의 문제가 생길 수 있습니다. 이런 상태의 청소년은 인지행동요법, 정신 치료, 약물 치료, 저체중 교정 등 집중적인 관심과 도움이 필요합니다. 또한 우리 사회도 이스라엘의 몸무게 규제법, 프랑스의 포토샵 규제법처럼 미디어를 통한 신체 이미지 왜곡이 줄어들 수 있도록 전 사회적 관심이 필요해 보입니다.

청소년 마약이 된 펜타닐

2021년 5월 부산·경남 지역 소재 병원과 약국에서 자기 또는 타인 명의로 마약성 진통제 펜타닐 패치를 처방받아 판매하거나 투약한 청소년 42명이 검거된 사건이 있었습니다. 경찰청 마약조직범죄수사과에 따르면, 펜타닐 패치의 청소년 불법 유통 등 청소년의 마약류 오남용 문제가 대두되는 가운데 19세 이하 마약류 사범이 전년 동기 대비 156.5% 증가했다고 합니다.

펜타닐 패치는 오피오이드(아편) 계열의 강력한 마약성 진통제로, 장기간 지속적인 통증을 느끼는 말기 암 환자 등이 통증 완화를 위해 1매당 72시간 동안 피부에 부착해 사용하는 마약성 의약품입니다. 식품의약품안전처 통계에 따르면 펜타닐 패치 처방 건수는 불과 1년 만에 10대의 경우 22건에서 624건으로 약 27배, 20대의 경우 9567건에서 2만 3878건으로 2배 넘게 증가했다고 합니다. 같은 기간 30대 이상의 연령대에서는 비슷한 수준이거나 오히려 감소하는 추세입니다. 펜타닐이 중증도 환자에게 쓰인다는 점을 고려할 때 이 수치는 매우 충격적입니다.

미국 국립약물남용연구소는 청소년들이 성인에 비해 마약이나 처방약 등을 처음 접했을 때 중독될 가능성이 높다고 말합니다. 특히 펜타닐과 같은 마약은 오남용 시 1년 이내에 중독 증세를 보일 확률이 청소년 집단이 젊은 성인 집단보다 3배 이상 높았습니다. 마약은 한번 잘못 손대면 바로 중독된다는 경각심을 가지고 절대로 시작해서는 안 됩니다. 개인과 가족의 삶, 사회에 크나큰 해악을 끼칠 수 있습니다. 마약에 중독되면 개인의 의지로 약을 끊을 수 없으며, 오랜 시간 약물 치료와 상담을 받아야만 합니다.

과거 '마약 청정국'이라 불리던 우리나라도 마약 문제가 자주 거론되기 시작했으며, 그 위험으로부터 청소년도 안전하지 못합니다. 청소년은 향정신성 의약품 및 마약의 오남용과 중독에 더욱 취약할 수 있는 만큼 많은 관심이 필요합니다.

09

여성 건강을 지키는 약물 사용법

환자: 약사님, 저 물어볼 게 있는데요.

약사: 네, 편하게 말씀하세요.

환자: 제가 질염에 너무 자주 걸리는데, 질 건강 유산균을 먹으면 진짜 도움이 돼요?

약사: 아, 혹시 섭취해보셨어요?

환자: 아니요. 두 달에 한 번씩은 불편한데, 매번 병원 가기가 힘들어서 영양제로 관리해보려고요.

약사: 질 건강 유산균은 배변할 때 나온 유익균이 질로 이동해서 질의 유익균 회복에 도움을 준다고 설명하지만, 이미 유해균이 많이 증식해서 질염이 발생했다면 항생제 치료가 필요해요. 질 건강 유

산균이 약간의 따끔거림이나 가려움 같은 가벼운 불편은 완화해주지만, 이미 감염을 일으킬 만큼 증상이 심하다면 질정이나 먹는 항생제를 사용해야 해요. 근처에 가까운 병원이 없으니까 오늘 저녁은 이 질정을 사용해보고, 내일도 많이 불편하면 병원에 가보세요.

환자: 네, 감사합니다.

약국에서 근무하다 보면 여성 손님들과 약물 복용에 대해 상담하는 일이 잦습니다. 특히 경구용(먹는) 피임약과 소변볼 때 느끼는 불편함에 대해 많이 상담합니다. 전화로 응급피임약(피임이 제대로 되지 않았을 때 처방받아 복용하는 약)에 대해 묻기도 하고, 산부인과 질환으로 오랜 기간 복용하고 있는 약을 가져와 이런저런 질문을 하기도 합니다. 안전한 여성 약물 사용을 위해 기억해야 할 몇 가지 사항을 정리해보았습니다.

경구용 피임약 복용법 제대로 알기

현재 저희 약국에는 일곱 종류의 경구용 피임약이 있습니다. 많이 알려진 '마이보라' '미니보라', '에이리스', '머시론'을 비롯해 '멜리안', '디어미', '미뉴렛' 등이 있습니다. 이 중 미뉴렛과 마이보라, 멜리안과 디어미는 같은 성분의 약이므로 실질적으로는 다

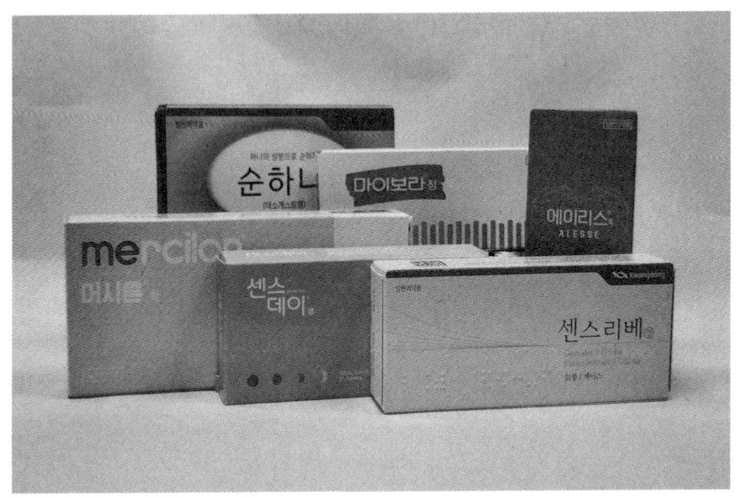

다양한 경구용 피임약

섯 종류라고 할 수 있습니다.

이렇게 경구용 피임약이 다양한 이유는 약에 포함된 두 가지 호르몬의 용량에 따라 여성이 겪는 이상 반응에 차이가 나기 때문입니다. 경구용 피임약은 실패율이 1% 미만으로 다른 피임 방법에 비해 효과적입니다. 하지만 복용 방법을 제대로 지키지 않으면 피임 효과를 거두지 못할 수도 있으므로 약을 어떻게 복용하느냐가 매우 중요합니다. 하지만 오랜 기간 복용하면서도 경구용 피임약의 복용 방법을 잘못 알고 있는 여성이 꽤 많습니다.

"피임약은 필요할 때만 먹는 거 아니에요? 먹으면 그날 바로 피임이 되는 줄 알았는데…"

"피임하고 싶을 때까지 계속 먹는 거 아니에요? 여태까지 한 번도 쉰 적 없는데…"

제가 경구용 피임약 복약 상담을 할 때 듣던 이야기들입니다. 처음 저 말을 듣고 너무 놀라 자리에 앉히고 복용 방법을 자세히 설명해줬던 기억이 납니다.

경구용 피임약은 여성 호르몬인 에스트로겐 및 프로게스테론과 유사한 작용을 하는 합성 호르몬을 함유하고 있습니다. 경구용 피임약은 정해진 기간에 이 두 호르몬을 일정하게 체내에 공급해 난자의 배란을 막습니다. 그리고 자궁경부를 막고 있는 점액의 점도를 끈끈하게 유지해 정자가 통과하기 어렵게 만들고, 수정란 착상에 필요한 자궁내막의 증식이 일어나지 않도록 합니다. 경구용 피임약은 복용 방법을 정확히 지킨다면 97~99.9%의 피임 성공률을 보입니다.

그렇다면 경구용 피임약은 어떻게 복용해야 할까요? 한 박스가 21정인 대부분의 피임약은 '21 + 7'을 기억해두면 편리합니다. 여기서 '21'은 월경 시작일을 포함하여 21일, 즉 3주 동안 매일 경구용 피임약을 한 알씩 복용하라는 뜻입니다. '7'은 3주 복용 후에 7일, 즉 일주일 동안 경구용 피임약의 복용을 쉬라는 뜻입니다. 그리고 29일째에 약을 새로 개봉하여 복용을 시작하는 것이 경구용 피임약의 올바른 복용 방법입니다. 이 방법을 지키면 피임약 복용을 쉬는 7일 안에 정상적으로 월경을 하게 됩니다. 간혹 이 기간에 월경이 시작되었다고 맨 처음 약을 복용할 때와 마찬가지로 약을 새로 개봉해 복용하는 여성들이 있는데, 이는 잘못된 방법입니다. 이해를 돕기 위해 다음의 표를 보며 이야기하겠습니다.

첫 번째 피임약은 월경을 시작하는 날 복용하지만, 이후에는 평소 본인의 월경 주기와 관계없이 21일은 복용하고 7일은 휴약하는 방식으로 복용합니다. 경구용 피임약은 '21 + 7'의 과정을 통해서 피임이 이루어지는 것이지 그날 먹는다고 바로 효과를 보는 약이 아닙니다. 7일의 휴약기 없이 1년이고 2년이고 피임하고 싶을 때까지 계속 복용하는 것 또한 옳지 않습니다.

<table>
<tr><td>1</td><td>2</td><td>3</td><td>4</td><td>5</td><td>6</td><td>7</td></tr>
<tr><td>(월경 시작)</td><td colspan="6">피임약 복용</td></tr>
<tr><td>8</td><td>9</td><td>10</td><td>11</td><td>12</td><td>13</td><td>14</td></tr>
<tr><td colspan="7">피임약 복용</td></tr>
<tr><td>15</td><td>16</td><td>17</td><td>18</td><td>19</td><td>20</td><td>21</td></tr>
<tr><td colspan="7">피임약 복용</td></tr>
<tr><td>22</td><td>23</td><td>24</td><td>25</td><td>26</td><td>27</td><td>28</td></tr>
<tr><td colspan="7">피임약 복용 안 함(이때 월경을 함)</td></tr>
<tr><td colspan="3">29</td><td></td><td></td><td></td><td></td></tr>
<tr><td colspan="3">새로운 피임약 개봉해
앞의 과정 반복</td><td></td><td></td><td></td><td></td></tr>
</table>

경구용 피임약 복용 방법

이러한 방법을 잘 지켜서 올바르게 복용하면 월경 직전이나 월경 기간에 나타나는 가슴 통증이나 부종 같은 월경 전 증후군을 완화해주고(아랫배 통증이 심하거나 생활이 불편할 정도의 월경 전 증후군은 전문의와 상담해야 합니다) 불규칙한 월경 주기를 규칙적으로 맞춰주는 효과도 있습니다. 시험이나 여행을 앞두고 월경을 미루기 위해 경구용 피임약을 복용할 때는 월경 예정일 최소 일주일 전부터 미루고자 하는 날까지 하루 한 알씩 복용하면 됩니다. 그리고 원하는 날짜가 되어 약을 끊으면 2~3일 뒤에 정상적으로 월경을 시작합니다. 언제부터 복용해야 할지 잘 모르겠다면 약사에게 문의하기 바랍니다.

종류가 다양하지는 않지만 한 박스가 28정인 피임약도 있습니다(일반의약품 디어미순정, 전문의약품 야즈정과 클래라정 등). 이 약들은 월경 주기마다 휴약기 없이 28정을 연속해서 복용하므로 약에 따른 복용 방법을 꼭 숙지하기 바랍니다.

경구용 피임약은 오랜 기간 많은 사람이 사용해온 피임법이지만 이상 반응이 전혀 없지는 않습니다. 경구용 피임약 복용 시 나타나는 대표적 이상 반응은 메스꺼움, 가슴 통증, 부정 출혈, 두통 등인데, 대부분 피임약을 복용하고 3개월이 지나면 사라집니다.

흡연은 경구용 피임약으로 인한 혈전 등 심혈관계 부작용의 위험성을 높이는데, 35세 이상 여성은 위험성이 훨씬 큽니

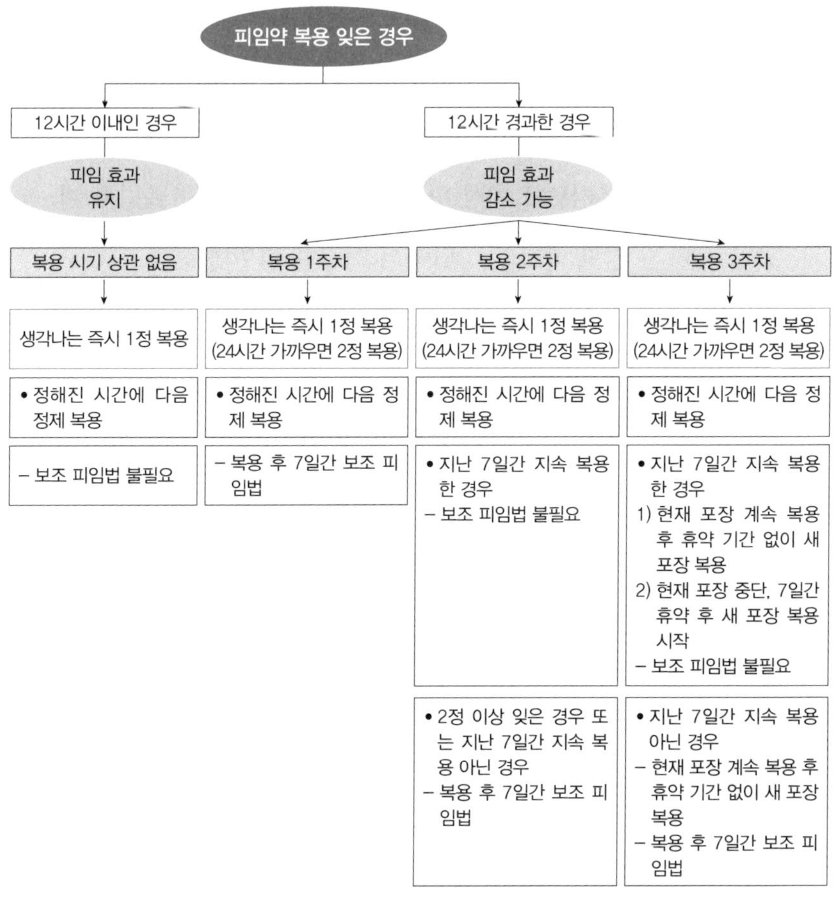

피임약 복용을 잊었을 때 대처법

출처: 의약품안전나라, 의약품 안전사용 매뉴얼

다. 이에 미국 FDA에 이어 우리나라 식품의약품안전처에서도 2019년 8월 35세 이상 흡연 여성을 경구용 피임약 투여 금지 대상으로 지정했습니다.

기존에 경구용 피임약을 복용한 뒤 부작용이 있거나 복용 금기 대상이라면 다른 피임법을 생각해봐야 합니다. 혹은 호르몬의 농도를 낮춘 피임약(앞서 말했듯이 피임약은 두 호르몬의 용량에 따라 여러 종류가 있습니다)으로 바꿔보면 이상 반응이 사라질 수도 있습니다. 그러므로 이상 반응이 나타났을 때는 참으면서 계속 복용하지 말고 약사와 상담하여 적절한 피임법을 찾고 경구용 피임약의 부작용을 방지하기 바랍니다.

만일 경구용 피임약의 복용법이 까다로워 다른 피임법을 찾고 싶다면 산부인과에 방문해 상담하기 바랍니다. 피임 기구를 체내에 삽입하는 시술이나 기타 다양한 방법이 있습니다. 제일 중요한 점은 자신의 건강 상태에 맞는 피임법이 무엇인지 찾는 것입니다.

응급피임약이 무엇인가요?

응급피임약 혹은 사후피임약은 말 그대로 불가피하게 사전에 피임하지 못한 응급 상황에서 임신을 피하고자 복용하는 약입니다. 응급피임약은 경구용 피임약보다 농도가 10배 이상 높은 호르몬 제제를 한 번에 복용하는 것으로 황체의 호르몬 분비 기능을 교란해 임신 상태를 계속 유지하는 데 필요한 호르몬 분비를 억제합니다. 배란 전에는 배란을 지연하거나 방해하고 난관 내에서의 정자와 난자의 이동을 저해하여 수정이 일어나는 것을 막습니다. 또한 자궁 내벽 및 경부(입구)의 점액질도 변화시켜 정자의 이동을 방해하고 수정된 이후라면 수정란이 착상하는 것을 저지합니다.

응급피임약은 원칙적으로 72시간 이내에 복용해야 하는 약이지만 24시간 이내에 복용하면 95%, 48시간 이내에 복용하면 85%, 72시간 이내에 복용하면 58%의 피임 효과가 있으므로 최대한 빨리 복용해야 효과를 높일 수 있습니다. 또한 완벽하게 임신을 피할 수는 없으므로 복용 후 월경이 1~2주 이상 지연된다면 임신 여부를 확인하는 편이 좋습니다.

응급피임약을 반복해서 복용하면 효과가 급속도로 감소하고 많은 양의 호르몬이 단시간에 몸속으로 들어와 여성의 호르몬 구성에 나쁜 영향을 줄 수 있습니다. 간혹 피임법을 제대로 배우지 못해 일찍부터 응급피임약에 습관을 들이거나 단시간에 여러 번 복용하는 경우가 있는데, 반드시 올바른 피임법을 배워 소중한 몸을 지키기 바랍니다.

먹는 임신중절약, '미프진' 도입 논의

2019년 4월 11일 헌법재판소에서 낙태죄 위헌 결정을 한 뒤, 우리나라에서도 경구용 임신중절약 도입 논의가 진행되고 있습니다. '수술'이 아닌 '먹는 약'을 통한 임신중절이 우리나라에서는 낯선 개념이지만, 유럽을 중심으로 여러 나라에서는 먹는 약을 통한 임신중절이 보다 보편적입니다. 세계보건기구는 2005년에 미페프리스톤 성분의 임신중절약을 필수의약품으로 지정했으며, 임신 초기 중절에는 약물적 방법을 가장 권고하고 있습니다. 많이 알려진 '미프진Mifegyne'은 프랑스 엑셀긴Exelgyn사가 제조한 임신중절약의 브랜드명입니다. 같은 약으로 영국 라인파마 인터내셔널의 '미프지미소Mifegymiso'도 있습니다. 미프진이나 미프지미소는 임신 초기 착상된 수정란에 영양 공급을 차단해 자궁내막에서 분리하고 분리된 수정란을 자궁을 수축시켜 밖으로 밀어내는 방식으로 유산을 유도합니다.

먹는 약을 통한 임신중절은 마취, 수술이 필요하지 않고 수정란의 자연배출로 장기 손상 우려가 적은 것이 장점으로 꼽힙니다. 그러나 임신 주차에 따라서 위험성이 달라지고 대량 출혈, 감염 등에 대한 위험성 경고도 있습니다. 그렇기 때문에 인공임신중절약이 아직 공식적으로 도입되지 않은 상황에서 온라인을 통한 암거래나 해외 직구로 유통되는 약을 구입하는 것은 위험합니다. 가짜 약일 수도 있고 복용 중 부작용에 대처하기도 어렵기 때문입니다. 검증되지 않은 불법 유통 약에 의해 여성 건강이 위험해질 수 있습니다. 보다 나은 여성 건강을 위한 선택지로서 수술과 함께 임신중절약이 적절하게 사용되기를 기대합니다.

질정을 넣을 때는 끝에 물을 살짝 묻혀야

인터넷에서 '질정'을 검색하면 "질염인지 너무 가려워서 병원에 갔더니 질에 삽입하는 알약을 처방해줘서 사용했는데 이거 너무 아프네요. 어느 위치에 삽입해야 안 아픈 건가요? 약간 따갑기도 한데, 저절로 녹아 없어지는 건가요? 30분이 지났는데 그대로 있는 것 같아요. 원래 이런 건지 좀 알려주세요" 같은 질문이 자주 등장합니다.

약국에서도 세균성 질염과 칸디다성 질염, 트리코모나스 질염에 사용하는 질정과 질좌약을 판매하고 있어 여성들이 종종 구입하는데, 이것으로 치료가 안 될 때는 병원에서 처방을 받아야 합니다.

많이 알려진 약으로는 '카네스텐 질정', '포비돈 질좌약', '오엔지 질연질캡슐' 등이 있습니다. 이 중 오엔지 질연질캡슐은 반드시 처방받아 사용해야 하는 약입니다. 이 약들은 각각 치료할 수 있는 균의 종류가 다르므로 자신의 증상에 맞는 약을 선택해야 합니다.

약국에서 산 질정을 사용해도 증상이 나아지지 않는다면 반복해서 사용하기보다 병원에서 검사받고 균종에 맞는 약을 사용해야 합니다. 항생제나 항균제를 처방받아 복용해야만 치료 가능한 경우도 있습니다.

질정은 끝이 뾰족한 것도 있고 뭉툭한 것도 있으며, 질좌약은

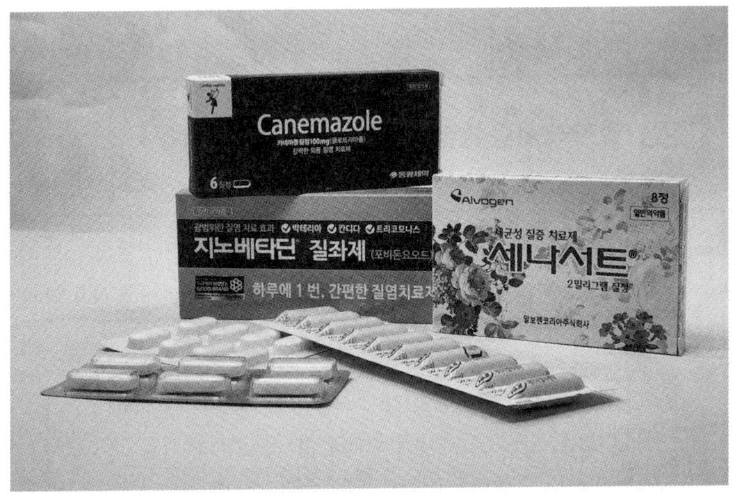

다양한 모양의 질정 및 질좌약

보통 끝이 뾰족합니다. 질연질캡슐은 말 그대로 앞뒤가 뭉툭한 말랑말랑한 캡슐입니다. 형태가 어떻든 질에 약을 삽입하는 것을 어려워하는 사람이 많습니다.

질에 약을 넣는 것은 아이들 해열제로 사용하는 좌약을 생각하면 쉽습니다. 물론 아이들이 사용하는 좌약은 크기가 작지만 질정은 생각보다 큽니다. 해열제 좌약의 사용 설명서는 약을 넣는 자세를 그림으로 자세히 설명하고 있습니다. 하지만 질정의 사용 설명서는 "취침 전 질 내 깊숙이 삽입한다"라는 간단한 설명이 전부입니다. 사용 설명서 어디를 살펴봐도 넣을 때 아프다든지 넣으면 어떻게 된다든지 하는 내용이 없습니다. 그래서 여러 사람의 경험과 사용 설명서를 바탕으로 질정 사용 방법을 정리해봤습니다.

질정·질좌약 사용 방법

1) 잠자기 전에 손을 깨끗이 닦고 약을 개봉한 뒤 약의 끝에 물을 살짝 묻힙니다. 활동하는 시간대에 질정을 사용하면 움직이면서 질정이 빠질 수 있습니다.

2) 약을 넣기 편안한 자세(소변보는 자세로 앉아도 되고 옆으로 누워서 한쪽 다리를 올려도 됩니다)를 취하고 엄지와 검지로 약을 잡아 검지가 두 마디 정도 들어갈 때까지 밀어 넣습니다. 이 정도 밀어 넣으면

질 근육에 의해 약이 질 안으로 깊숙이 들어가게 됩니다.

3) 밤새 약이 체온에 녹아 효과를 나타내는데, 이 과정에서 약이 속옷에 묻어나올 수 있으므로 생리대나 팬티라이너를 사용하는 것이 좋습니다.

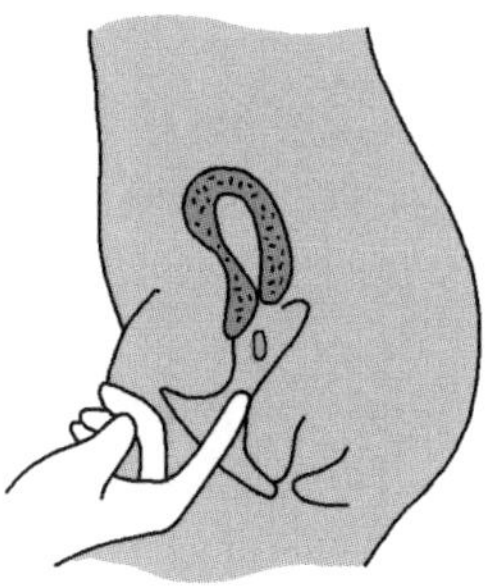

출처: 노원 질좌제

이 사용법의 핵심은 질정 끝에 물을 살짝 묻히는 것입니다. 또는 샤워기를 이용해 따뜻한 물로 질 주변을 충분히 적신 뒤 질정을 삽입하면 질 안으로 약을 넣을 때 통증 없이 부드럽게 넣을 수 있습니다. 질 안에 넣은 약은 체온에 녹아 효과를 나타내므로 서서히 녹는 과정에서 약이 새어 나올 수 있어 취침 전에 사용합니다.

질정을 혼자 넣기 어렵다면 통증을 참아가며 무리하게 넣지 말고 주위 사람의 도움을 받는 편이 낫습니다. 치료하려고 약을 넣다가 오히려 상처가 더 생길 수도 있기 때문입니다. 사용법이 잘 기억나지 않거나 약국에서 상황이 안 되어 미처 설명을 듣지 못했다면, 약국에 전화해서라도 반드시 사용법을 익혀 제대로 사용해야 합니다.

질염이나 방광염이 반복된다면

한번은 약국에 20대 후반 여성이 굉장히 답답한 얼굴로 찾아와 병원에서 받아온 검사 결과를 보여주며 해석해줄 수 있느냐고 물었습니다. 저도 처음 보는 검사지인지라 열심히 읽어보고 찾아보면서 설명했습니다. 이어서 그는 두 군데 병원에서 받아온 처방전을 보여주며 이 약이 검사 결과로 나온 질환에 복용하는 약이 맞느냐고 물었습니다.

처방전 하나에는 퀴놀론계 항균제 하나만 적혀 있었고, 다른 처방전에는 소염진통제와 위장을 보호하는 약, 앞의 처방전에 들어 있는 항균제와 같은 계열의 약이 적혀 있었습니다. 핵심적인 약은 퀴놀론계 항균제였으므로 환자가 겪는 질환에 일반적으로 많이 복용하는 약이라고 설명해줬습니다.

그러자 집에 처방전이 몇 장 더 있는데 그것도 설명을 부탁한다며 얼마 뒤 여섯 장의 처방전을 들고 다시 찾아왔습니다. 한 시간 가까이 상담이 이어졌는데 그 내용은 다음과 같습니다.

이 여성은 한 달 반째 방광염으로 항균제를 복용하고 있었습니다. 예전에도 방광염이 자주 발생하여 이번에는 꼭 완치하겠다는 마음으로 수소문 끝에 서울의 여성 전문 비뇨기과를 찾아갔습니다. 몇 가지 검사를 받고 결과에 따라 2주간의 치료에 들어갔습니다. 2주의 치료 기간이 지나고 약을 끊은 지 이틀째 되는 날 다시 증상이 나타나 비뇨기과에 다시 방문했습니다. 환자는 의사에게 약을 끊어서 재발한 게 아니냐고 물었고, 의사는 다른 균이 침투한 것 같다며 검사 결과가 나올 때까지 복용할 약을 우선 처방했습니다.

며칠 뒤 병원에서 받은 균종 검사지를 보니 실제 새로운 균의 침투가 있었지만, 환자는 병원에서 검사 결과도 확인하지 않고 약을 처방했다며 다른 병원의 비뇨기과 전문의를 찾아갔습니다. 다른 병원에서도 2주간 항균제를 복용했지만 완치되지 않았고, 다시 2주분의 항균제 처방전을 받아왔습니다. 의사는 환자에게 석 달간의 치료 기간이 필요하다고 했습니다.

환자는 이미 한 달 반 가까이 계속되는 항균제 복용으로 속이 불편하고, 신경을 많이 써서 스트레스가 심한 상태였습니다. 그런데 이 일을 석 달이나 더 해야 한다고 하니 병원을 믿고 치료를 맡겨도 되는지 마음이 답답해져서 지금까지 받은 처방전을 죄다 가져와서 어떻게 하면 좋을지 의견을 구한 것이었습니다.

저는 약사로서 약에 대해 정확히 설명해주어 환자가 불안감을 떨치고 치료에 집중할 수 있도록 돕는 것이 우선이라고 생각했습니다. 그래서 그녀가 그동안 받은 처방전을 펼쳐놓고 치료에 유용하게 작용했던 항균제들을 짚어가며 약의 효과를 설명해 주었습니다. 또 만성 방광염은 장기간의 항생제 투여를 고려해야 하는 질환이며, 일상생활에서 만성 방광염을 유발하는 요인을 찾아 제거하거나 교정하는 것이 더욱 중요하다고 알려주었습니다.

급성 방광염에 걸려 처방을 받아오는 환자들과 이야기를 나눠보면 원인이 다양합니다. 10세 미만 여아의 경우 시험 스트레스가 방광염의 원인이 되기도 하고, 50대 여성은 명절에 너무 무리하거나 급작스레 일의 패턴이 바뀐 탓에 방광염에 걸리기도 합니다.

이 환자 역시 약을 복용할 때는 매일 일정 시간 휴식을 취하다가 약을 끊자마자 밀린 일을 처리하느라 무리하다 보니 몸이 균의 침투를 이겨내지 못해 재감염이 일어난 상황이었습니다. 게다가 반복되는 감염으로 치료 기간이 길어지면서 스트레스도 많이 받고 몸도 많이 말라 전반적으로 면역력이 떨어져 있었습니다.

반복되는 질염이나 방광염을 앓는 여성이 매우 많지만, 안타깝게도 질 내에 정상적으로 살고 있던 유익균이 사라지는 이유는 명확히 밝혀진 바가 없습니다. 다만 피로나 질 내의 산성 환경을 저해하는 생활습관(질 깊숙한 곳까지 씻어내는 뒷물)이 관련되어 있다고 봅니다.

방광염 외에도 조금만 피곤하면 구내염, 편도염, 입술포진 등을 달고 사는 사람들이 있습니다. 생활에 별 불편이 없으면 모르겠지만 세 가지 모두 크든 작든 일상에 불편을 주는 질환입니다. 생활습관을 교정하고 자신에게 필요한 영양제를 섭취하면 몸의 면역력이 높아져 이러한 질환들의 발생 빈도를 낮출 수 있습니다. 원인을 정확하게 규명하지 못하는 병도 많지만, 방광염이나 구내염, 편도염, 입술포진 등은 몸이 힘들다고 보내는 신호입니다. 그러므로 이 신호를 무시하지 말고, 잠시 자신의 생활을 돌아보고 건강을 챙기기 바랍니다.

나에게 맞는 월경통 진통제 어떻게 고를까?

약국에서 근무하다 보면 정말 많은 여성이 월경통(생리통) 진통제를 사러 옵니다. 약 15%의 젊은 여성이 심한 월경통을 겪는다고 하는데, 월경통은 나이가 들어감에 따라 차츰 줄거나 없어지는 경우가 많고, 특히 출산 후 약 70%가 좋아지거나 없어진다고 합니다. 월경통의 통증과 강도는 개인마다 다양합니다. 아랫배가 묵직하게 느껴지는 정도인 경우도 있고, 쥐어짜는 듯한 통증으로 병가를 내야 할 만큼 고통스러운 경우도 있습니다. 아랫배 외에도 허리나 허벅지까지 통증이 느껴질 때도 있습니다.

보통 월경 첫째 날이나 둘째 날 통증이 가장 심한데, 만약 72시간 이상 통증이 지속된다면 다른 원인이 있는 것은 아닌지 파악해볼 필요가 있습니다. 실제로 제 주변에서도 평소에 심하지 않던 월경통이 갑자기 심해져서 산부인과 진찰을 받아보니 자궁근종이 발견된 사례가 있었습니다. 그러나 다른 원인이 없는 월경통이라면 월경 주기에 맞춰 진통제를 적절히 복용함으로서 통증을 경감하고 삶의 질을 개선할 수 있습니다. 그렇다면 자신에게 잘 맞는 월경통 진통제는 어떻게 골라야 할까요?

우선 월경통이 왜 생기는지 간단히 살펴보겠습니다. 월경통의 원인은 확실히 밝혀지지 않았지만, 현재까지는 자궁 근육 수축에 관여하는 프로스타글란딘이라는 물질 때문이라고 알려져 있습니다. 따라서 월경통에는 프로스타글란딘 생성을 억제하는 비스테로이드성 소염진통제를 이용하는 것이 효과적입니다.

그중 이부프로펜 성분이 자궁으로 잘 이행하여 월경통에 좀 더 효과적이라고 알려져 있습니다. 실제로 여러 제약회사가 '○○○이브', '○○○레이디'라는 이름으로 이부프로펜이 함유된 월경통 진통제를 많이 출시하기도 합니다. 이부프로펜이나 그 이성질체인 덱시부프로펜 성분으로도 듣지 않는 월경통에 나프록센 성분이 잘 들었다는 경험담이 많은데, 나프록센 성분 역시 처방전 없이 살 수 있는 비스테로이드성 소염진통제 중 하나입니다.

성분	용법·용량(성인 기준)	비고
이부프로펜	1회 200~400mg, 1일 3~4회	1일 최대 3200mg
덱시부프로펜	1회 300mg, 1일 2~4회	1일 최대 1200mg
나프록센	500mg 복용 후 6~8시간 간격으로 250mg 복용	1일 최대 1250mg

월경통에 사용하는 일반의약품 비스테로이드성 소염진통제 성분

그렇다면 아세트아미노펜 성분의 진통제는 어떨까요? 아세트아미노펜은 해열, 진통 효과는 있지만 프로스타글란딘의 합성을 억제하지는 못하므로 월경통에는 비스테로이드성 소염진통제에 비해 효과가 약하다고 알려져 있습니다. 하지만 위장관계 부작용이나 천식 등으로 비스테로이드성 소염진통제를 복용할 수 없거나 이미 비스테로이드성 소염진통제를 복용하고 있는데 추가로 진통제를 복용하고 싶다면 추천합니다.

월경통 진통제에는 진통제 성분 외에 복합되어 있는 성분이 있을 수 있습니다. 그중 대표적인 것이 파마브롬과 카페인입니다. 이 둘은 이뇨 작용을 해서 월경 때 부종이 있거나 푸석푸석해지는 여성에게 효과적입니다.

월경통 진통제는 통증이 시작되기 직전에 먹는 게 좋을까요, 아니면 참을 만큼 참다가 못 참겠을 때 먹는 게 좋을까요? 월경통을 효과적으로 완화하기 위해서는 통증이 시작되기 직전에 복용을 시작하여 6~8시간마다 규칙적으로 먹는 것이 좋습니다. 비

스테로이드성 소염진통제는 속쓰림, 소화불량 같은 위장관계 부작용이 있을 수 있으므로 이를 피하기 위해 식후에 복용합니다.

비약물적 요법으로는 온찜질을 사용할 수 있습니다. 약 40℃의 따뜻한 찜질팩을 아랫배에 대고 있으면 자궁의 과도한 수축이 이완되면서 통증 완화에 도움을 줄 수 있습니다.

게보린정이나 그날엔정, 우리 아이 월경통에 먹여도 괜찮을까?

결론부터 이야기하면 두 진통제는 15세 미만 복용 금기인 약입니다. 게보린정은 우리나라 사람들이 타이레놀에 이어 두 번째로 많이 이용하는 진통제일 만큼 친숙한 약입니다. “한국인의 두통약”, “두통, 치통, 생리통엔”이라는 광고 문구도 유명합니다.

하지만 게보린정에 들어 있는 이소프로필안티피린IPA이라는 성분은 15세 이하 소아에게는 복용이 금지되어 있습니다. 이소프로필안티피린은 과립백혈구소증, 재생불량성 빈혈 등 혈액 관련 부작용이 보고된 바 있어 미국, 캐나다, 뉴질랜드 등은 20년 전부터 시판을 금지했습니다. 반면 우리나라에서는 2009년에 15세 미만의 복용을 금지했으며, 성인도 단기간 사용할 것을 권하고 있습니다. 사리돈에이정 또한 이소프로필안티피린 성분이 있어 15세 미만 금기입니다.

유명 연예인이 광고하는 그날엔정도 15세 미만 복용 금기인 진통제입니다. 그날엔정에 들어 있는 알릴이소프로필아세틸요소라는 성분 때문입니다. 15세 미만의 청소년 생리통은 다른 성분 없이 진통제 성분만 있는 약을 활용하는 편이 안전합니다. 생리통 진통제는 열이 나거나 몸살이 있을 때 먹는 진통제와 동일합니다. 따라서 집에 감기에 걸렸을 때 먹던 진통제가 있다면 성분과 복용법을 확인한 후 활용해도 괜찮습니다.

임신부·수유부의 약물 사용

임신부와 수유부는 약 복용 시 태아와 아기에게 미치는 영향까지 고려하기 때문에 약물 선택이 훨씬 조심스럽습니다. 먼저 임신부부터 살펴보겠습니다. 간혹 "임신 준비 중인데 약을 먹어도 되나요?", "임신인 줄 모르고 약을 먹었는데 괜찮을까요?" 같은 문의를 받습니다. 우선 임신 준비 중인 여성이 복용하면 안 되는 약이 있습니다. 이소티논연질캡슐 같은 이소트레티노인 성분의 여드름 치료제가 대표적입니다. 이소트레티노인은 복용을 중단해도 체내에 오래 남는 약이기 때문에 이 약을 복용한 여성은 치료 종료 1개월 후까지 두 가지 이상의 효과적인 피임을 반드시 실시해야 합니다.

또한 임신 시기에 따라 약물이 태아에 미치는 영향도 달라집니다. 흔히 "All or None period"라고 말하는 착상 전 시기는 수정 후 대략 3주 이전으로, 이 시기에 태아가 약물의 영향을 받는다면 유산이 될 수도 있지만 그렇지 않다면 기형이 유발되는 등의 영향을 받지 않습니다. 반면 수정 후 3~8주는 조직의 분화가 빠른 시기여서 기형 유발 약물에 가장 취약한 때입니다. 따라서 태아의 장기가 완전히 완성되는 12주까지는 약물 복용에 각별히 주의해야 합니다.

그렇다고 임신부가 모든 약을 피하기만 해서는 임신부 자신과 태아에게 안 좋은 영향을 줄 수 있습니다. 예를 들어 임신 초기에 입덧이 심한 임신부에게 사용하는 디클렉틴장용정이라는 약이 있습니다. 입덧이 너무 심해 아무 음식도, 심지어 물도 제대로 먹지 못하면 임신부의 영양 상태가 악화되고 결과적으로 태아에게도 좋지 않습니다. 이때는 주치의와 상담해 입덧을 완화하는 약을 복용하고 증상을 완화하는 편이 현명한 방법입니다. 디클렉틴장용정은 초기 임신부에게도 안전한 약으로 알려졌습니다. 또 천식이 있는 임신부가 약물 복용을 무조건 피한다면 어떻게 될까요? 임신부의 건강에도 치명적일 수 있고, 산소 공급 부족으로 태아에게 이차적인 피해가 갈 수도 있습니다.

항전간제나 면역 억제제, 항암제와 같이 태아 위험도가 높은 약물을 평소에 복용해야 하는 환자가 임신을 준비하거나 임신 중에 치료를 시작해야 하는 경우도 있을 수 있습니다. 무엇보다 엄마가 건강해야 태아도 건강할 수 있으므로 약물 복용이 불가피한 이런 상황에는 담당 주치의가 약물에 대한 태아의 위험도를 충분히 평가하고 치료상의 유익성이 위험성을 상회하는 경우에 한해 약물 투여 여부를 신중히 결정합니다. 아무래도 모든 약물에 대한 정보를 임신부가 다 알기는 힘들기 때문에 복용 전에 주치의나 약사와 상의하는 편이 바람직합니다.

만일 임신부 스스로 약에 대한 정보를 알아보려면 어떻게 해야 할까요? 한국마더세이프 전문상담센터mothersafe.or.kr는 보건복

한국마더세이프 전문상담센터

지부의 지원을 받아 임신부, 수유부, 임신을 계획하고 있는 여성들에게 약물뿐 아니라 다양한 위해 물질에 대한 위험성 및 안전성에 관한 정보를 무료로 제공합니다. 약사인 저 역시 보다 자세한 자료를 찾고 싶을 때는 마더세이프 전화 상담을 이용합니다.

다음으로 수유부의 약물 복용에 대해 알아보겠습니다. 알려진 바로는 모유를 통해 아기에게 전달되는 약물의 양은 엄마가 복용하는 양의 1~2%에 불과해 임상적으로 아기에게 미치는 영향이 거의 없어서 감기나 근육통에 처방하는 약물을 포함해 대부분 약물이 모유 수유에 적합하다고 합니다. 그러나 항전간제, 항우울제, 수면제, 고혈압약 중 베타 차단제 등과 같이 수유할 때는 복용하지 않도록 권고하는 약물도 있습니다. 따라서 약물을 복용한다고 해서 모유 수유를 바로 중단하기보다는 처방된 약물이 수유에 적합한지 주치의나 약사에게 먼저 물어보고 판단하는 것이 좋습니다. 아기에게 가는 영향을 최소화하고 싶다면 수유 직후에 약을 복용하거나 긴 잠을 자기 전에 복용하면 더욱 안전합니다.

마지막으로 임신부와 수유부에게 추천하는 영양제를 알아보겠습니다. 임신 중 가장 중요한 영양제를 꼽으라면 단연 엽산과 철분입니다. 이 두 가지는 임신 여부를 등록하면 보건소에서 무료로 지급해줄 만큼 임신부에게 중요한 영양소입니다. 엽산은 임신 초기 태아의 신경관 발달에 중요하고, 철분은 임신 중기에 모체의 혈액량이 증가하며 발생하는 철 결핍성 빈혈을 예방합니다. 철분 영양제 섭취 후 대변이 검게 보이는 현상은 장에서 흡수되지 않은 철분이 대변으로 배설되면서 나타나는 것이므로 걱

성분	섭취 이유	섭취법	1일 추천 용량
엽산 (폴산, 비타민B9)	태아의 척추·신경관 발달(기형 예방)	임신 3개월 전 ~ 임신 12주 (임신 첫 4개월간 특히 중요)	600mcg
철분	빈혈, 조산, 저체중아 예방	입덧이 없어지는 임신 중기 16주부터 복용을 시작해 출산 후 3개월, 필요하면 수유 시에도 계속 복용 철분 흡수를 돕는 비타민C 또는 과일주스와 함께 복용 철분 섭취 1시간 전후로 우유, 칼슘, 카페인, 탄산음료 섭취 금지	30mg
비타민D	조산, 임신중독증 예방, 태아의 골격 형성 (칼슘 흡수에 관여)	식후 섭취	2000IU

임신부에게 보충이 필요한 영양소

정하지 않아도 됩니다.

엽산과 철분 다음으로는 비타민D, 오메가-3, 유산균의 중요성이 많이 거론됩니다. 비타민D 결핍이 태아의 두뇌 발달에 악영향을 줄 수 있다는 연구도 있는 만큼 비타민D 결핍인 임신부는 고단위 비타민D를 3개월 이상 꾸준히 섭취하고 검사를 다시 받아볼 필요가 있습니다. 오메가-3와 유산균 섭취를 제안하는 근거는 아직 충분하지 않지만, 일반적으로 임신 중에 안전하게 섭취할 수 있는 영양제로 알려져 있습니다.

철분제 섭취 후 변비가 심해진 것 같아요

임신 중에는 장운동이 느려져 평소보다 변비에 걸리기 쉬운데, 철분제를 섭취하면서 변비가 더 심해졌다는 임신부들을 종종 봅니다. 철분제가 변비를 유발하는 이유는 아직 정확히 밝혀지지 않았지만 보통 두 가지 원인으로 설명합니다. 철분이 장내 세균총을 변화시키거나 난용성 인산철을 형성해 장내 수분이 줄어들기 때문입니다. 철분제 복용 후 변비가 심해졌다면 어떻게 해야 할까요?

1) 철분제는 제형 및 철분 함량에 따라 변비 발생률에 차이가 있으므로 약국 등에서 전문가와 상담한 뒤 변비 부작용이 덜한 제품으로 변경합니다. 철 결핍성 빈혈이 심한 임신부라면 변비 해소를 위해 무조건 낮은 용량의 철분제로 바꾸면 임신 중 건강 상태에 문제가 생길 수 있어 반드시 전문가와 상담해야 합니다.

2) 철분 흡수율을 높이기 위해 비타민C와 함께 섭취합니다. 보통 철분

30mg을 흡수하는 데 비타민C가 200mg가량 필요하다고 알려져 있습니다.

3) 보충제로 섭취하는 철분의 양을 줄이고, 음식을 통한 철분 섭취를 늘립니다. 붉은 고기, 동물의 간, 콩류 등에 철분이 많이 함유되어 있습니다. 음식을 통한 철분 섭취는 많이 해도 변비를 유발하지 않습니다. 그러나 식단이 제대로 준비되지 않으면 오히려 결핍 상태가 길어질 수 있으므로 이 방법은 주치의와 상담한 뒤 적절한 혈액 검사와 함께 진행해야 합니다.

4) 변비 자체를 해결하기 위해 노력합니다. 유산균, 섬유질(푸룬 등), 수분 보충이 중요합니다. 또한 가벼운 운동을 하면 변비 해소에 도움이 됩니다.

갱년기 여성 건강 관리법

여성이 나이가 듦에 따라 난소가 노화되어 기능이 떨어지면 배란 및 여성 호르몬의 생산이 더 이상 이루어지지 않는데, 이로 인해 나타나는 현상이 바로 폐경입니다. 보통 1년간 월경이 없을 때 폐경으로 진단합니다. 이러한 변화는 대개 40대 중후반부터 점진적으로 진행되는데, 이때부터 월경이 완전히 없어지는 폐경이 나타난 이후 약 1년까지를 폐경 이행기, 더 흔하게는 갱년기라고 하며 그 기간은 평균 4~7년입니다.

갱년기는 노화에 따른 자연스러운 현상입니다. 갱년기에는 여성 호르몬 분비량이 절대적으로 감소하고 이에 따라 우울증, 의욕 저하, 성 기능 감퇴, 안면홍조, 불면, 불안, 두근거림 등 다양하고 복잡한 몸의 변화가 나타날 수 있습니다. 이러한 다양한 불편감을 갱년기 장애라고 합니다. 갱년기 여성이 가장 많이 호소하는 증세는 얼굴이 빨개지고, 갑자기 덥거나 추워지는 등 체온 조절이 잘 안 되며, 근육의 피로가 몰려온다거나 가슴에서 뜨거운 열이 위로 치밀어오르는 듯한 느낌입니다. 모두 여성 호르몬 분비량이 적어지면서 나타나는 현상으로, 이제 노화에 대비하라고 몸이 신호를 보내는 것입니다.

그런데 이러한 현상을 그저 인생의 일부분으로 받아들이고 '이것 역시 지나가려니' 하는 느긋한 마음으로 대했다가는 뜻하지 않은 질병으로 고생하게 될 수도 있습니다. 여성 호르몬인 에스트로겐은 우리 몸에서 다양한 기능을 합니다. 골밀도를 유지하여 뼈의 발달을 도와주고, 콜레스테롤을 조절하여 혈관을 건강하고 유연하게 유지하며, 심장 건강에 큰 위협인 염증을 예방해줍니다. 그런데 갱년기에는 에스트로겐이 급격히 감소하므로 골다공증, 고지혈증 등이 생길 위험이 높아집니다.

한번은 약국에 찾아온 50대 여성 손님이 "갑자기 살이 찌거나 고기를 많이 먹은 것도 아닌데 콜레스테롤이 높아졌대요"라며 건강검진 결과지를 보여주었습니다. 저는 갱년기 여성의 몸에서 일어나는 변화를 설명하고 운동과 영양요법을 권했습니다.

갱년기 장애를 위한 치료법을 '호르몬 대체요법Hormone Replacement Therapy, HRT'이라고 부릅니다. 여성의 몸에서 고갈된 호르몬을 인공적으로 몸에 투여해 불편한 증상을 관리해주는 치료법입니다. 호르몬제 알약을 복용하거나 주사제, 패치제를 이용해 치료합니다. 자세한 내용은 158쪽의 '폐경기 호르몬 치료제'를 참고해주세요.

여성 호르몬에 예민한 질환을 앓고 있거나 호르몬 대체요법 시 이상 반응을 경험했다면 생약 성분을 활용한 일반의약품을 쓸 수도 있습니다. 대표적으로 승마 추출물이 있는데, 가족 중에 유방암이나 자궁암 환자가 있거나 여성 호르몬 부작용(오심, 구토, 유방 통증 등)을 많이 느끼는 여성에게 이 약을 권합니다. 다만 심한 갱년기 증상을 관리하는 데는 한계가 있으므로 약사와 상의한 뒤 결정하기 바랍니다.

약국에서 갱년기 건강을 상담하다 보면, 몸이 평소 같지 않고 갑자기 너무 피곤하다는 이야기를 자주 듣습니다. 평소 하던 일을 줄이고서 산책이나 명상 등 여가 활동을 늘리고 어떻게 노후를 보람 있게 보낼지 생각해보는 것은 어떨까요? 식이요법이나 나이에 맞는 운동을 찾아 몸을 건강하게 가꾸는 것도 호르몬 대체요법 이상으로 중요합니다. 저는 약국에 오는 갱년기 여성들에게 갱년기에 적극적으로 대처하는 방법은 단순히 호르몬 분비를 늘리는 게 아니라 제대로 노후를 대비하는 것이라고 강조합니다.

뼈에서 칼슘이 빠져나가지 않도록 막아주는 역할을 하는 여성 호르몬이 폐경이 되면서 줄어들어 골밀도가 급격하게 감소해 골다공증이 발생하곤 합니다. 골다공증은 노년의 삶을 지배하는 질병으로, 골밀도가 감소해 골절 사고나 불의의 사고로 사망하는 일도 많습니다. 골다공증 예방을 위해서라도 적절하게 갱년기에 대처하는 자세가 중요합니다. 칼슘 흡수에 필수적인 비타민D 농도를 충분히 유지하고, 자신에게 맞는 근력 운동을 하기 바랍니다.

만약 가족 중에 갱년기 여성이 있다면 따뜻한 지지와 함께 각별한 관심을 보내주세요. 약국에서 일하면서 본 가장 아름다운 광경은 갱년기 여성을 대하는 남편과 딸의 모습이었습니다. 그동안 자녀들 키우랴 부모님 모시랴 남편 뒷바라지하랴 몸도 마음도 지친 아내가 안쓰러워 남편이 직접 아내의 갱년기에 대해 상담하고 아내에게 영양제를 선물하는 모습이 참 보기 좋았습니다. 또 한번은 20대 초반 여성이 갱년기로 많이 힘들어하는 엄마에게 선물하고 싶다며 영양제를 추천해달라고 찾아왔습니다. 자기 쓸 용돈도 부족할 텐데 엄마 건강까지 생각하는 손님이 참 멋져 보였습니다. 가족의 사랑은 어떤 영양제보다 훌륭한 명약입니다.

10

노인 건강을 위한 안전한 약물 사용법

고객: 약사님, 이 약이 뭐였죠?

약사: 아버님, 기록을 확인해보니 이건 아버님께 처방된 적이 없는 약인데요? 저희 약국 말고 다른 데서 조제하셨어요?

고객: 그래요? 사실 내가 허리가 좀 쑤시고 아프다고 하니까 친구가 한번 먹어보라고 준 건데, 먹어도 되려나?

약사: 아, 아버님 지난주에 정형외과에서 처방받으신 약 있죠? 거기에도 비슷한 역할을 하는 성분이 있어서 그 약 드시면 되는데, 혹시 뭐 불편한 게 있으셨어요?

고객: 그래요? 며칠 먹어도 차도가 없길래 먹다 말았죠. 그럼 계속 먹어봐야겠네.

약사: 아이고, 아버님 지금 복용하시는 심장약 때문에 약을 다양하게 사용하기 어려워서 선생님이 약하게 처방해주고 효과 없으면 다시 병원 오라고 하셨잖아요. 이렇게 친구끼리 약 나눠 드시는 건 너무 위험해요. 그러지 말고 나오신 김에 병원 다시 들러서 진료받고 가세요.

평균 수명의 연장으로 어느 때보다 약물 사용 기간이 늘어나고 다량의 약물을 복용하는 사람들이 늘어나고 있습니다. 이러한 변화는 앞의 사례에서처럼 약물 오남용이 쉽게 일어날 수 있는 환경을 만듭니다. 약은 제대로 사용하면 건강을 유지할 수 있지만, 다량의 약물 복용이나 오남용으로 이어지면 오히려 건강을 잃을 수도 있습니다.

만성 질환이 걸리기 쉬운 연령대가 60대 이후라면, 어르신들은 100세 시대에 40여 년을 기-승-전-약물로 지내야 할 수도 있습니다. 40여 년간 진짜 필요한 약을 제대로 제때 잘 복용하는 문제는 어쩌면 우리 사회의 큰 과제일지도 모릅니다.

국민건강보험공단의 2020년 건강보험 주요 통계에 따르면, 약국을 포함한 요양기관 전체에서 소요된 진료비 중 65세 이상의 진료비가 37조 4737억 원으로 전체 진료비의 43.1%를 차지하는 것으로 나타났습니다. 이때 진료비는 약국에서 지출한 약제비를 포함한 금액으로, 65세 이상의 질환 관리 비용이라고 생각하면 됩니다.

그런데 약국에서 지켜보면 보험 재정으로 받아 간 처방의약품의 많은 수가 폐기의약품으로 약국에 다시 돌아옵니다. 이유는 다양합니다. 집에 약이 남아 있는데도 처방을 계속 받아 쌓인 경우도 있고, 상비약 개념으로 당장 불필요한 약을 처방받았다가 복용하지 않고 오래되어 버리는 경우도 있으며, 처방받은 약을 임의로 복용 중단해서 남은 경우도 있습니다. 이런 약들을 앞의 사례에서처럼 누군가에게 '좋은 의도'로 건네기도 하는데, 이는 약물 오남용 사고를 일으키는 주범입니다.

초고령 사회 진입을 코앞에 둔 우리나라는 노화로 인한 질병을 관리하기 위해 병원 진료를 많이 받고, 그에 따라 처방받은 약을 많이 복용하며, 또 건강 관리를 위해 별도로 영양제를 섭취하는 등 여러 가지 변화가 이미 진행되고 있습니다. 집안의 진열장 한 칸에 즉석밥이나 라면뿐 아니라 1년 치 건강기능식품이 종류별로 저장되어 있을 정도입니다. 약물 오남용에 가장 취약한 그룹인 노인들이 안전한 약물 사용을 위해 지원받고 관리받아야 하는 이유입니다. 그래서 지금부터 노인 약물 복용의 중요성과 올바른 약 복용 습관 그리고 약물 오남용 사례 등을 자세히 살펴보고자 합니다.

노인 약물 복용의 중요성

노화가 시작되면 장기의 기능이 예전보다 많이 떨어집니다. 특히 간이나 신장 기능의 저하는 노인들이 복용하는 약물의 효과와 이상 반응에 영향을 줍니다. 약은 간과 신장을 통해 대사되고 배설되기 때문입니다. 실제로 많은 노인 환자가 다량의 약물을 복용하거나 불필요한 약을 복용해서 간과 신장에 과부하가 걸리는 상황을 자주 봅니다.

대표적인 약물이 노인들이 오랫동안 복용하는 진통제, 이뇨제, 만성 질환 치료제입니다. 약국에서 일하다 보면 검사하기 싫은데 병원에서 자꾸 검사하라고 한다며 불만을 토로하는 노인 환자가 많습니다. 그런데 나이가 들면서 간이나 신장 기능이 변하면 약의 대사와 배설 속도가 달라져 안전성과 효과를 위해 약의 종류나 용량을 변경해야 할 수 있습니다. 그래서 정기적으로 혈액 검사 등의 검사를 통해 장기의 건강 상태를 확인하는 것입니다. 약을 복용하며 질병을 관리해야 하는 기간이 30~40년에 달한다면, 적어도 6개월이나 1년에 한 번씩은 안전한 약물 사용을 위해 병원에서 권하는 검사를 받아야 합니다.

몸이 노쇠하고 근력이 떨어지면서 낙상 사고를 겪거나 신경통, 관절통으로 고생하는 노인이 많습니다. 그래서 다수의 진통제를 과하게 사용하기도 합니다. 병원에서 처방받은 진통제가 있는데도 더 빠른 효과를 위해 집에 있는 일반의약품 진통제도 복용하고, 친구가 효과 좋다고 건네준 마약성 진통제 패치까지 붙이다가 급격하게 신장 기능에 문제가 생긴 사례도 있습니다. 비슷한 효능의 약들을 한꺼번에 투약하는 것이 당장의 진통 효과보다 더 무서운 결과를 가져올 거라고는 미처 생각하지 못한 것이죠.

노인이라면 갑자기 많은 약을 복용하게 되었을 때 중복되는 성분은 없는지 반드시 확인해야 합니다. 스스로 확인하기 어렵다면, 기존에 복용하던 약을 의사나 단골 약국 약사에게 보여주고 일반의약품과의 중복까지 묻고 또 묻기 바랍니다. 과유불급이라고 하지만 노인들의 약 사용에 있어서는 과한 질문과 관심이 모자란 것보다 낫습니다.

특히 약을 복용하면서 평소보다 부종이 생기거나 피로감이 증가했다면 현재 복용하고 있는 약을 모두 가지고 의사나 단골 약국 약사를 찾기 바랍니다. 많은 노인이 몸에 좋지 않은 변화가 왔을 때 '아, 내가 이제 늙었나 보다'라며 대충 넘깁니다. 하지만 많은 사례가 약물 복용으로 인한 부작용이나 간, 신장 독성으로 인한 문제와 연관되어 있으므로 약을 복용하면서 발생한 문제라면 전문가와 함께 점검할 필요가 있습니다.

새로운 약을 복용하고 이상한 느낌이 든다면 약사와 꼭 상담하세요!

고객: 윤 약사, 나 이제 곧 죽을 거 같아요.

약사: 아니 왜요? 무슨 일 있으신 거예요?

고객: 밥을 못 먹은 지가 한 달이 다 되어가는데 이러다가 시름시름 기운이 빠져서 곧 죽을 거 같아서 와봤어요.

약사: 죽긴 왜 죽어요, 어머니. 대체 한 달간 무슨 일이 있으셨던 거예요?

고객: 한 달 전부터 갑자기 우울하고 괜히 눈물도 나고 잠도 못 자고 그래서 신경정신과 가서 약을 타서 먹고 있어요.

약사: 혹시 그 약을 제가 좀 볼 수 있을까요?

고객: 그 약은 처방전을 가지고 약국 가서 조제하지 않고 병원에서 바로 줘서 내가 윤 약사한테 의논을 못 했어요. 지금 바로 집에 가서 가지고 올게요.

어르신이 가져오신 약을 분석해보니 우울증약이 있었습니다. 이 약은 다이어트 클리닉에서 식욕 억제제로 처방할 만큼 식욕 부진, 체중 감소 부작용이 있는데, 어르신은 우울증약의 부작용인지 모른 채 병원에 문의도 하지 않고 꾹 참고서 복용해온 것이었습니다. 어르신께 사정을 설명해드리고, 병원에서 의사와 상의하여 다른 약물로 변경하자 다시 식욕도 돌아오고 삶의 의지도 생겼습니다. 그 뒤로 어르신은 약국에 들를 때마다 우리 윤 약사가 생명의 은인이라며 고맙다고 인사하십니다.

지역에서 27년간 약국을 운영하며 느낀 점 중 하나는 예전에 비해 우울증과 불면증 환자가 급증했다는 점입니다. 그에 따라 우울증약을 복용하는 사람도 많아졌는데, 정말 놀랍게 우울감이 사라지고 일상생활을 잘 유지하는 사람도 있지만, 우울증약으로 인한 다른 부작용을 겪는 사람도 많습니다. 그런데 '지금 약물 치료를 받는 중이니까 이런 부작용 정도는 참아야 하지 않을까?'라고 생각하며 몸의 신호를 무시하는 사람들도 종종 있습니다.

우울증약은 식욕 부진뿐 아니라 계속 졸리고 소화가 안 되는 부작용도 있고, 안절부절못하는 부작용도 있을 수 있습니다. 만일 새로운 약을 복용한 뒤 생긴 변화라면 의사와 잘 상의하여 용량을 조절하거나 다른 약으로 변경하는 방안을 모색할 수 있으니 꼭 가까운 약국에 문의하기 바랍니다.

식욕 부진을 일으키는 우울증약과 더불어 입맛에 변화를 주는 대표적인 약이 클래리트로마이신Clarithromycin이라는 항생제입니다. 위에 사는 헬리코박터균을 죽이는 데 처방하기도 하고 축농증, 기관지염에도 처방하는 약물입니다. 이 약 역시 약 복용 후 며칠이 지나면 식욕이 떨어지고 특히 입맛(침)이 쓰게 느껴지는 부작용이 있는데, 일상생활을 해칠 정도가 아니라면 복용을 유지하기도 합니다. 하지만 도저히 입맛이 없어서 힘들고 맛도 이상하게 느껴져 일상이 힘들다면 의사와 상의하여 다른 항생제로 대체해야 합니다.

식욕은 인간에게 중요한 욕구입니다. 밥솥에서 밥 냄새가 나면 배가 꼬르륵해야 하고 밥상이 차려지면 잘 먹어야 합니다. 하지만 음식을 보고도 먹고 싶은 생각이 들지 않는다면, 신맛이 짜게 느껴지거나 단맛이 짜게 느껴지는 등 미각에 문제가 생겼다면 지금 당장 복용하는 약을 들고 단골 약국이나 처방한 의사를 찾아가 상담하기 바랍니다.

노인 약물 복용 습관

✚ 약 복용 방법 숙지하기

요즘은 조제약 봉투에 용법 등이 잘 표시되어 있지만 제대로 살펴보지 않는 사람들이 여전히 많습니다. 복용해야 하는 약이 많은 노인일수록 약 복용법을 정확히 숙지하는 것이 무엇보다 중요합니다. 아침, 저녁으로 두 번만 복용하는 약인지 아침, 점심, 저녁으로 세 번 복용하는 약인지 횟수를 확인하고, 식전 또는 식후에 복용하는 약인지도 확인해야 합니다.

한번은 50대 여성이 일주일에 한 번 복용하는 무좀약을 월, 화, 수, 목 4일 연속으로 복용하고는 병원에서 한 달분을 처방받았는데 왜 약이 없냐며 약국에 항의하러 왔습니다. 약국에서 복약 상담을 하면서 설명했고 약봉투와 약포지에도 복용법을 표시해드렸는데도 기존의 습관대로 복용한 것입니다.

노인 환자들이 많이 하는 질문 중 하나가 "약을 꼭 식후 30분에 먹어야 하나요?"입니다. 일부 약은 식전 또는 공복에 복용해야 하지만, 일반적으로 '식후 30분'이라고 표시된 약은 식후 즉시 복용해도 됩니다. 식후 30분 복용법이 치료에 특별히 유리하지 않고, 이러한 관행이 오히려 약 복용을 놓치게 한다는 점에 근거해 2017년 9월 서울대병원은 기본 약 복용법을 '식후 즉시'로 변경했습니다. 그래서 최근에는 약국에서도 '식후 즉시'를 일반적 복용법으로 안내하고 있습니다. 식후 30분을 지키려다가 다른 일을 하면서 약 복용을 잊는 경우도 많고, 굳이 30분을 지켜야 할 의학적인 원칙도 없기 때문입니다.

약의 효능 지속 시간에 근거해 5시간 또는 12시간 간격 복용 등으로 복용법을 정해주는 경우도 있습니다. 따라서 약을 복용하기 전에 반드시 약봉투의 복용법을 한 번 더 확인하는 습관을 들이는 편이 안전합니다.

✚ 약병이나 약봉투에 효능과 용법 메모하기

노인들은 워낙에 복용하는 약이 많은데, 약의 효능과 용법 등을 제대로 적어놓지 않아서 사고가 생기기도 합니다. 가족과 함께 사는 공간에서 약봉투나 약병에 아무런 표시도 하지 않은 채 약을 보관하면 자신뿐만 아니라 다른 가족이 약을 함부로 복용하는 상황이 벌어질 수 있습니다. 지금은 생산되지 않지만 예전에는 빈혈약이 마치 달콤한 초콜릿처럼 생긴 분홍색 당의정이었는데, 아이들이 초콜릿인 줄 알고 먹다가 철분 과다로 숨지는 일까지 발생해 약의 제형과 색상이 바뀌기도 했습니다. 또 노인 환자의 기침 시럽을 손자, 손녀가 음료인 줄 알고 먹다가 약화사고로 이어지는 일도 많습니다.

다른 예로, 노인 환자들이 질환 치료 중에 상태가 변하거나 다른 질환 치료 등의 이유로 복용하던 약 중 일부를 빼서 보관할 때 집에 있는 약병을 사용하는데, 무슨 약인지 제대로 표시하지 않아 나중에 약국으로 들고 오는 경우가 많습니다. 그런 약병들을 보면 언제부터 사용했는지도 모를 만큼 위생 상태가 엉망인 것도 많고, 약병 하나에 네댓 가지 약이 뒤섞여 있기도 합니다. 제일 큰 문제는 각각의 약을 언제 조제했는지도 모르는 상황에

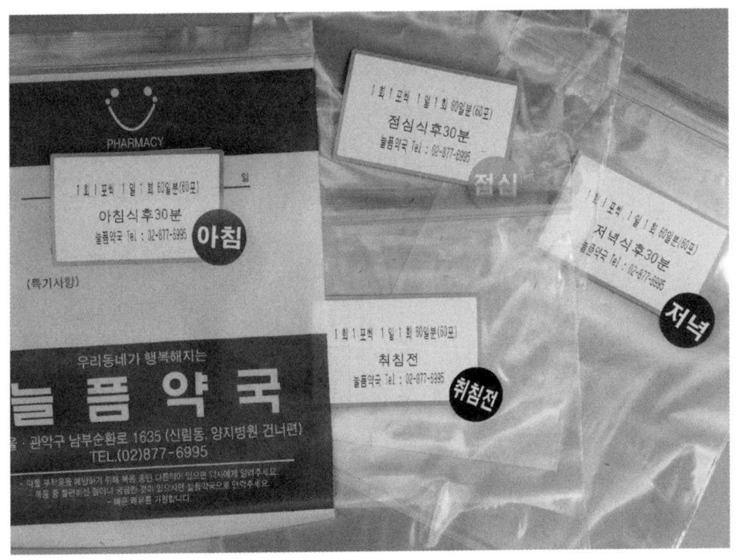

복약 상담용 라벨이 붙은 약봉투

서 약국에서 폐기를 권하면 아깝다고 다시 집으로 가져가는 경우입니다. 만일 특정 사유로 약을 따로 보관해야 한다면 가까운 단골 약국 약사의 도움을 받고, 약의 조제일자나 보관 기간 등이 확인되지 않는 약이라면 과감히 폐의약품으로 버리는 편이 안전합니다.

약 제대로 보관하기

방문약료 서비스를 가보면 약을 잘못 보관하는 노인이 많습니다. 가장 많이 접하는 사례는 먹다 남은 약이나 영양제를 냉장고에 보관하는 경우입니다. 음식에 밀리고 밀려 안으로 들어간 약이나 영양제를 꺼내 보면 5년 전 선물 받은 오메가-3나 비타민제가 개봉도 하지 않은 채 그대로 있는 경우가 많습니다. 또 180일 치, 90일 치 약을 처방받았는데 약이 상할까 봐 김치냉장고에 넣어놓고 꺼내 먹는 경우도 많습니다.

인슐린 주사제처럼 냉장 보관하라고 설명한 약이 아닌 이상 약은 절대 냉장 보관하지 않습니다. 올바른 약 보관 방법은 햇빛이 들지 않은 서늘한 곳에 보관하는 것입니다. 또 다양한 약을 이 방 저 방에 나누어 보관하기보다 자주 이용하는 공간에 약 바구니 등을 이용해 한눈에 보이도록 보관해야 불필요하게 추가로 처방받는 일을 방지할 수 있습니다.

이렇게 잘 보관하고 관리한 약이라도 시간이 흐르면 유효기간이 지납니다. 원칙적으로 처방 조제한 의약품은 처방 조제한 기간을 유효기간으로 봅니다. 예를 들어 30일분을 처방받았다면 그 약은 30일 안에 복용하는 것이 가장 안전합니다. 그런데 노인들이 약국에 가져와 이게 무슨 약이냐고 묻는 약들 중에는 1년도 아니고 3~4년, 심하면 5~6년씩 보관한 약이 허다합니다. 이런 약은 겉으로만 봐도 상태가 좋지 않은데도 노인들은 아깝다고 생각해 약을 버리기 꺼립니다. 필요한 약만 필요한 만큼 처방받으면 좋겠지만, 다양한 연유로 처방받은 뒤 복용하지 않는 약이 다수 발생합니다. 그래서 가능하면 6개월에 한 번씩 약 바구니를 정리해 현재 복용하지 않는 약들은 알약만 챙겨 약국의 폐의약품 수거함에 버리기를 권장합니다.

마지막으로, 노인들이 가장 많이 하는 실수가 여러 약을 한 병에 섞어서 보관하는 것입니다. 약은 성질에 따라 다른 약과 섞이면 변질되는 것도 있는 데다 이렇게 보관하면 나중에 어떤 약인지 헷갈려서 다른 약을 잘못 복용할 수도 있습니다. 따라서 약은 처방받은 처음의 포장 상태로 약봉투까지 그대로 보관하기를 권합니다.

특히 포일(호일) 포장으로 나간 약은 복용할 때마다 포장을 벗겨내야 합니다. 약사가 포일을 벗겨서 조제해주기 싫으니 꼭 따로 준다며 불평하기도 하는데, 이런 약들은 인습성이 강해서 포일을 벗겨 조제하면 약이 습기를 먹어 변색되고 녹기도 합니다. 물론 따로 챙겨 먹어야 하다 보니 잊는 경우가 많아 안타깝지만, 포일 포장의 처방을 바꾸기가 힘들다면 잘 챙겨 먹을 수 있는 방법을 찾아야 합니다. 한 예로, 어떤 어르신은 잊어버리지 않기 위해 미리 한 알씩 포일 포장대로 잘라서 약포지에 테이프로 붙여놓으십니다.

혀 밑에 녹여 먹는 심장약 니트로글리세린은 꼭 갈색 차광병에 보관해야 합니다. 자신만의 약병이 따로 있다면서 흰색 약병에 보관했다가는 잘못된 보관 방법으로 약효가 떨어져 정작 심근경색이라는 응급상황에서 약효를 제대로 보지 못할 수 있습니다. 인슐린을 사용하는 당뇨 환자도 보관 방법을 잘 숙지해야 합

차광병

니다. 주사를 맞기 시작한 인슐린은 실온에 보관하고, 새 인슐린 주사는 냉장 보관하는 것이 원칙입니다. 냉장 온도가 2~8℃인데, 냉장 보관하면 인슐린이 얼어서 약효가 잘 발휘되지 않을 수도 있습니다. 이 외에도 약사가 냉장, 실온, 차광 등 별도의 보관 방법을 설명할 때는 반드시 주의 깊게 듣고 올바르게 보관하기 바랍니다.

노인 약 제대로 보관하기

병원 예약까지 열흘이나 남았는데 약사가 약을 열흘 치나 덜 주어서 약이 없다고 버럭 화를 내며 약국에 오신 어르신이 있었습니다. 그래서 약국의 자동화 조제 기계의 기록을 살펴보았더니 정확한 일수가 조제된 것으로 확인되어 집에 가서 다시 한번 찾아보시라고 말씀드렸습니다. 잠시 뒤 온화한 모습으로 돌아오신 어르신이 여행 갈 때 썼던 가방에 약이 있었다며 사과하셨습니다.

만성 질환을 앓는 노인들은 매일 약을 복용하다 보니 이 가방 저 가방에 조금씩 약을 넣어서 가지고 다니는 일이 꽤 많습니다. 방문약료를 가서 보면 집에서도 작은 방에는 연고가, 안방에는 심장약이, 냉장고에는 안약이 따로 있는 등 약이 한자리에 있지 않은 경우가 많습니다. 그러면 장기적으로 복용하는 약의 관리도 안 되고, 정작 필요할 때 약을 찾지 못할 수도 있습니다. 가능하면 한군데에 약 보관 장소를 정해두고 관리하는 것이 좋습니다.

방문약료를 하면서 경험한 바에 따르면, 구급함처럼 뚜껑이 있는 보관함은 약이 한눈에 들어오지 않는 데 반해 큰 바구니 같은 것을 이용하면 약이 한눈에 보여 편리하고 유효기간도 잘 관리할 수 있습니다. 효능별로 크게 메모해둔 봉투나 지퍼백을 사용하면 한눈에 무슨 약인지 알 수 있어서 찾기도 쉽고 잊지 않고 복용할 수도 있습니다.

✚ 만성 질환 관리를 위한 준비

노화하면서 가장 많이 찾아오는 질환은 아마도 혈압과 당뇨일 것입니다. 이 두 질환은 잘 관리하지 못하면 합병증이 생겨 건강이 급속도로 나빠집니다. 그래서 지속적인 관심을 가지고 관리해야 합니다. 생활습관도 고쳐야 하지만 혈당 측정기나 혈압계를 구비해서 지속적으로 확인하는 것이 무엇보다 중요합니다. 측정 수치가 맘에 안 들게 나오면 기분이 나빠진다며 측정기를 사놓고 사용하지 않는 사람도 많은데, 이는 바람직하지 않습니다. 혈압이나 당뇨는 자주 측정하면 할수록 질환 관리가 잘된다는 통계도 있습니다. 측정을 수시로 하니 무엇이 문제였는지, 어떤 음식이 문제인지 보이고 또 문제점을 자각하게 되어 생활습관을 조심하게 됩니다. 그리고 무엇보다 의사나 약사와 상담할 때 중요한 근거 자료가 됩니다.

혈당 측정기와 혈압계는 고령 사회가 되면서 좀 더 쉽고 간단

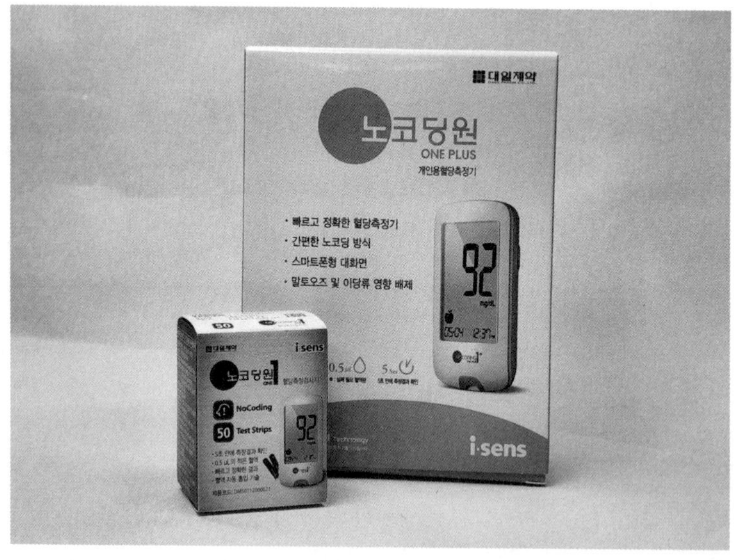

혈당 측정기

혈당검사 기록표

날짜		약품명	혈당(mg/dL) 공복 (아침 식전)	혈당(mg/dL) 식후 2시간	혈압(mmHg)	체중 (kg)	비고
			< 130	< 180	< 140/85		식사(kcal)
5	31		140	190 (아침)	82-130		곰탕. 김치
5	31			250(점심)			짜장면, 단무지
5	31			220(저녁)			김치찌개, 달걀후라이
6	1		138	205(아)			김치찌개. 멸치볶음
6	1			230 (점)			된장국. 버섯볶음
6	1			280 (저)			삼겹살. 묵은지 볶음

당뇨 수첩에 꼼꼼하게 적은 메모

하게 발전하고 있어서 고령자들도 다루기가 어렵지 않습니다. 초반에는 어려워하다가도 금방 익숙해집니다. 수치를 측정한 뒤 수첩에 날짜, 시간, 식사 메뉴 등과 함께 한눈에 볼 수 있게 정리해두면 성공적으로 만성 질환을 관리할 수 있습니다.

장기 복용 약은 부작용에 주의하기

고객: 윤 약사, 나 파킨슨 아니래. 손 떠는 것도 많이 좋아졌고.

약사: 어머나 아버님, 진단이 나온 거예요? 의사 선생님이 뭐라고 하셨어요?

고객: 종합병원을 세 군데나 가봤는데 마지막으로 간 데서 MRI까

지 찍어도 파킨슨병이 아니라고 나온다고 먹는 약을 다 가져와 보래서 가져갔더니 위장약이 원인이었다고 하더라고.

약사로서 정말 부끄러운 일입니다. 갑자기 넘어지시려고 하고 손을 심하게 떠실 때 이분이 복용하고 있는 약을 한 번이라도 들여다보았다면 좋았을 텐데, 죄송한 마음이 들었습니다. 이 어르신은 3년 넘게 레보설피리드 성분의 약을 드셨는데, 레보설피리드는 위장운동을 활성화해 소화 장애를 개선하는 약으로, 유즙이 나오기도 하고 떨림 증세가 보이기도 하며 근육 강직 같은 부작용이 나타나기도 합니다. 이분은 이 약이 없으면 불안해하고 이 약을 먹어야 소화가 잘된다고 느끼셔서 몇 년간 계속 복용하셨는데, 그 약의 부작용이 나타난 것이었습니다. 의사의 충고대로 복용을 중단하니 놀랍게도 손의 떨림이 좋아지고 보행에 문제도 없어졌으며 균형도 잘 잡고 걷게 되셨습니다. 그 후로도 그 소화제가 생각난다며 "윤 약사, 이제 그 약을 조금 먹어도 될까?" 하고 물으셨지만 부작용을 일으킨 약이니 이제 그만 그 약과 작별하시라고 단호하게 말씀드렸습니다.

이처럼 몸의 노화로 인해 소화기계나 근골격계에 생긴 문제를 1년 내내 약으로 버텨보겠다고 약에만 의존하면 장기적인 약물 사용으로 문제가 발생할 수 있습니다. 따라서 내가 먹고 있는 약을 한 번 더 주의 깊게 살펴보는 습관을 가져야 합니다. 아울러 노화로 쇠약해진 부분은 약물 말고 생활습관을 바꾼다든지 다른 방법으로 개선할 수 있도록 고민하기 바랍니다.

✚ 나이 들어 영양제를 많이 먹으면 힘들게 죽는다?

노인들끼리 하는 말 중에 "건강해지려고 보약과 영양제를 많이 챙겨 먹은 사람은 빨리 죽지 못하고 부대끼다가 죽는다"는 말이 있습니다. 맞는 말일까요? 당연히 틀린 말입니다. 100세 시대를 바라보는 오늘날 60세 이후로 노화가 본격적으로 시작된다고 한다면 앞으로 40여 년을 노화와 싸워야 합니다. 최대한 덜 노화하고 현재의 건강 상태를 유지하기 위해서는 운동도 중요하지만, 신체 부위별로 혹은 질병이 하나하나 생길 때마다 그에 맞는 영양제나 건강기능식품을 복용하는 것 역시 중요합니다.

약국에 있다 보면 동네 어르신들의 영양제 상담을 많이 하게 되는데, 각 질병이나 건강 상태를 고려한 영양제나 건강기능식품을 드시고 몸 상태가 훨씬 좋아졌다는 이야기를 많이 듣습니다. 밖에 나가고 싶지도 않을 정도로 피곤해서 날이면 날마다 집에서 TV만 보며 사셨는데 고함량 비타민제를 드시고는 이제 신발 신고 밖으로 나가고 싶어졌다는 어르신, 밤마다 다리가 저리고 쥐가 나서 잠을 설치기 일쑤였는데 칼슘, 마그네슘, 비타민D 복합제를 드시고는 잠을 잘 자서 아침에 일어나면 개운하다는 어르신, 잇몸이 망가지고 이가 시려서 사과를 베어 물지도 못했는데 잇몸 영양제를 드시고는 잇몸 건강이 많이 좋아졌다는 어르신까지 정말 많은 사례가 있습니다.

노화하면서 몸의 어딘가가 나빠지는 것을 느낀다면 지금 당장 단골 약국을 찾아가 증세를 호소하고 영양제나 건강기능식품에 대해 상담해보기 바랍니다. 한 달에 몇만 원쯤 지금의 건강을 유지하기 위한 영양제와 건강기능식품 비용으로 잡아둔다면 노화가 지연되고 삶의 질이 좋아져 즐거운 노후를 보낼 수 있을 거라고 확신합니다.

노후에 건강한 삶을 보내는 것은 인생에서 가장 중요한 숙제입니다

노화가 시작되면 여기저기 아픈 데가 생기고 약도 많이 먹게 되고 우울감도 오고 자주 고집을 부리는 등 좋은 변화보다는 부정적인 변화가 많이 생기는 것이 사실입니다. 그래서 자주 자신의 몸 상태를 들여다보고, 문제가 생기면 원인도 찾고, 치료를 위해 그 어느 때보다 바쁘게 움직여야 합니다.

하지만 '다 늙어서 그런 거지' 하면서 건강 되찾기를 소홀히 하다 보면 몇십 년간 외출도 제대로 못 하는 병약자가 되기도 합니다. 그러다 보면 우울해지고 삶의 질이 떨어진 상태로 노후를 보내게 됩니다. 가족과 함께 즐거운 시간을 보내기도 힘들고 멋진 풍경도 볼 수 없습니다. 정말 안타까운 일입니다.

그래서 60세가 되면 삶의 목표를 '건강하게 살기'에 두고 몸의 변화를 들여다보며 질병을 예방하기 위해 노력해야 합니다. 또한 영양제 챙겨 먹기, 운동하기 등 건강하게 사는 방법을 많이 고민해보기 바랍니다.

PART

5

알고 먹어야 건강에 도움이 되는 영양제 이야기

11

약사님,
영양제가 궁금해요

고객: 약사님, 영양제 하나 사려고 하는데요.

약사: 누가 드실 건데요?

고객: 제가 먹으려고요. 요즘 너무 피곤하고 기운도 없고 그래서요.

약사: 증상을 더 구체적으로 말씀해주실래요? 그래야 고객님의 불편을 해소하는 데 더 효과적인 제품을 추천해드릴 수 있어서요.

고객: 우선 잠자는 게 힘들어요. 최근 업무가 많아져서 그런지 피곤해도 누우면 바로 잠들지 못하고 자꾸 깨서 아침이면 몸이 무겁고 하루 종일 머리가 멍해요.

약사: 아이코, 잠을 제대로 못 자면 모든 게 다 엉망이 되죠. 또 다른 증상은요?

고객: 주말에 푹 자면 머리가 멍한 건 조금 나은데요, 어깨가 결리고 몸이 무거운 건 비슷해요. 어깨가 결려서 그런지 가끔 두통이 생기고 눈이 뻐근하기도 하고요.

약사: 많이 힘드시겠네요. 우선 잠을 잘 자는 게 제일 중요하니까 스트레스 완화에 도움을 주는 테아닌과 전반적인 어깨 결림, 눈의 피로 등에 효과적인 비타민B군을 함께 복용해볼까요? 눈의 피로가 심하면 눈의 피로 개선에 도움을 줄 수 있는 아스타잔틴을 추가해도 괜찮고요.

영양제란 건강 개선 목적으로 섭취하는 다양한 보충제를 말합니다. 한국건강기능식품협회에서 발간한 《2022 건강기능식품 시장 현황 및 소비자 실태 조사》에 따르면 2022년 건강기능식품 구매 경험률은 82.6%로 10가구 중에서 8가구 이상이 건강기능식품을 한 차례 이상 구매한 것으로 나타났습니다. 2017년 71.6%에서 10% 넘게 상승했는데, 그만큼 영양제를 먹는 사람이 계속 증가하고 있다는 뜻입니다.

'영양제'라는 단어는 원칙적으로 의약품에만 사용할 수 있습니다. 약과 건강기능식품은 역할이 다르므로 소비자의 오인을 방지하기 위해 가이드라인을 정했지만 현실에서는 혼용되어 쓰입니다. 그렇다면 영양제로 불리는 일반의약품과 건강기능식품에는 어떤 차이가 있을까요?

영양제: 일반의약품 vs 건강기능식품

일반의약품과 건강기능식품은 사용 가능한 원료와 제형, 제품의 표시 및 광고에 사용할 수 있는 단어 등 많은 부분에서 차이가 있습니다. 가장 큰 차이는 고객의 제품 구매 방법입니다.

건강기능식품은 건강기능식품 판매업소로 등록한 온라인 사이트나 오프라인 매장뿐 아니라 해외 직구로도 자유롭게 구매할 수 있지만, 일반의약품은 약국에서만 구매할 수 있습니다. 약국에서만 구매할 수 있다는 것은 소비자의 안전을 위해 전문가가 한번 더 관리·감독할 수 있도록 규제한다는 의미입니다. 일반의약품과 건강기능식품의 사용 목적이 다르기 때문인데, 일반의약품은 질병의 치료나 예방을 목적으로 사용하지만, 건강기능식품은 영양소 조절 및 보건 용도에 유용한 기능을 목적으로 사용합니다.

예컨대 철분 결핍으로 빈혈이 발생해 치료가 필요한 상황이라면 의약품을 사용하고, 평소 식단에서 철분 섭취가 부족한 상태를 관리할 목적이라면 건강기능식품을 사용하도록 한 것입니다. 그래서 비타민과 미네랄은 대개 일반의약품이 건강기능식품보다 높은 함량으로 설계되고, 같은 함량의 비타민과 미네랄이라도 두 제품에 표시되는 내용이 다릅니다. 대표적 예로 비타민A와 비타민C를 살펴보겠습니다.

	일반의약품 효능·효과	건강기능식품 기능성 내용
비타민A	• 눈의 건조감 완화 • 야맹증(밤에 잘 못 보는 증상)	• 어두운 곳에서 시각 적응을 위해 필요 • 피부와 점막을 형성하고 기능을 유지하는 데 필요 • 상피세포의 성장과 발달에 필요
비타민C	• 햇빛·피부병 등에 의한 색소 침착(기미, 주근깨) 완화 • 잇몸 출혈, 비출혈(코피) 예방	• 결합조직 형성과 기능 유지에 필요 • 철의 흡수에 필요 • 항산화 작용을 해 유해산소로부터 세포를 보호하는 데 필요

우선 일반의약품과 건강기능식품은 섭취 후 결과를 표현하는 용어가 다릅니다. 의약품은 '효능·효과', 건강기능식품은 '기능성 내용'으로 표시합니다. 각 비타민과 미네랄에 적용되는 구체적 사항은 '의약품의 표준 제조 기준'과 '건강기능식품의 기준 및 규격'에 규정되어 있습니다.

같은 비타민과 미네랄인데 이렇게 차이를 둔 이유가 무엇일까요? 소비자가 건강기능식품을 약으로 오인하거나 혼동하지 않도록 보호하기 위해서입니다. 비타민C 섭취가 부족하면 건강기능식품의 기능성 내용처럼 결합조직 형성과 기능 유지가 잘되지 않아 일반의약품에 표시된 잇몸 출혈이나 비출혈(코피)이 자주 발생할 수 있습니다. 그러나 건강기능식품에 일반의약품처럼 비타민과 미네랄 결핍으로 인한 구체적 증상이나 질환을 표기하면 소비자가 건강기능식품을 약으로 오인할 수 있습니다. 그래서 '2021 건강기능식품 표시·광고 가이드라인'에서는 광고

올바르지 못한 용어	올바른 용어
식품, 건강식품, 건강기능성식품, 기능성제품, 건강보조식품	건강기능식품
영양제, 영양보조제, 보충제	영양 보충용 제품
비타민제, 칼슘제, 칼슘 보충제 등	비타민 보충용 제품, 칼슘 보충용 제품 등
알약	정제
임상시험	인체적용시험
약국용, 병원용	약국 내 건강기능식품 코너, 병원 내 건강기능식품 코너
약용 식품, 약용 작물	전통 식품
복용	섭취
처방	배합

2021 건강기능식품 표시·광고 가이드라인

시안을 작성할 때도 건강기능식품에 맞는 용어를 선택하도록 강조합니다.

이 가이드라인은 식품 등의 표시·광고에 관한 법률(식품 표시 광고법) 제8조 '부당한 표시 또는 광고 행위의 금지'에 근거합니다. 해당 법률은 건강기능식품 등에 소비자가 질병의 예방·치료에 효능이 있다고 인식할 우려가 있는 표시·광고를 금지합니다. 세부 사항은 식품 표시 광고법 시행령에서 규정하는데, 그중 하나가 '질병의 특징적인 징후 또는 증상에 예방·치료 효과가 있다는 내용의 표시·광고'를 금지하는 것입니다. 그래서 같은 비타민, 미네랄이라도 일반의약품은 결핍 증상을 명확하게 표시하지만, 건강기능식품은 일반적인 생리적 기능만 표시합니다.

비타민과 미네랄은 일반의약품과 건강기능식품의 주의 사항에 표시되는 내용도 다릅니다. 이번에도 비타민A와 비타민C를 비교해보겠습니다.

	일반의약품 필수 표기 주의 사항	건강기능식품 필수 표기 주의 사항
비타민A	구역, 구토, 가려움, 건조하고 거친 피부, 통증성 관절 부종	없음
비타민C	구역, 구토, 설사	없음

일반의약품의 비타민과 미네랄 함량이 건강기능식품보다 높아서 그럴까요? 꼭 그렇지는 않습니다. 그렇다면 주의 사항이 다른 이유는 무엇일까요? 정확한 근거를 찾기는 어렵지만, 아마도 소비자에게 건강기능식품이 '과도한 두려움'을 주지 않도록 하기 위함이 아닐까 생각합니다. 만일 건강기능식품의 주의 사항에 저런 내용이 표시한다면 사람들이 구매를 망설여 비타민, 미네랄 부족 증상을 초기에 관리하기 어려울 것입니다.

일반의약품에 표시된 비타민, 미네랄의 주의 사항은 대개 고용량을 장기간 섭취할 때 나타나는 문제로, 부족한 상태를 관리할 때 섭취하는 용량에서는 안심해도 괜찮습니다. 하지만 두 가지 이상의 영양제를 먹는다면 총합이 '상한 섭취량'을 넘지 않도록 확인해야 합니다. 상한 섭취량이란 사람이 섭취했을 때 해로운 영향이 나타나지 않는 최대 영양소 섭취 수준으로 '2020 한국인 영양소 섭취 기준'에 정해져 있습니다.

일반의약품과 건강기능식품의 마지막 차이점은 각각의 범주에서만 사용할 수 있는 원료가 있다는 점입니다. 영양소인 비타민, 미네랄은 과학적 근거가 풍부해 둘 다 사용하지만, 프로폴리스 추출물과 같은 추출물 형태의 원료는 건강기능식품에서만 사용하는 것이 많습니다.

추출물은 다양한 물질이 섞여 있어 원료의 품질을 결정하는 '핵심 성분(기능 성분 혹은 지표 성분)'을 정해도 그 외의 세부 물질 구성은 원료마다 다릅니다. 그래서 사람마다 섭취 후 반응이 조금씩 다를 수 있습니다. 약은 대개 하나의 성분으로 많은 사람에게 같은 효과를 내야 하므로 이런 추출물을 약으로 쓰는 데는 한계가 있습니다. 이 차이는 건강기능식품의 기능성 및 일반의약품의 효능·효과 허가 과정을 살펴보면 쉽게 이해할 수 있습니다.

건강기능식품은 세포 및 동물시험에서 원료의 안전성과 작용기전이 확인되면 20~30명 정도의 소규모 인체적용시험 한 건으로도 새로운 기능성 허가가 가능합니다. 하지만 일반의약품은 사용 경험이 길고 임상시험의 규모가 크거나 횟수가 더 많아야 효능·효과가 허가됩니다(세부 사항은 원료마다 다릅니다). 즉, 건강기능식품 시장에서 아무리 평가가 좋아도 의약품 기준에 맞춰 별도의 허가 절차를 밟지 않으면 그 원료는 계속 건강기능식품에서만 활용됩니다. 예컨대 마리골드꽃 추출물(기능 성분 '루테인')은 노화로 감소하는 황반색소 밀도 유지에 도움을 줄 수 있는 눈 건강 원료로 건강기능식품에서 활용하지만, 특정 질환이나 상태를 치료하기 위한 목적의 의약품으로는 쓰지 않습니다.

두 범주 모두에서 활용하는 원료라도 의약품 원료와 건강기능식품 원료의 관리 기준이 다르기도 합니다. 한 예로, 간 건강에 도움을 줄 수 있는 '밀크씨슬 추출물'은 건강기능식품에서는 기능 성분 '실리마린'으로서 하루 130mg만 허가되나 일반의약품에서는 밀크씨슬 추출물로서 350mg(실리마린 196mg)을 활용합니다.

이렇듯 건강기능식품과 일반의약품은 차이점이 많지만, 이 책에서는 독자의 이해를 돕기 위해 '영양제'라는 단어를 일반 명칭으로 사용합니다.

건강기능식품 vs 건강식품

건강기능식품은 인체에 유용한 기능성이 있는 원료나 성분을 사용해 제조한 식품으로 정의합니다. 과거에는 특수영양식품, 건강보조식품 등으로 분류하다가 2004년 건강기능식품에 관한 법률을 시행하면서 건강기능식품을 기본 용어로 입법화했습니다.

건강기능식품은 '건강기능식품 기준 및 규격'에 허가된 형태,

원료, 기능성 등으로만 제조할 수 있으며, 소비자들이 약으로 오인하지 않도록 제품의 포장이나 온라인 광고 등 모든 표시·광고 사항을 한국건강기능식품협회에서 관리합니다. 반면 건강식품은 일반적으로 건강에 도움을 주는 식품을 의미하지만, 식품위생법상 명확한 분류 기준이 없고 특정 기능성 평가 기준도 없습니다. 더 정확하게 설명하면, 건강식품은 배즙, 흑염소즙, 여주즙, 새싹보리 등 일반 식품 중에서 건강에 좋다고 유명해진 식품의 광고를 위해 판매자들이 만든 말입니다. 그래야 소비자와 소통하기 편하고, 건강에 더 도움이 되는 것 같은 느낌을 줄 수 있으니까요.

그런데 건강식품으로 불리는 많은 제품에는 특별한 함량 및 기능성 평가 기준이 없습니다. 특수 용도 식품과 기능성 표시 식품은 평가 기준이 있고, 판매 전에 자율적 광고 심의도 운영하지만, 다수의 건강식품은 여기에 해당하지 않습니다. 그래서 건강식품의 허위·과대·과장 광고 비율은 건강기능식품에 비해 매우 높습니다.

그렇다면 실제 허위·과대·과장 광고 비율은 얼마나 될까요? 2021년 국회 보건복지위원회 소속 김원이 의원이 식품의약품안전처에서 받은 자료를 분석한 바에 따르면, 식품의 부당 광고 적발 건수는 건강기능식품보다 '식품'이 약 5배 많습니다. '건강식품'이 공식 용어는 아니므로 '식품'으로 포괄하여 표시하는 것입

(단위: 건)

구분		합계	2018	2019	2020	2021. 7
식품 부당 광고	방송 CF	7	6	0	0	1
	온라인 및 SNS	92,480	31,329	34,509	16,600	10,042
	팸플릿 등 출력물	583	209	219	137	18
	텔레마케팅	0	0	0	0	0
	합계	**93,070**	**31,544**	**34,728**	**16,737**	**10,061**
건강기능 식품 부당 광고	방송 CF	2	1	1	0	0
	온라인 및 SNS	26,874	10,901	9,799	3,981	2,193
	팸플릿 등 출력물	263	19	50	191	3
	텔레마케팅	0	0	0	0	0
	합계	**27,139**	**10,921**	**9,850**	**4,172**	**2,176**

식품 및 건강기능식품 부당 광고 적발 현황

출처: 김원이 의원실

니다. 자료를 보면 제대로 관리되지 않는 부분도 눈에 띕니다. 특히 유명 연예인을 모델로 내세워 전화로 제품을 판매하는 텔레마케팅은 식품이나 건강기능식품 모두 적발 현황이 없어 이러한 사각지대를 더 엄격하게 관리해야 할 필요성이 강조되고 있습니다.

소비자가 건강기능식품을 구분하는 가장 쉬운 방법은 '건강기능식품' 표시를 확인하는 것입니다. 제품의 박스나 병 등 외포장에 정확히 표시되므로 이 표시가 없다면 건강기능식품이 아닙니다. 수입한 건강기능식품에 한글로 된 건강기능식품 마크가 없다면 식품의약품안전처에 정식으로 신고하고 수입한 제품이 아니므로 품질의 안전성을 보장할 수 없습니다.

건강기능식품 확인 마크

고시형 원료 vs 개별인정 원료

건강기능식품 원료는 고시형 원료와 개별인정 원료(개별인정형 원료)로 나뉩니다. 고시형 원료는 '건강기능식품의 기준 및 규격'에 등재된 원료로, 해당 규격만 통과하면 많은 업체가 사용할 수 있습니다. 반면 개별인정 원료는 기존에 사용하지 않던 새로운 기능성이나 원료에 대해 각 업체가 별도의 자료를 제출해 기능성을 인정받습니다. 따라서 해당 기능성을 인정받은 업체가 독점적 권리를 가져 고시형 원료보다 대개 가격이 비쌉니다. 그러면 가격이 비싼 개별인정 원료가 더 좋은 걸까요? 일반적인 오해와 달리 그렇지 않습니다.

고시형 원료		개별인정 원료	
원료명	기능성	원료명	기능성
바나바잎 추출물	혈당 건강	미숙여주주정 추출분말	혈당 건강
마리골드꽃 추출물	눈 건강	루테인지아잔틴 복합추출물	눈 건강
감마리놀렌산 함유 유지	콜레스테롤	폴리코사놀-사탕수수왁스알코올	콜레스테롤
MSM	관절 건강	초록입홍합 추출오일	관절 건강
녹차 추출물	체지방 감소	락토바실러스 가세리 BNR17	체지방 감소

고시형 원료와 개별인정 원료의 대표적 예

고시형 원료는 우리 몸의 정상적인 기능 유지에 필요한 비타민, 미네랄 등의 '영양소'와 인체 구조와 기능에 작용해 건강 유지와 개선을 돕는 '기능성 원료'로 구분합니다. 개별인정 원료도 기능성 원료로 구분합니다. 그렇다면 고시형 원료와 개별인정 원료의 차이는 무엇일까요?

고시형 원료는 국내외에서의 사용 경험과 인체적용시험 등 근거 자료가 많고, 기능·지표 성분으로서 원료를 관리할 때 원료별 편차가 핵심 기능에 영향을 줄 만큼 인정되지 않는 원료입니다. 그래서 '건강기능식품의 기준 및 규격'이 정한 제조 기준과 규격만 통과하면 같은 기능성을 가진 원료로 인정합니다. 많은 업체가 원료사의 연구 활동, 기술력, 업력 등을 광고하지만, 식품위약품안전처 기준에서는 고시형 원료를 평가할 때 그 차이가 섭취 후 결과에 큰 영향을 준다고 보지 않습니다.

고시형 눈 건강 원료인 마리골드꽃 추출물의 제조 기준 및 규격

1) 제조 기준

① 원재료: 마리골드 Tagetes erecta의 꽃

② 제조 방법: 상기 ①의 원재료를 헥산 또는 이산화탄소(초임계추출)로 추출, 검화한 후 결정화시켜 제조하여야 함. 결정화 과정 중 초산에틸 사용 가능함.

③ 기능 성분(또는 지표 성분)의 함량: 루테인을 700mg/g 이상 함유하고 있어야 함.

2) 규격

① 성상: 고유의 색택과 향미를 가지며 이미·이취가 없어야 함.

② 루테인

- 원료성 제품: 표시량 이상
- 최종 제품: 표시량의 80~120%

③ 잔류 용매(해당 용매를 사용한 경우에 한함)

- 헥산(mg/kg): 5.0 이하
- 초산에틸(mg/kg): 50.0 이하

④ 중금속

- 납(mg/kg): 1.0 이하
- 카드뮴(mg/kg): 1.0 이하
- 수은(mg/kg): 1.0 이하
- 비소(mg/kg): 1.0 이하

⑤ 대장균군: 음성

개별인정 원료는 기존에 국내에서 사용한 경험이 없는 새로운 원료나 기능성에 대해 해당 업체가 원료의 기준과 규격을 직접 정하고 기능성과 안전성 입증 자료를 제출해 별도로 기능성을 인정받습니다. 각 원료의 기능성을 개별적으로 인정받는다는 의미에서 '개별인정 원료'라고 합니다.

개별인정 원료는 크게 두 가지로 나뉩니다. 하나는 해외에서 사용한 경험이 있으나 국내에 처음 도입되는 원료이고, 다른 하나는 국내에서 처음으로 개발한 원료입니다. 예컨대 수면 건강 기능성이 허가된 감태 추출물과 미강주정 추출물은 국내에서 처음 개발했고, 락티움-유단백가수분해물은 프랑스에서 개발하고 국내 허가 기준에 맞는 자료를 제출해 기능성을 허가받았습니다. 즉, 기존의 '건강기능식품 기준 및 규격'에 없는 원료라서 개별적으로 허가받을 뿐 고시형 원료보다 기능성이 뛰어나다고 평가하지는 않습니다.

개별인정 원료도 기능성을 인정받은 날로부터 6년이 지나고, 생산 실적이 있는 품목제조신고*가 50건 이상이면 고시형 원료로 전환될 수 있습니다. 생산 실적이 있는 품목제조신고가 많다는 것은 시장에서 이 정도 수량의 제품에 활용할 만큼 원료의 생

* 품목제조신고란 건강기능식품을 생산하기 전에 제품명, 원료, 함량, 제조공정 등을 신고하는 것으로 이것이 통과되지 않으면 제품을 제조 및 판매할 수 없습니다.

산이 안정적이거나 어렵지 않다는 뜻입니다. 그래서 개별인정을 받은 지 6년이 지난 원료라도 원료의 생산성(원료의 특성상 연간 원료 생산량이 제한적인 경우도 있습니다), 시장성(원료 가격, 소비자의 재구매 인지도 등) 혹은 원료사 수급 조절로 품목제조신고가 적다면 장기간 개별인정 원료로 유지되기도 합니다.

약사와 건강기능식품 상담이 필요한 사람들

건강기능식품은 백화점, 대형할인점, 인터넷몰, 방문 판매, TV 홈쇼핑, 약국 등 다양한 곳에서 구입할 수 있습니다. 하지만 다음에 해당한다면 반드시 약국에서 약사와 상담한 뒤 건강기능식품을 구매해야 합니다.

✚ 최근에 고혈압이나 당뇨병 등 만성 질환으로 약을 복용하기 시작한 사람

이럴 때는 처방받은 약의 작용을 고려한 영양제 선택이 필요합니다. 간혹 만성 질환으로 처음 약을 처방받은 사람들이 약은 먹지 않고 무분별하게 영양제를 복용해 급작스레 상태가 나빠지기도 합니다.

건강기능식품은 질환의 발생 위험이 큰 불건강 상태를 개선하거나 질환의 진행 속도를 조절하고 합병증을 예방하기 위한 목적으로 연구됩니다. 건강기능식품이 우리 몸의 조절 능력을 개선해 질환 관리에 도움을 줄 수 있지만, 약만큼 빠르고 강하게 생리적 기능을 조절할 수는 없습니다. 따라서 약으로 빠르게 정상 범위를 회복시켜야 하는 시기에 영양제를 잘못 활용하면 오히려 질환의 진행 속도가 급격히 빨라질 수 있습니다.

질환자의 영양제 선택 기준은 질환 단계별 처방약 구성에 따라 달라집니다. 이제 막 처방약 복용을 시작했다면 전문가와 상담한 뒤 영양제를 구매하기 권합니다.

✚ 건강검진에서 주의 혈압이나 공복 혈당 장애 등 질환 전 단계로 구분되어 생활습관 관리를 권고받은 사람

질환 전 단계가 질환으로 발전하지 않으려면 단순히 건강기능식품 몇 가지만으로는 안 됩니다. 나쁜 식습관이나 생활습관 혹은 직장까지 건강을 위해 바꿀 수 있는 것은 최대한 바꿔야 합니다. 그래서 전문가와 함께 정확한 목표를 설정하고 적절한 관리법을 정하는 것이 무엇보다 중요합니다.

모든 것을 한 번에 바꾸기는 불가능하고 지속하기도 어렵습니다. 따라서 지금의 건강 상태와 일상 환경을 고려해 무엇을 먼저 개선할지 정하고 노력해야 합니다. 만일 지금 주의 혈압 등으로 집중적 건강 관리가 필요하다면 가까운 약국의 약사를 건강 관리 파트너로 삼아 상담하기 권합니다.

✚ 각종 영양제를 먹어도 불편 증상이 개선되지 않는 사람

'개인 맞춤형 건강기능식품' 사업 법제화를 앞두고 다수의 업체가 건강 설문을 활용한 개인 맞춤형 건강기능식품 사업을 준비하고 있습니다. 설문 운영 방식은 다양하지만, 큰 틀에서는 식습관 및 불편 증상을 묻고 각각의 상황에 도움이 되는 성분이나 제품을 추천합니다. 질문은 다양하지만 건강 설문만으로 핵심 문제를 찾기는 어렵습니다. 예를 들어 피로감의 증상이나 정도가 갑상샘 기능 저하증 등 특정 질환에 의한 것인지 단순 피로인지 건강 설문은 구분할 수 없습니다.

따라서 건강 설문 등으로 추천받은 각종 영양제를 먹어도 불편 증상이 나아지지 않는다면 꼭 약국에서 약사와 상담하기 바랍니다. 이때 현재 본인이 먹고 있거나 과거에 먹었던 영양제 정보를 함께 가져가면 적절한 해결 방안을 찾는 데 도움이 됩니다.

건강기능식품을 먹을 때 주의 사항을 꼭 확인하세요!

건강기능식품 라벨에는 제품의 먹는 방법, 원료명 등 다양한 정보가 표시됩니다. 안전하게 건강기능식품을 먹기 위해서는 먹는 방법과 함께 먹을 때 주의 사항도 꼼꼼하게 살펴야 합니다. 먹을 때 주의 사항은 개인에 따른 과민 반응을 위해 원료를 꼭 확인하라는 내용의 공통 주의 사항과 각 원료에 대해 알려진 별도의 주의 사항이 함께 표시됩니다. 예를 들어 프로바이오틱스를 먹을 때 주의 사항에는 일반적인 내용 외에 원료마다 표시해야 하는 내용이 규정되어 있기도 합니다. 또 건강기능식품 재평가 결과에 따라 주의 사항이 추가되기도 합니다. 건강기능식품 재평가는 기능성 원료 인정 후 10년이 지난 원료를 대상으로 하는 주기적 재평가와 새로운 위해 정보 등이 확인되어 신속하게 재평가가 필요할 때 실시하는 상시적 재평가로 나뉩니다.

체지방 감소에 도움을 줄 수 있는 녹차 추출물에는 "카페인이 함유되어 있어 초조감, 불면 등을 나타낼 수 있음"이라는 주의 사항이 표시됩니다. 따라서 평소 카페인에 예민한 사람은 이 원료가 들어 있는 제품을 먹을 때 주의해야 합니다.

① 어린이, 임산부 및 수유부는 섭취를 피할 것
② 간질환이 있거나 의약품 복용 시 전문가와 상담할 것
③ 카페인이 함유되어 있어 초조감, 불면 등을 나타낼 수 있음
④ 식사 후 섭취할 것
⑤ 카페인을 함유한 식품의 섭취에 주의할 것
⑥ 이상 사례 발생 시 섭취를 중단하고 전문가와 상담할 것

녹차 추출물을 먹을 때 주의 사항

12

알고 먹어야 도움이 되는 비타민과 미네랄

고객: 약사님, 나 비타민 좀 하나 먹어볼까 하는데…

약사: 어떤 것 때문에 그러세요? 비타민도 종류가 다양하거든요.

고객: 아, 그래요? 아니, 친구가 내가 요즘 여기저기 아프다고 하니까 비타민D인가 그걸 먹어보라고 하더라고. 자기는 그거 먹고 다 좋아졌다면서.

약사: 아, 그분은 비타민D 수치가 많이 낮으셨나 봐요. 비타민D가 뼈 건강 외에도 여러 가지 생리적 기능에 관여하다 보니 심각하게 결핍된 분들은 그런 반응이 나오기도 해요. 그런데 어머님은 또 다를 수도 있어서요, 구체적으로 어떤 점이 불편한지 말씀해주시면 제가 적절한 비타민을 추천해드릴게요.

비타민, 미네랄을 영양제로 먹는 이유

비타민과 미네랄은 건강 관리를 위해 섭취하는 대표적 영양제입니다. 비타민과 미네랄은 몸에서 합성되지 않거나 합성되더라도 그 양이 적어 반드시 식사를 통해 충분히 섭취해야 합니다. 비타민과 미네랄은 종류에 따라 체내에서 작용하는 부분이 다릅니다. 그래서 건강을 위해 균형 잡힌 영양소 섭취를 강조합니다.

하지만 매끼 영양소 균형을 챙겨가며 식사하기란 쉽지 않습니다. 또 환경의 변화로 우리가 섭취하는 식품의 영양소도 변하고 가공식품 섭취량도 계속 늘어납니다. 국민건강영양조사 결과를 보면 우리가 평소 식사로 섭취하는 영양소가 얼마나 부족한지 짐작할 수 있습니다.

국민건강영양조사의 영양소 섭취 실태 조사는 영양사 2명으로 구성된 영양조사팀이 대개 집(가구)을 방문해 개별 면접으로 진행합니다. 조사 1일 전 섭취한 음식 및 식품, 식행태 및 식이보충제 이용 여부, 에너지 및 영양소 주요 기여 음식 섭취 빈도 등을 조사합니다. 2021 국민건강영양조사 결과를 보면 칼슘, 비타민A, 엽산, 비타민C는 권장 섭취량 대비 전반적으로 적게 섭취하는 것으로 나타났습니다. 그래서 평소 건강에 불편함을 느끼는 사람들이 가장 쉽게 접근하고 많이 구매하는 것이 비타민과 미네랄이 아닐까 생각합니다.

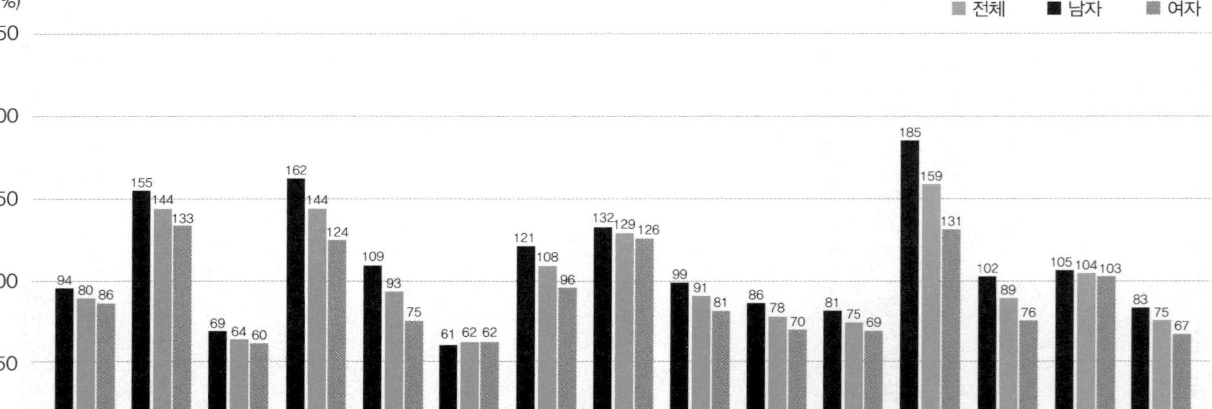

* 영양소 섭취 기준에 대한 섭취 비율: 영양소 섭취 기준에 대한 개인별 영양소 섭취량 백분율의 평균값. 만 1세 이상(나트륨 9세 이상, 콜레스테롤 19세 이상)
* 영양소 섭취 기준: 2021 한국인 영양소 섭취 기준(보건복지부, 2021)
* 2021년 추계인구로 연령 표준화

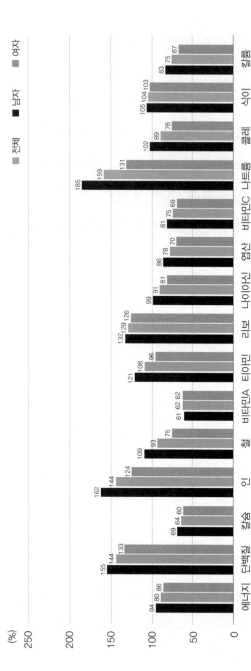

한국인의 영양소 섭취 기준에 대한 영양소 섭취 비율

출처: 2021 국민건강영양조사

비타민과 미네랄의 역할

비타민은 우리 몸에서 각종 효소의 작용을 촉매하는 조효소(보조효소)로 작용합니다. 따라서 비타민이 부족하면 대사 효소와 항산화 효소 등이 제대로 작동하지 못해 각종 생리적 기능에 문제가 발생합니다.

비타민은 지용성과 수용성 비타민으로 나뉩니다. 지용성 비타민은 지방에 녹는 비타민으로, 우리 몸에 흡수되면 간과 지방 조직에 저장됩니다. 따라서 매일 섭취하지 않아도 짧은 기간에 결핍증이 나타나진 않습니다. 다만 평소 식사에서 장기간 권장 섭취량 이하로 먹으면 건강에 부정적 영향을 줄 수 있어 권장 섭취량 내외의 적정량을 영양제로 활용합니다. 지용성 비타민은 비타민A, D, E, K가 있습니다.

수용성 비타민은 물에 녹는 비타민으로, 지용성 비타민처럼 체내에 저장되지는 않습니다. 따라서 수용성 비타민은 매일 식사를 통해서 충분히 섭취하는 것이 무엇보다 중요합니다. 수용성 비타민은 비타민B군(비타민B1, B2 등 8종류의 비타민B를 묶어 비타민B군이라고 부릅니다)과 비타민C가 있습니다.

지용성 비타민은 조직에 저장되므로 두 가지 이상의 영양제를 먹을 때 과량 섭취에 주의해야 합니다. 수용성 비타민은 비타민C처럼 상한 섭취량이 정해진 것을 제외하면 과량 섭취해도 대부분 소변으로 배출되어 큰 문제가 없습니다.

수용성 비타민	지용성 비타민
물에 녹는 비타민 과다 섭취량은 소변으로 배출 체내 저장되지 않음 매일 소량 섭취 필요	기름에 녹는 비타민 지방(음식)과 함께 섭취 권장 간이나 지방조직에 저장 과량 섭취 주의
비타민B군, 비타민C	비타민A, 비타민D, 비타민E, 비타민K

미네랄은 '무기질'이라고 하며, 건강 유지에 필수적인 영양소로 체내에서 합성되지 않습니다. 미네랄은 우리 몸에 필요한 양에 따라 다량 미네랄과 미량 미네랄로 나뉩니다. 다량 미네랄은 우리 몸의 생리적 기능을 유지하는 데 필요한 양이 하루에 100mg 이상인 것으로, 나트륨Na, 칼륨K, 칼슘Ca, 인P, 마그네슘Mg, 염소Cl, 황S이 여기에 해당합니다. 미량 미네랄은 하루에 필요한 양이 100mg 미만으로, 철Fe, 구리Cu, 크롬Cr, 망간Mn, 셀레늄Se, 아연Zn 등이 있습니다.

무기질은 각각 고유의 역할이 있습니다. 그래서 무기질이 부족하거나 결핍되면 체내 수분 평형 및 호르몬과 신경 전달 물질의 작용, 근육의 수축과 이완 등 다양한 생리적 기능에 문제가 발생할 수 있습니다.

다량 미네랄	미량 미네랄
하루에 필요한 양이 100mg 이상	하루에 필요한 양이 100mg 미만
나트륨(Na), 칼륨(K), 칼슘(Ca), 인(P), 마그네슘(Mg), 황(S), 염소(Cl)	철(Fe), 아연(Zn), 요오드(I), 셀레늄(Se), 구리(Cu), 망간(Mn), 불소(F), 크롬(Cr), 몰리브덴(Mo) 등

각 영양소의 권장 섭취량 및 상한 섭취량은 '한국인 영양소 섭취 기준'에서 설정합니다. 이 자료는 보건복지부·한국영양학회가 5년마다 개정하며, 비타민과 미네랄의 생리적 기능과 과량 섭취 시 부작용 등을 고려해 다섯 가지의 섭취량을 설정합니다. 현재는 2020 한국인 영양소 섭취 기준*을 활용합니다.

평균 필요량

평균 필요량은 건강한 사람들의 1일 영양소 필요량의 중앙값(전체 값을 나열했을 때 중앙에 위치하는 값)으로부터 산출합니다. 특정 영양소 섭취량에 민감하게 반응하는 기능적 지표 및 영양 상태 평가 기준이 명확할 때만 설정합니다.

* '2020 한국인 영양소 섭취 기준'은 보건복지부 홈페이지(https://url.kr/ctymzs)에서 자료를 내려받을 수 있습니다.

✚ 권장 섭취량

인구 집단의 97~98%에 해당하는 사람들의 영양소 필요량을 충족하는 섭취량입니다. 평균 필요량을 활용하여 설정하므로 역시나 건강한 사람을 대상으로 한 과학적 근거가 확실할 때만 설정합니다.

✚ 충분 섭취량

평균 필요량과 권장 섭취량을 설정할 만큼 명확한 기능적 지표 등의 과학적 근거가 부족할 때 설정합니다. 실험 연구나 관찰 연구에서 확인된 건강한 사람들의 영양소 섭취량의 중앙값을 기준으로 설정하며, 정확히 몇 퍼센트의 사람들에게 유용한 값인지는 불확실합니다.

✚ 상한 섭취량

사람에게 해로운 영향이 나타나지 않는 최대 영양소 섭취량입니다. 사람이 특정 영양소를 과량 섭취한 뒤 유해 영향이 나타날 수 있다는 과학적 근거가 있을 때 설정합니다. 각 영양소의 상한 섭취량 설정 근거는 각 영양소 해설에서 자세히 다룹니다.

✚ 만성 질환 위험 감소 섭취량

2020 한국인 영양소 섭취 기준에서 처음 도입한 개념으로, 건

강한 인구 집단에서 만성 질환의 위험을 감소시킬 수 있는 영양소의 최저 섭취량을 의미합니다. 특정 영양소를 이보다 많이 섭취할 경우 섭취량을 줄이면 만성 질환 위험을 감소시킬 수 있다는 뜻입니다. 따라서 모든 영양소에 대해 설정하진 않으며, 영양소와 만성 질환의 연관성이 확인된 것만 설정합니다. 현재 만성 질환 위험 감소 섭취량이 설정된 영양소는 나트륨이 유일합니다.

그렇다면 건강기능식품 라벨의 1일 영양성분 기준치는 무엇을 기준으로 표시할까요? 1일 영양성분 기준치는 소비자가 하루 식사에서 평균적으로 섭취하는 영양성분을 한국인 영양소 섭취 기준, 식생활 조사 등에 근거해 식품의약품안전처에서 설정합니다. 한국인 영양소 섭취 기준의 권장 섭취량은 연령대와 성별에 따라 조금씩 달라 별도의 표시 기준을 마련한 것입니다. 그래서 대개 19세 이상 성인의 권장 섭취량과 비슷하지만 100% 같지는 않습니다.

1일 영양성분 기준치는 기준값 대비 하루 섭취량에 비타민과 미네랄이 얼마나 들어 있는지 함량과 비율을 표시합니다. 어린이 건강기능식품은 '3~5세 유아의 한국인 영양 섭취 기준' 등과 같이 별도의 기준을 활용하기도 하며 해당 내용을 제품 정보에 표시합니다. 참고로 일반의약품은 1일 복용량에 함유된 비타민과 미네랄의 함량만 표시하고, 하루 영양성분 기준치 대비 비율은 표시하지 않습니다.

건조한 눈에 도움이 되는 비타민A

비타민A는 정상적인 성장과 발달, 상피세포 분화, 시각 및 면역 등 다양한 기능에 필요한 비타민입니다. 비타민A는 형태에 따라 동물성 식품, 영양제 및 가공식품에 함유된 '레티노이드류'와 식물성 식품에 함유된 '카로티노이드 화합물'로 나뉩니다. 레티노이드류는 섭취한 양이 그대로 비타민A로 활용되지만, 베타카로틴 같은 카로티노이드류는 체내에서 비타민A로 전환되는 과정이 필요합니다. 식품의 베타카로틴은 비타민A 전환율이 낮아 평소 식사에서 비타민A 공급원으로 동물성 식품보다 김치, 고춧가루, 김, 당근, 시금치 등 식물성 식품 섭취율이 높은 우리나라는 매번 국민건강영양조사에서 권장 섭취량 대비 비타민A가 부족한 것으로 나타납니다.

비타민A의 기본 형태는 '레티놀retinol'이며, 체내에서 레티놀 → 레티날retinal → 레티노산retinoic acid으로 전환됩니다. 레티놀과 레티날은 상호 전환이 가능하지만, 레티노산으로 전환되면 다시 레티날로 변환될 수 없습니다. 각각의 형태는 우리 몸에서 다양한 생리적 기능에 관여합니다. 레티놀은 피부의 표피 및 점막

세포의 정상적 세포 분열에 필요하고, 망막세포에서는 '11-시스 레티날'로 변환되어 옵신과 결합해 시각 기능에 관여하는 '로돕신'을 형성합니다. 레티노산은 레티노이드 수용체와 결합해 세포 내 유전자 전사를 조절해 신체의 성장과 발달 및 면역 기능 유지에 작용합니다.

비타민A는 지용성 비타민으로 간에 저장되므로 단기간에 결핍증이 발생하는 일은 흔치 않습니다. 그러나 비타민A 요구량이 늘어나는 성장기 어린이, 특정 질환을 앓거나 약물을 복용 중인 사람, 지방질의 흡수나 섭취가 부적절한 사람, 임신 및 수유 중인 사람이 비타민A를 충분히 먹지 않으면 비타민A 결핍증이 나타날 수 있습니다. 또 한국인처럼 비타민A 공급원으로 식물성 식품을 많이 먹는 상태가 장기간 이어져도 비타민A 결핍증을 경험할 수 있습니다.

대표적인 비타민A 결핍증은 각막과 결막이 건조해지는 안구건조증, 그리고 밝은 곳에서 어두운 곳으로 들어갈 때 시각 적응에 어려움을 겪는 야맹증입니다. 안구건조증은 눈물 생성이 부족하거나 수분 증발이 심해져 눈물층이 불안정해지면 발생합니다. 눈물층은 각결막에 눈물이 고르게 퍼지고 단단하게 유지되도록 하는 점액층과 눈물의 대부분을 차지하는 수성층, 그리고 눈물의 증발을 막는 지방층으로 구성됩니다. 비타민A는 점액층을 생성하는 결막 술잔세포의 정상적 기능을 유지하고 어두운 곳에서의 시각 적응에 필요한 로돕신 생성에 관여합니다. 따라서 비타민A가 결핍되면 이 기능이 제대로 작동하지 않아 야맹증과 눈의 건조감이 발생할 수 있습니다.

비타민A의 생리적 기능은 눈에만 국한되지 않습니다. 결핍 상태가 심해지면 전반적인 피부 및 점막의 기능과 형성에도 영향을 줄 수 있습니다. 예컨대 피부 각질화가 심해져 비듬, 모낭각화증이 발생하거나 1차 면역 장벽인 점막이 제대로 재생되지 않아 요로 감염, 호흡기 감염 등에 취약해집니다. 또한 소화관 점막의 분비 기능 저하로 설사 등이 자주 발생할 수 있습니다. 이런 증상은 비타민A 결핍 외에도 다른 요인이 있지만, 비타민A 결핍증인 눈의 건조감과 더불어 피부나 점막에 문제가 발생한다면 비타민A 섭취가 도움이 될 수 있습니다.

비타민, 미네랄은 혈액 검사 등으로 결핍 상태를 검사하지 않고 먹어도 괜찮나요?

비타민D, 철분 등은 혈액 검사로 결핍 여부를 확인한 뒤 먹기도 합니다. 하지만 그렇지 않은 경우가 더 많습니다. 당장 오늘의 영양소 섭취가 부족해도 우리 몸은 저장된 것을 활용하거나 흡수율을 높임으로써 필수 기능을 유지하는 방향으로 움직입니다. 그래서 특정 비타민이나 미네랄이 정상 혈중 농도 범위를 벗어날 만큼 심각하게 낮다면 이미 치명적인 건강 문제가 발생했을 수 있습니다.

일반적으로 비타민과 미네랄은 각각의 영양소 결핍증이 의심되는 상태에 해당 영양소를 보충했을 때 불편 증상이 해소된다면, 역으로 특정 비타민이나 미네랄 섭취가 부족한 상태였다고 해석합니다. 이때 섭취량은 한국인 영양소 섭취 기준에서 정한 권장 섭취량 내외로 하며, 상한 섭취량 이하를 권장합니다. 단, 철 결핍성 빈혈과 같은 질환 치료 목적으로 섭취할 때는 일정 기간 상한 섭취량 이상의 영양소를 섭취해야 합니다.

일반의약품과 건강기능식품의 비타민A 원료는 레티닐 아세테이트, 레티닐 팔미테이트 등의 레티노이드류와 베타카로틴을 함께 사용합니다. 베타카로틴은 우리 몸에 들어오면 일부는 비타민A로 전환되고 나머지는 항산화제로서 세포 손상을 막고 건강에 유익한 기능을 합니다. 영양제로 쓰이는 베타카로틴은 몸에서 50%는 비타민A로 전환되고 50%는 항산화제로서 역할을 한다고 알려져 있습니다. 따라서 비타민A 결핍 문제를 해소하고 싶다면 베타카로틴보다 일반 비타민A 형태를 선택하는 것이 효과적입니다.

그러나 현재 흡연자이거나 과거에 담배를 피웠던 사람, 석면에 노출된 직업을 가졌던 사람들은 고용량의 베타카로틴을 먹으면 폐암 발생 위험을 높일 수 있다는 연구 결과가 있습니다. 그래서 이를 바탕으로 국내에서는 영양제에 활용할 수 있는 베타카로틴 함량을 별도로 정하고 있습니다. 건강기능식품은 최대 7mg, 일반의약품은 최대 15mg의 베타카로틴이 함유됩니다. 일반의약품은 베타카로틴에 별도의 효능·효과 표시 규정이 없지만, 건강기능식품은 베타카로틴의 생체 전환율을 고려해 0.42mg 이상일 때만 기능성을 표시하며, '상피세포의 성장과 발달에 필요' 기능성은 베타카로틴 함유량이 1.26mg 이상일 때만 표시할 수 있습니다.

우리나라에서는 비타민A 함량 표시 단위로 IU, μgRAE 두 가지를 씁니다. IU international unit는 비타민의 양과 효과를 측정하는 국제 단위로 보통 의약품의 비타민 함량을 표시할 때 사용합니다. 건강기능식품은 μgRAE retinol activity equivalent(레티놀활성당량)와 IU를 함께 표시할 수 있지만 제품의 표시 공간 한계로 실제 이렇게 표시하는 업체는 적습니다. 두 단위의 전환율은 1IU=0.30μgRAE 또는 1μgRAE=3.333IU입니다.

비타민A의 단위 전환 예시

1) 건강기능식품 하루 섭취량에 함유된 비타민A 700μgRAE를 IU 단위로 전환

   700×3.333IU=2333IU

2) 일반의약품 하루 복용량에 함유된 비타민A 5000IU를 μgRAE 단위로 전환

   5000×0.30μgRAE=1500μgRAE

급원식품	100g당 비타민A 함량		
	총합(RAE)	레티놀(μg)	베타카로틴(μg)
찐 고구마	8.5	0	102
생당근	459.7	0	5,516
삶은 메추리알	190	190	1

- **식품 속의 비타민A 함량 전환 기준**
  = 베타카로틴 보조제로 2μg(기름 형태로 정제된 것: 보충제, 가공식품 등)
  = 식품 베타카로틴으로 12μg(가공되지 않은 자연식품의 베타카로틴)
  = 알파카로틴 또는 베타크립토잔틴으로 24μg(전환율이 낮아 식품에서 계산하지 않음)

출처: 2020 농촌진흥청 국가 표준 식품 성분표

영양제는 하루 섭취량 안에 유효한 함량이 들었을 때만 효능·효과 혹은 기능성 내용을 표시할 수 있습니다. 일반의약품은 비타민A를 함유한 모든 제품에 '병중·병후의 체력 저하 시 비타민의 보급'이라는 효능·효과를 표시합니다. 1일 복용량당 비타민A가 2000IU 이상이면 효능·효과에 '눈의 건조감의 완화' 및 '야맹증'을 표시합니다. 효능·효과 표시의 함량 기준은 특정 증상을 개선할 때 필요한 최소 영양소 함량입니다. 즉, 비타민A 결핍증을 제대로 해소하려면 2000IU 이상의 비타민A를 먹어야 한다는 뜻입니다.

건강기능식품은 1일 섭취량당 비타민A가 210μgRAE(699.93IU) 이상일 때 제품에 기능성 내용을 표시할 수 있습니다. 영양소의 기능성 내용에는 해당 영양소의 생리적 기능이 표시됩니다. 원료명에 비타민A가 표시되어 있으나 기능성 내용이 없다면, 비타민A가 기능성을 나타낼 만큼 충분히 들어 있지 않다는 뜻입니다.

구분	표시 기준	표시 내용
일반의약품	효능·효과	• 눈의 건조감 완화 • 야맹증(밤에 잘 못 보는 증상)
건강기능식품	기능성 내용	• 어두운 곳에서 시각 적응을 위해 필요 • 피부와 점막을 형성하고 기능을 유지하는 데 필요 • 상피세포의 성장과 발달에 필요

일반의약품과 건강기능식품의 영양소 함량이 같아도 표시 내용이 다른 이유는 두 제품의 사용 목적이 다르기 때문입니다. 일반의약품은 의약품으로서 비타민이나 미네랄 결핍증의 치료를 위해 사용할 수 있지만, 건강기능식품은 건강한 사람이 사용하거나 불건강한 상태를 개선할 목적으로 허가된 제품입니다. 그래서 표시·광고 심의 규정상 영양소 결핍으로 인한 질병의 특징적인 징후나 증상을 표시할 수 없습니다.

그렇다면 건강기능식품은 야맹증이나 안구건조증을 개선할 수 없을까요? 그렇지는 않습니다. 단, 건강기능식품의 특성상 낮은 함량의 제품도 많이 판매되므로 특정 비타민, 미네랄 결핍 증상을 개선하고 싶다면 증상 개선에 필요한 함량을 섭취해야 합니다. 이때 함량 기준은 일반의약품의 효능·효과 표시 기준 함량을 참고합니다.

비타민A는 인체 대상 과학적 근거가 풍부해 1일 권장 섭취량과 상한 섭취량이 정해져 있습니다. 19세 이상 성인 기준 비타민A 상한 섭취량은 3000μgRAE, 약 1만IU입니다. 이 양은 음식과 영양제 모두를 통해 얻는 양을 더한 것으로, 치료 목적의 전문가 처방이 아니라면 영양제로서 비타민A는 5000IU 이하로 섭취하기를 권합니다.

비타민A를 과량 섭취하면 급성으로 오심, 구토, 소화불량, 관절통, 피로, 가려움증 등이 발생할 수 있습니다. 비타민A 상한 섭취량은 비타민A가 간에 저장되는 특성이 있어 장기간 먹었을 때 간독성 발생 위험이 크다는 점을 근거로 정해졌습니다. 따라서 상한 섭취량을 초과하는 고용량의 비타민A를 3~6개월 장기간 먹으면 간 손상, 골관절 통증, 지방간 등의 문제가 발생할 수 있으므로 주의해야 합니다.

특히 임신부는 비타민A를 영양제로 하루 5000IU 이상 먹으면 태아의 선천성 기형을 유발할 위험이 있습니다. 따라서 임신 3개월 이내 또는 임신 가능성이 있는 여성은 비타민A를 하루에 5000IU 이상 먹지 말아야 합니다. 이 내용은 일반의약품 영양제 주의 사항에는 표시하지만, 건강기능식품은 같은 함량이어도 법규 차이로 표시하지 않습니다. 임신 전에 먹던 영양제를 임신이 확인된 뒤에도 먹는다면 반드시 비타민A 함량을 확인해야 합니다.

여드름 치료제 복용 시 비타민A 영양제 섭취는 주의가 필요해요!

여드름, 건선 등 피부 질환을 치료할 때 비타민A 유도체 성분을 활용합니다. 비타민A 유도체는 체내에서 비타민A처럼 작용해 일부 비타민A의 생리적 기능을 강화할 수 있습니다. 그래서 이런 약과 비타민A 영양제를 함께 먹으면 약물 이상 반응이 더 심해질 수 있는데, 대표적인 성분으로 건선 치료제 '아시트레틴acitretin', 여드름 치료제 '이소트레티노인isotretinoin'이 있습니다. 따라서 평소 여드름, 건선 등 치료 목적으로 비타민A 유도체인 레티노이드계 의약품을 복용하면서 비타민A가 함유된 영양제를 먹으면 코나 눈의 점막과 피부가 건조해지는 등의 이상 반응이 심해질 수 있으므로 주의해야 합니다.

특히 임신을 준비하거나 임신 가능성이 있다면 레티노이드계 약물 복용에 더욱 주의해야 합니다. 임신 중에 이 약물을 복용하면 비타민A 과잉 섭취와 마찬가지로 태아의 선천성 기형 발생 위험이 커집니다. 따라서 이 약물을 처방받을 때는 피임 기간과 방법 등에 대해 상담해야 합니다.

여드름 치료제 이소트레티노인 안전 사용 카드뉴스

출처: 식품의약품안전처

2019년 6월부터 식품의약품안전처는 가임기 여성이 레티노이드계 의약품을 사용할 때 반드시 임신을 확인하도록 하는 '임신 예방 프로그램'을 시행하고 있습니다. 또한 레티노이드계 의약품을 생산·유통하는 회사들이 '레티노이드 계열 약물 임신 예방 프로그램' 홈페이지(http://reticheck.com)를 운영하며 안전한 의약품 관리에 힘쓰고 있으니 궁금한 점이 있다면 홈페이지에 방문해보기 바랍니다.

조합에 따라 효능이 다른 비타민B군

비타민B군에는 비타민B1, 비타민B2, 비타민B3, 비타민B5, 비타민B6, 비타민B7, 비타민B9, 비타민B12 총 여덟 가지가 있습니다. 비타민B군은 각각의 별칭이 있고, 표준 이름 등의 규정에 따라 제품 라벨에는 두 이름 중 하나로 표시합니다.

종류	별칭	종류	별칭
비타민B1	티아민	비타민B6	피리독신
비타민B2	리보플라빈	비타민B7	비오틴
비타민B3	니아신	비타민B9	엽산
비타민B5	판토텐산	비타민B12	시아노코발라민

비타민B군은 수용성 비타민으로 우리 몸에 매우 소량 저장되고 나머지는 소변으로 배출됩니다. 따라서 매일 음식을 통해 적

정량을 먹어야 생리적 기능이 제대로 작동합니다. 비타민B군은 우리가 주로 음식으로 얻는 탄수화물, 단백질, 지방을 에너지로 바꾸는 데 필요합니다.

✚ 비타민B1(티아민)

우리 몸에서 비타민B1의 80%는 조효소인 티아민 피로인산thiamine pyrophosphate, TPP 형태로 존재합니다. TPP는 탄수화물 대사를 통한 에너지 생성에 관여합니다. 따라서 비타민B1이 부족하면 에너지원인 ATP 합성이 감소해 피로가 증가하거나 근육통, 관절통 등이 나타날 수 있습니다. TPP는 지방산 합성 등에 사용되는 NADP와 핵산의 합성에 사용되는 리보스 5-인산 생성에도 필요합니다. 비타민B1 결핍으로 이 과정이 제대로 이뤄지지 않으면 신경 전달 및 조절 장애로 신경통이나 각기병이 발생할 수 있습니다. 각기병은 무릎과 발목의 부종 및 통증을 비롯해 말초신경계 장애로 다리에 감각 이상이 생기거나 힘이 약해져 걷기가 힘들어지는 등의 증상이 특징적이지만 일반적 상황에서는 발생하지 않습니다.

비타민B1은 장내 균총에 의해 체내에서 소량 합성되지만, 그 양이 적어 반드시 식사나 보충제로 얻어야 합니다. 알코올 중독과 같은 만성적 알코올 섭취는 비타민B1의 흡수를 방해하고 분해를 촉진해 술을 자주 또는 많이 마시면 비타민B1이 쉽게 결핍

될 수 있습니다. 비타민B1은 피로 해소와 신경계에 도움이 되므로 눈의 피로 해소를 위한 눈 영양제, 에너지 대사 기능을 돕기 위한 간 영양제 및 다이어트 제품에 많이 활용됩니다.

✚ 비타민B2(리보플라빈)

비타민B2는 우리 몸에 흡수되면 플라빈 모노뉴클레오타이드flavin mononucleotide, FMN와 플라빈 아데닌 디뉴클레오타이드flavin adenine dinucleotide, FAD로 전환됩니다. 영양제의 비타민B2는 FMN과 FAD의 전환에 바로 활용되고, 전환되지 못한 비타민B2는 빠르게 소변으로 배출됩니다. FMN과 FAD는 산화·환원 반응에 참여해 여러 대사 과정의 조효소로 작용합니다. 예를 들어 FAD는 글루타치온의 황산화 능력을 회복시키는 글루타치온 환원효소의 작용에 필요합니다.

비타민B2는 에너지 생성, 세포의 성장과 발달 및 지방과 약물의 대사에 중요한 역할을 합니다. 따라서 비타민B2가 결핍되면 구각염(입꼬리염), 구순염(입술염), 구내염(입안염), 설염(혀염), 습진, 피부염 등이 나타날 수 있습니다.

경구용 피임약은 비타민B2의 흡수를 방해해 장기간 경구용 피임약을 복용하는 사람이라면 비타민B2가 결핍될 수 있습니다. 만일 장기간 경구용 피임약을 복용하는 사람이 잦은 구내염으로 고생한다면 비타민B2를 보충하면 도움이 될 수 있습니다.

비타민B2가 많이 함유된 육류나 유제품 섭취를 제한하는 채식주의자도 비타민B2 결핍 위험이 높으므로 구내염 등 결핍 증상이 뚜렷하다면 비타민B2 보충을 권합니다.

비타민B2도 장내 세균에 의해 소량 생성되나 그 양이 충분하지 않아 식사나 보충제로 얻어야 합니다. 과량 섭취하면 우리 몸에서 배출될 때 소변 색이 형광 노랑 또는 연녹색으로 변할 수 있습니다. 소변 색은 영양제 섭취 후 언제 소변을 보는지, 수분 섭취량은 어떤지 등에 따라 달라질 수 있습니다. 비타민B2 결핍 초기에는 눈이 빛에 예민해지면서 충혈되는 눈의 통증이나 피로 등이 증가할 수 있습니다. 이런 이유로 눈의 피로에 도움이 되는 비타민B1과 함께 눈 영양제에 사용하기도 합니다.

✚ 비타민B3(니아신)

니코틴산과 니코틴아미드 및 이들의 유도체를 통틀어 비타민B3라 합니다. 자연식품의 비타민B3는 주로 니코틴산과 니코틴아미드 형태로 존재하며, 우리 몸에서 니코틴아미드 아데닌 디뉴클레오티드nicotinamide adenine dinucleotide, NAD와 니코틴아미드 아데닌 디뉴클레오티드 인산NAD phosphate, NADP으로 전환됩니다. NAD와 NADP는 다양한 대사 반응의 조효소로 작용합니다. 예를 들어 NAD는 비타민B2가 전환된 FAD와 함께 우리가 음식으로 얻은 탄수화물, 단백질, 지방의 에너지 생산에 관여합니다.

비타민B3 결핍증은 만성 알코올 중독 등과 같은 특수 상황에서만 발생합니다. 초기에는 피부염, 식욕 부진 등이 나타나고 심하면 피로, 불면증, 우울증 등의 증상이 발생합니다. 결핍이 극심하면 피부염, 설사, 치매 증상이 나타나고, 심하면 사망에 이르는 펠라그라가 발생합니다. 일반적 상황에서 비타민B3 결핍 위험은 낮지만 에너지 대사와 같은 생리적 기능 활성화를 위해 비타민B3를 각종 영양제에 사용합니다.

✚ 비타민B5(판토텐산)

비타민B5는 지방, 탄수화물, 단백질 대사와 에너지 생성에 필요합니다. 비타민B5는 우리 몸에 흡수되면 조효소A Coenzyme A, CoA로 전환됩니다. 조효소A는 지방, 탄수화물, 단백질을 에너지로 전환하는 TCA 회로 작용에 필요한 아세틸-CoA 합성에 필요합니다. 아세틸-CoA는 신경세포에서 신경 전달 물질인 아세틸콜린 형성을 도와 원활한 신경 기능 유지에 필요합니다.

또한 비타민B5는 지방산, 인지질, 콜레스테롤, 스테로이드 호르몬의 합성에도 관여합니다. 콜레스테롤은 부신에서 성호르몬과 스트레스 저항 호르몬의 합성 원료로 사용되므로 스트레스가 심하면 비타민B5 소모량이 증가할 수 있습니다. 그래서 비타민B5는 심한 스트레스와 연관된 부신피로 증후군 관리에 활용합니다.

비타민B5는 다수의 식품에 들어 있어 극심한 영양 결핍이 아니라면 거의 결핍증이 나타나지 않습니다. 다만 비타민B5가 결핍되면 식욕 부진이나 피부염이 발생하거나 에너지 대사 및 간에서 약물과 독소의 대사 등에 문제가 생길 수 있어 일반적 피로 관리 목적으로 비타민B군 복합제에 많이 활용합니다.

또한 비타민B5 결핍은 모낭의 약화와도 연관되어 있습니다. 아세틸-CoA가 에너지 대사를 활성화해 모낭의 영양 공급에 도움을 주어 건강한 모발 성장에 도움을 주기 때문입니다. 호르몬성 탈모를 치료할 수는 없지만, 모발 성장을 자극하는 영양소로서 탈모의 보조 치료제로 활용합니다. 모발 생성의 원료로 작용하는 약용효모나 케라틴 등과 복합제로 판매하거나 비타민B5 전구체 '덱스판테놀' 단일제로 판매하기도 합니다.

바르는 비타민B5가 있다?

덱스판테놀은 비타민B5 전구체로서 우리 몸에서 비타민B5로 전환됩니다. 에너지 생산을 도와 세포 재생 및 증식을 촉진해 피부 장벽 개선 및 건조함, 가려움증 완화에 도움을 줍니다. 피부에 바르는 형태로 쓰는데, 기저귀 발진이나 피부염 등을 앓는 영유아나 성인의 피부염에 사용합니다. 이 성분은 일반의약품으로 약국에서만 구매할 수 있습니다.

스테로이드 성분처럼 심한 염증이나 통증을 완화하지는 못하지만, 장기간 보습 등 피부 재생 관리가 필요한 피부 질환에 주로 활용합니다.

일반 상처나 화상, 수유기 중의 유두 균열, 욕창이나 급성·만성 피부염, 습진, 피부 궤양, 일광피부염의 보조 치료제로도 효능·효과가 허가되어 있습니다.

수유 중에는 아이가 직접 먹는 것을 막기 위해 수유 직후 유두에 바르는 것을 권하며, 하루에 여러 번 바를 수 있습니다. 단, 상처에 진물이 심하거나 통증 및 부종 등 감염을 치료해야 하는 상태라면 상처를 치료한 뒤 사용해야 합니다.

✚ 비타민B6(피리독신)

우리가 섭취한 비타민B6는 간에서 피리독살-5-인산pyridoxal-5'-phosphate, PLP으로 활성화됩니다. PLP는 아미노산 대사에 관여하는 100여 종 효소의 조효소로 작용해 아미노산이 지질이나 탄수화물로 변환되거나 아미노산에서 도파민, 세로토닌, GABA 등 신경 전달 물질이 합성되는 과정에 관여합니다. 또한 헤모글로빈의 성분인 헴heme 단백질 합성을 촉진하고, 혈관 및 신경 독성 물질로 작용하는 호모시스테인의 시스테인 변환을 돕습니다.

비타민B6는 달걀, 채소, 육류, 생선 등에 많이 함유되어 있습니다. 결핍증이 흔하지는 않지만 셀리악병, 크론병, 궤양성 대장염과 같이 위장관 흡수 장애가 있다면 다른 수용성 비타민과 마찬가지로 결핍 위험이 큽니다. 비타민B6가 결핍되면 헴 단백질 합성이 제대로 되지 않아 빈혈이 발생하거나 면역 기능이 약화하고, 입꼬리가 갈라지거나 입술 및 입안에 염증이 생기는 구각염, 구순염, 구내염이 증가할 수 있습니다. 또한 신경 전달 물질 합성이 잘되지 않아 한층 우울해지고 예민해질 수 있습니다. 그래서 월경 전 증후군PMS의 우울, 불안, 유방 팽만감 등의 증상 완화에 비타민B6를 활용하기도 합니다. 그 밖에 임신부의 입덧을 완화하는 의약품 성분으로도 활용합니다.

일반의약품은 활성형 비타민B6 PLP를 원료로 사용할 수 있지만, 건강기능식품은 피리독신염산염 형태만 사용할 수 있습니다. 만일 건강기능식품 비타민B6를 섭취한 뒤 원하는 결과를 얻지 못했다면 활성형 비타민B6가 함유된 일반의약품 비타민B군 영양제를 선택해볼 수 있습니다.

호모시스테인과 비타민B6, B9, B12

호모시스테인은 필수 아미노산 메티오닌 대사의 중간 물질로서, 체내에 축적되면 혈관 및 신경 독성 물질로 작용합니다. 특히 혈관 내피 손상으로 혈전 생성 억제 및 혈관 확장 기능 이상을 일으켜 동맥경화 및 혈전증의 위험을 높입니다. 우리 몸은 이런 위험을 관리하기 위해 호모시스테인을 시스테인 또는 메티오닌으로 전환해 호모시스테인 독성을 낮추는 시스템이 있습니다. 이때 호모시스테인을 시스테인으로 전환하려면 비타민B6가 필요하고, 메티오닌으로 전환하려면 엽산과 비타민B12가 필요합니다.

호모시스테인이 높은 고호모시스테인혈증은 심혈관 질환, 뇌혈관 질환 및 말초혈관 질환의 독립적 위험 인자로 알려져 있습니다. 하지만 희

귀 질환으로 분류될 만큼 흔한 질환은 아닙니다. 다만 가족력 등으로 혈관 건강을 위해 호모시스테인 수치를 관리하고자 한다면 비타민B6, 비타민B9(엽산), 비타민B12가 함께 들어 있는 영양제를 권합니다.

비타민B7(비오틴)

비타민B7은 주로 비오틴biotin으로 불립니다. 비오틴은 지방산 합성을 촉진하고 당 신생 반응을 도우며 지방산 산화에 관여합니다. 비오틴은 생리적 요구량이 적고, 장내 미생물에 의해 생합성되므로 유전적 문제가 아닌 이상 결핍증은 거의 발생하지 않습니다. 단, 술과 담배는 장내 세균의 활동을 방해하므로 알코올 중독자와 흡연자는 체내 비오틴 생산에 문제가 생겨 비오틴 요구량이 증가할 수 있습니다.

비오틴이 결핍되면 손발톱이 얇아지거나 깨지고 입가와 눈, 코 주위에 붉은색 발진이 생기는 지루성 피부염 등이 나타날 수 있습니다. 그래서 비오틴은 주로 모발이나 손톱을 강화하는 영양제의 성분으로 많이 활용하고, 피부와 모발에 좋은 영향을 미치기 때문에 '비타민H'라고 부르기도 합니다.

하지만 과학적 근거를 따져보면 유전적 문제가 아닌 이상 비오틴 단독 섭취로 모발 건강 문제가 개선되지는 않습니다. 비오틴은 황을 함유한 비타민으로, 모발을 구성하는 단백질인 케라틴의 합성에 도움을 주지만, 일반적 상황에서 비오틴 결핍은 흔치 않기 때문입니다. 단, 극심한 다이어트나 심한 편식으로 영양 불균형이 심하면 비오틴 보충이 모발 생성에 도움을 줄 수 있습니다.

비오틴은 상한 섭취량이 없는 비타민으로, 하루 5000μg(=5mg) 이상의 고용량을 섭취하는 사람들도 있습니다. 그러나 하루 1000μg 이상의 고용량을 먹으면 여드름 등 피부 이상 반응이 나타나기도 합니다. 판토텐산(비타민B5)과 함께 먹으면 이상 반응을 줄일 수 있다는 주장도 있으나 과학적 근거가 확실하지는 않습니다. 따라서 비오틴 고용량 섭취 후 여드름이나 피지가 눈에 띄게 증가했다면 섭취량을 낮출 필요가 있습니다.

비오틴 영양제를 먹고 있다면 혈액 검사 전 꼭 의료진에게 알리세요!

고용량 비오틴은 심장마비 진단 검사, 갑상샘 호르몬 및 비타민D 수치 등 일부 혈액 검사 결과에 영향을 줄 수 있습니다. 특히 심장마비 진단 검사에서 잘못된 결과를 도출해 치료 시기를 놓칠 수 있으므로 응급실 등에서 긴급하게 혈액 검사를 할 때는 반드시 의료진에게 알려야 합니다. 보통 종합비타민에 함유된 권장 섭취량 내외의 용량에서는 큰 문제가 없지만, 모발 또는 피부 건강 개선 목적으로 하루 1000μg 이상의 고용량 비오틴을 먹고 있다면 검사 결과에 영향을 줄 수 있으므로 주의해야 합니다.

✚ 비타민B9(엽산)

비타민B9은 '엽산'이라 하며, 식품의 폴레이트folate 형태와 보충제나 가공식품에 함유된 폴산folic acid 형태가 있습니다. 엽산은 호모시스테인이 메티오닌으로 합성되는 과정 등 아미노산 대사와 핵산DNA, RNA 대사에서 조효소로 작용합니다. DNA의 유전 정보가 전사 과정에 의해 RNA로 전환된 뒤 아미노산 서열(순서)이 번역되면 이 내용에 따라 우리 몸을 구성하는 단백질의 형태가 결정됩니다. 따라서 세포 분열이 활발한 성장기, 임신기, 수유기에는 엽산의 필요량이 크게 증가합니다.

엽산이 결핍되면 DNA 합성 저하로 세포 분열이 왕성한 위장관이나 구강 점막, 생식기관, 골수 등에 문제가 나타날 수 있습니다. 예컨대 적혈구가 성숙하지 못하고 크기가 큰 거대적아구성 빈혈이나 구내염 등이 발생합니다. 임신 초기의 엽산 결핍은 태아의 신경관 형성 장애로 신경관결손증 기형아 출산 확률을 높입니다. 엽산은 임신 12주 이내에 매우 중요한 영양소인데, 보통 우리가 임신을 인지하는 시기는 임신 4~5주경이므로 가능하면 임신 준비기부터 하루 400μg의 엽산 보충제를 섭취하기를 권합니다.

엽산은 소화관 흡수 장애, 알코올 중독이 있거나 식사 상태가 나쁘면 결핍될 수 있습니다. 엽산은 대사 과정의 특성상 비타민 B12가 결핍되면 함께 문제가 생길 수 있어 보통 엽산과 비타민

B12가 함께 함유된 영양제를 많이 판매합니다.

엽산은 형태에 따라 생체 이용률이 다릅니다. 일반 식품에 함유된 폴레이트 형태는 약 50%가 흡수되지만, 영양제 등에 쓰는 폴산 형태는 공복에 먹으면 100% 흡수되고 식후에 먹으면 흡수율이 약 85%로 감소합니다. 이러한 차이를 고려해 한국인 영양소 섭취 기준에서는 엽산의 함량 단위로 식이엽산당량Dietary Folate Equivalent, DFE을 사용합니다. 식이엽산당량의 전환 비율은 식품 중 엽산 1μg=1.0μgDFE, 강화식품 또는 식품과 함께 섭취한 보충제 중의 엽산 1μg=1.7μgDFE, 빈속에 섭취한 보충제 중의 엽산 1μg=2.0μgDFE입니다. 국내 영양제의 엽산은 μg 단위로 표시하지만, FDA 기준이 적용되는 직구 제품은 엽산 함량 단위로 μg과 식후 섭취 기준 전환율을 적용한 μgDFE를 함께 표시합니다.

보충제의 엽산은 일반 식품의 엽산보다 흡수율이 높습니다. 그래서 가임기 여성은 임신 초기에 엽산이 결핍되면 태아의 신경관 발달에 문제가 생길 수 있기 때문에 이를 예방하기 위해 보충제로 하루 400μg의 엽산 섭취를 권장합니다.

활성형 엽산은 무엇인가요?

엽산은 일반 식품에는 주로 폴레이트 형태로 존재하고, 보충제나 가공식품에는 폴산 형태로 함유되어 있습니다. 식품의 폴레이트는 소장 내에서 바로 테트라하이드로폴레이트tetrahydrofolate, THF로 전환되지만, 보충제나 가공식품에 함유된 폴산 형태는 흡수된 뒤 디하이드로폴레이트dihydrofolate, DHF를 거쳐 THF로 전환됩니다. THF는 메틸렌테트라하이드로폴레이트 환원효소Methylenetetrahydrofolate reductase, MTHFR의 작용으로 활성화되어야 아미노산 및 핵산 대사의 조효소로서 엽산의 생리적 기능을 수행할 수 있습니다.

일반적 엽산 보충제를 먹어도 엽산 활성화 효소가 제대로 작동하지 않으면 활성형 엽산이 충분히 생성되지 않습니다. 그러면 엽산의 생리적 기능에 문제가 생길 수 있어 활성형 엽산인 5-메틸테트라히드로엽산L-5-Methyltetrahydrofolic Acid, 5-MTHF을 사용하기도 합니다.

엽산 활성화 효소 MTHFR 활성도는 사람마다 차이가 있습니다. 특히 유전자 변이 여부는 유전자 검사를 통해서만 확인할 수 있으므로 일반인이 쉽게 알 수는 없습니다. MTHFR 유전자가 완전 결손 상태가 아니라면 일반 엽산 보충제보다 활성형 엽산이 더 유익하다는 근거는 부족해 다수의 임신부 영양제에도 여전히 폴산 형태의 엽산을 활용합니다.

다만 한국인에게 MTHFR 유전자 변이가 많다고 알려져 특정 질환 치료를 위해서나 엽산의 역할이 중요한 임신부에게는 최근 활성형 엽산을 활용하기도 합니다. 특히 엽산이 결핍되면 세포 분열이 빠른 위장이나 구강의 점막이 잘 재생되지 않아 위염이나 구내염 등의 회복이 느릴 수 있습니다. 만일 구내염이나 위염 등의 재발이 잦고 회복이 느리다면 일반적인 폴산 대신 활성형 엽산을 활용할 수 있습니다.

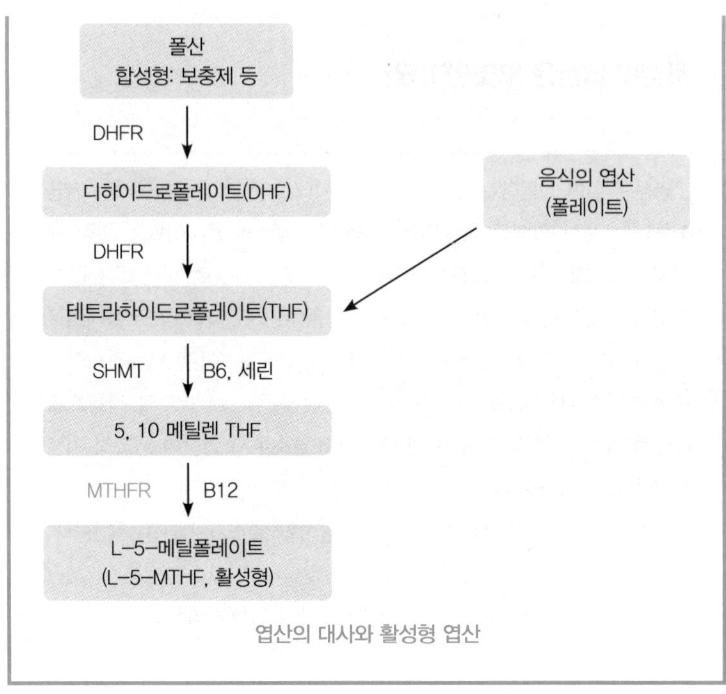

엽산의 대사와 활성형 엽산

✚ 비타민B12(코발라민)

비타민B12는 DNA 합성 및 세포 분열, 헴 단백질 합성을 도와 적혈구 생성에 중요한 역할을 합니다. 또한 신경섬유를 보호하는 수초myelin sheath 합성에 관여해 신경계가 정상적인 기능을 유지하는 데도 필요합니다.

비타민B12는 구조 내에 코발트를 함유하고 있어 '코발라민'이라고 불립니다. 화학 구조에 따라 시아노코발라민, 메틸코발라민, 히드록소코발라민, 아데노실코발라민 등으로 구분합니다.

시아노코발라민과 히드록소코발라민은 체내에서 활성형인 메틸코발라민 또는 아데노실코발라민으로 전환되어 비타민B12의 생리적 역할을 수행합니다.

건강기능식품 원료로는 시아노코발라민만 사용할 수 있으며, 일반의약품은 시아노코발라민, 히드록소코발라민, 메틸코발라민을 활용할 수 있습니다. 히드록소코발라민은 시아노코발라민보다 작용 시간이 더 길고 우리 몸에서 활성형 비타민B12로 더 잘 전환된다고 알려져 있습니다.

비타민B12도 장내 세균에 의해 합성되나 그 양이 충분하지 않습니다. 그래서 육류나 생선, 어패류, 우유와 유제품 같은 동물성 식품을 충분히 섭취해야 합니다. 식품의 비타민B12를 흡수하려면 위에서 분비하는 위산, 단백질 분해효소인 펩신, 그리고 내인자intrinsic factor의 협력이 필요합니다. 동물성 식품의 비타민B12는 단백질과 결합해 있어 펩신이 단백질과 비타민B12를 1차로 분리해야 합니다. 분리된 비타민B12는 십이지장에 들어서며 위벽세포에서 분비한 내인자와 결합합니다. 영양제로 얻는 비타민B12는 펩신에 의한 분리 과정이 없이 내인자와 바로 결합합니다. 그리고 이 상태로 회장(소장의 끝부분)에서 흡수된 뒤 회장의 점막세포 안에서 내인자와 분리되어 혈액으로 이동합니다. 이때 펩신이 활성화되려면 위산이 필수적이므로 만성 위염이나 위 절제술 등으로 위의 기능이 정상적이지 않다면 일반 식사로는 비타민B12가 결핍될 수 있습니다. 나이가 들면서 위 점막의 생리적 변화로 비타민B12 흡수가 감소하기도 합니다. 또한 평소 동물성 식품 섭취가 적은 사람, 채식주의자도 비타민B12 결핍 위험이 커서 비타민B12 결핍 증상이 나타나는지 주의 깊게 살펴야 합니다.

비타민B12가 결핍되면 적혈구 생성과 성숙이 제대로 되지 않아 거대적아구성 빈혈이 발생해 피로나 무기력함 등의 증상이 나타날 수 있습니다. 또한 혀의 통증이나 식욕 감퇴, 위염, 변비 등의 소화기 장애, 손발 저림이나 팔다리 마비 같은 신경 기능 장애도 발생합니다. 비타민B12는 수용성 비타민임에도 간에 저장되는 양이 많고 효율적인 재흡수 과정으로 일반인에게 결핍이 흔하지 않지만, 앞서 이야기한 결핍 위험군에서 피로 및 손발 저림 같은 증상이 나타난다면 비타민B12 영양제가 도움이 될 수 있습니다.

당뇨약을 복용하면 비타민B12를 챙겨야 한다?

당뇨약으로 가장 흔하게 쓰는 성분이 '메트포르민'입니다. 메트포르민은 간에서 포도당이 새롭게 합성되는 것을 막고 말초조직에서 혈중 포도당의 이용률을 높여 혈당을 낮추는 데 효과적인 약물입니다. 혈당을 낮추는 호르몬인 인슐린 분비에 직접적 영향을 주지 않아 저혈당 부작용이 없고, 체중 감소 효과가 있어 당뇨 치료의 1차 선택 약물로 활용됩니다.

그런데 메트포르민이 비타민B12 흡수를 방해해서 복용 기간이 길어지면 비타민B12가 결핍될 수 있습니다. 간에 저장된 비타민B12 덕분에 단기간에 결핍 증상이 나타나지는 않지만, 당뇨약을 복용하는 기간이 길어지면서 손발 저림이나 피로, 식욕 감퇴 등의 비타민B12 결핍 증상이 나타난다면 약사와 상담한 뒤 적절한 비타민B12 영양제를 섭취하기 바랍니다.

비타민B군은 복합적으로 작용하는 생리적 기능이 많아 한 가지가 결핍되면 다른 비타민B군의 작용에도 영향을 줄 수 있습니다. 그래서 비타민B는 여러 가지 비타민B가 섞인 형태로 활용합니다. 비타민B군은 어떤 종류의 비타민B를 얼마의 함량으로 조합하느냐에 따라 섭취 후 효과가 달라집니다.

건강기능식품은 법규상 기능성 내용만 표시하고 비타민B군 조합에 따른 기대 효과를 명확히 표시할 수 없습니다. 대신 일반의약품은 가능합니다. 만일 구순염이나 구각염 등 비타민B군 결핍 증상이 있는데 영양제를 먹어도 증상이 나아지지 않는다면 아래의 일반의약품 효능·효과를 참고해 적절한 비타민B군 함량과 구성을 선택하기 바랍니다.

참고로 비오틴은 일반의약품에서도 비타민B군 복합제 성분으로 포함되면 특별한 효능·효과를 표시할 수 없지만, 비오틴만

종류	기능성 표시 최소 함량	기능성 내용
비타민B1(티아민)	0.36mg	탄수화물과 에너지 대사에 필요
비타민B2(리보플라빈)	0.42mg	체내 에너지 생성에 필요
비타민B3(니아신)	4.5mg	체내 에너지 생성에 필요
비타민B5(판토텐산)	1.5mg	지방, 탄수화물, 단백질 대사와 에너지 생성에 필요
비타민B6(피리독신)	0.45mg	(가) 단백질 및 아미노산 이용에 필요 (나) 혈액의 호모시스테인 수준을 정상으로 유지하는 데 필요
비타민B7(비오틴)	9μg	지방, 탄수화물, 단백질 대사와 에너지 생성에 필요
비타민B9(엽산)	120μg	(가) 세포와 혈액 생성에 필요 (나) 태아 신경관의 정상 발달에 필요 (다) 혈액의 호모시스테인 수준을 정상으로 유지하는 데 필요
비타민B12(코발라민)	0.72μg	정상적인 엽산 대사에 필요

건강기능식품 비타민B군의 기능성 내용

5mg(=5000μg) 함유된 제품은 효능·효과로 '비오틴 결핍으로 인한 손발톱 또는 모발 성장 장애 개선'이라고 표시할 수 있습니다.

비타민B군은 수용성 비타민이어서 고용량을 먹어도 소변으로 배설되므로 특별한 과잉 섭취 부작용이 알려진 바 없습니다. 그러나 비타민B군 중에서도 상한 섭취량이 정해진 것이 있습니다. 바로 비타민B3, B6, B9(엽산)입니다. 비타민 B3와 B6는 음식과 보충제 모두에서 얻는 양을 말하지만, 엽산은 보충제나 엽산 강화식품을 통해 얻는 양만 의미합니다. 비타민B3는 섭취 후

종류	효능·효과 표시 최소 함량	효능·효과
비타민B1 (티아민)	1mg	다음 경우의 비타민 보급: 육체 피로, 임신·수유기, 병중·병후의 체력 저하 시
	25mg	다음 증상의 완화: 신경통, 근육통, 관절통(요통, 어깨 결림 등), 각기, 눈의 피로
비타민B2 (리보플라빈)	1mg	다음 경우의 비타민 보급: 육체 피로, 임신·수유기, 병중·병후의 체력 저하 시
	12mg	다음 증상의 완화: 구각염(입꼬리염), 구순염(입술염), 구내염(입안염), 설염(혀염), 습진, 피부염
비타민B6 (피리독신)	1mg	다음 경우의 비타민 보급: 육체 피로, 임신·수유기, 병중·병후의 체력 저하 시
	50mg	다음 증상의 완화: 구각염(입꼬리염), 구순염(입술염), 구내염(입안염), 설염(혀염), 습진, 피부염

일반의약품 비타민B군의 효능·효과(의약품의 표준 제조 기준)

안면홍조가 나타날 우려가 있는 용량, 비타민B6는 장기간 먹었을 때 말초신경 장애 증상 발생 위험이 있는 용량을 상한 섭취량으로 설정했습니다.

엽산은 비타민B12 결핍 상태를 가릴 위험이 있는 용량을 상한 섭취량으로 설정했습니다. 엽산과 비타민B12 결핍은 모두 빈혈의 원인이 되는데, 엽산을 고용량 보충하면 빈혈 증세가 호전되면서 비타민B12 결핍 상태도 호전된 것처럼 오인할 수 있습니다. 엽산의 상한 섭취량을 넘긴다고 단기간에 건강상 문제가 나타나지는 않습니다. 단, 영양 불균형이 심한 상태에서 엽산을 과량으로 먹으면 비타민B12 결핍 증상을 가려 신경계 문제로 발전할 수 있으므로 주의해야 합니다.

일반적인 비타민B군 영양제는 이러한 점을 고려해 상한 섭취량 이내의 함량을 넣지만, 다수의 영양제를 먹는다면 모든 영양제의 총합에서 비타민B3, B6, B9이 상한 섭취량을 넘지 않도록 확인해야 합니다.

비타민B군 영양제를 먹고 비타민 냄새 때문에 괴롭다면 약사와 상담하세요!

최근 하루 50~100mg의 고함량 비타민B군 영양제가 많이 출시되고 있습니다. 비타민B군은 수용성 비타민으로 많이 먹어도 대부분 소변으로 빠져나가지만, 사람에 따라 고함량 비타민B군 섭취 후 속쓰림, 구토, 소화불량 등의 위장관 이상 반응을 호소하기도 합니다. 심하면 하루 종일 비타민 냄새 또는 약 냄새가 올라오는 것을 느끼기도 합니다. 간혹 위장관 이상 반응과 함께 두통을 호소하기도 하는데, 이럴 때는 비타민B군의 함량을 낮추거나 다른 제품으로 변경하는 것이 좋습니다. 만일 평소 공복에 비타민B군 영양제를 먹어서 이런 증상이 나타났다면, 식후에 섭취하면 해소되기도 합니다.

잇몸 출혈, 기미, 주근깨엔 비타민C

비타민C는 '아스코르브산'이라고도 합니다. 사람은 몸에서 비타민C를 합성할 수 없어 식품이나 영양제로 비타민C를 충분히 얻지 않으면 결핍증이 발생하기 쉽습니다. 비타민C는 각종 채소와 과일에 함유되어 있지만 조리 중에 쉽게 파괴되고 평소 채소와 과일 섭취가 적은 사람이 많아 한국인이 부족하게 섭취하는 대표적 영양소입니다.

비타민C는 결합조직 형성과 기능 유지, 항산화 기능에 필수적인 영양소입니다. 결합조직은 우리 몸에 가장 널리 분포하는 조직으로, 몸의 구조를 유지하고 외부 침입으로부터 우리 몸을 보호하는 물리적 장벽으로 작용합니다. 근육을 뼈에 부착하는 힘줄(건), 피부의 진피, 연골, 뼈 등이 모두 결합조직입니다. 따라서 비타민C가 결핍되면 다양한 문제가 발생합니다.

또 비타민C는 유해산소로부터 세포를 보호하는 항산화 작용으로 자외선으로부터 피부를 보호합니다. 멜라닌 색소의 생성을 억제해 기미나 주근깨 완화에도 효과적이며, 콜라겐 그물망 구조 형성을 도와 피부의 탄력 및 관절의 기능 유지에도 관여합니다.

건강기능식품은 하루 섭취량에 함유된 비타민C가 30mg 이상일 때, 일반의약품은 500mg 이상일 때 다음의 내용을 표시할 수 있습니다. 일반의약품은 함량과 관계없이 비타민C가 포함된 모든 제품에 '육체 피로, 임신·수유기 및 병중·병후(병을 앓는 동안이나 회복 후)의 체력 저하 시 비타민C의 보급'이라는 내용이 표시됩니다.

구분	표시 기준	표시 내용
일반의약품	효능·효과	• 햇빛·피부병 등에 의한 색소 침착(기미, 주근깨) 완화 • 잇몸 출혈, 비출혈(코피) 예방
건강기능식품	기능성 내용	• 결합조직 형성과 기능 유지에 필요 • 철의 흡수에 필요 • 항산화 작용을 하여 유해산소로부터 세포를 보호하는 데 필요

비타민C가 결핍되면 결합조직의 형성과 기능 이상으로 초기에는 잇몸에 염증이 생기거나 지혈 능력 저하로 모세혈관 출혈이 증가할 수 있습니다. 심하면 관절, 부신 등 내부의 출혈도 증가해 심각하면 사망에 이르는데, 이 상태를 괴혈병이라 합니다. 18세기에 식민지 원정을 떠난 영국군 배의 군인과 선원 2000여 명 중 절반이 사망할 만큼 위협적인 이 병은 신항로를 개척하던 대항해 시대에 가장 무서운 병이었습니다. 초기에는 피로와 권태, 출혈 등이 나타나고 이후 면역 세포 및 물리적 보호 장벽이 약해지며 감염 증가, 피부 건조 및 치아 소실, 우울증이나 인지 기능 저하까지 이어지는 무서운 병으로 알려져 있습니다. 최근에는 심각한 비타민C 결핍 전에 대부분 치료하므로 목숨을 위협

하지는 않습니다. 단, 평소 치과에서 스케일링을 정기적으로 해도 잇몸 출혈이 잦거나 혈액 검사에서 특별한 이상이 없음에도 코피와 피로가 잦다면 비타민C 보충이 도움이 될 수 있습니다.

비타민C는 수용성 비타민으로 우리 몸에 저장되지 않아 매일 음식이나 보충제로 충분히 섭취해야 합니다. 19세 이상 성인 기준 비타민C의 하루 권장 섭취량은 100mg입니다. 과잉 섭취 시 소변의 수산염 농도가 증가해 수산칼슘결석 발생 위험이 증가할 가능성 등을 고려해 비타민C의 상한 섭취량은 2000mg으로 설정했습니다. 음식으로 섭취하는 비타민C는 비교적 안전하지만, 보충제만으로 비타민C를 2000mg 넘게 먹으면 흡수되지 않은 비타민C가 소화기관에 증가해 오심, 구토, 복부팽만, 복통, 삼투성 설사 등이 나타날 수 있습니다.

신장결석이나 통풍이 있다면 비타민C를 먹지 말아야 할까요?

비타민C를 과량 섭취하면 소변의 수산염 농도가 증가해 수산칼슘결석 발생 위험이 증가할 수 있습니다. 또한 소변으로 요산 배출량을 늘려 이미 통풍 발작으로 혈액 중에 요산이 높아져 소변의 요산 배출이 증가한 통풍 환자라면 요산결석 발생 위험을 높이기도 합니다. 그래서 일반의약품 비타민C 영양제에는 주의 사항으로 통풍 환자 또는 신장결석 환자나 고옥살산뇨증(소변 중에 과량의 수산염이 배설되는 상태) 환자는 의사,

치과의사, 약사와 상의 후 비타민C를 섭취하도록 명시하고 있습니다.

그러나 신장결석이나 통풍 악화 위험 또한 반대되는 연구 결과가 있어 모든 환자에게 비타민C 섭취가 금지된 것은 아닙니다. 단, 안전을 위해 통풍이나 신장결석 등이 발생한 적이 있거나 현재 해당 질환이 있다면 우선 과일이나 채소로 비타민C를 섭취하기를 권하고, 영양제로 먹을 때는 500mg 내외의 낮은 용량부터 섭취합니다. 1000mg 이상의 고용량 섭취는 질환의 재발 여부, 현재의 상태 등에 따라 판단이 달라지므로 꼭 전문가와 정확한 상태를 확인한 뒤 선택하기 바랍니다.

면역과 뼈 건강이 고민된다면 비타민D

비타민D는 연어 등 일부 음식에만 풍부하고 일반적 식사로 충분히 얻기 어려워 햇빛 노출을 통한 피부 합성으로 얻어야 합니다. 피부의 비타민D 합성은 선크림을 바르지 않은 상태로 햇빛이 강한 낮에 20분 정도 노출되면 피부의 7-디히드로콜레스테롤이 자외선B UVB에 의해 비타민D로 전환됩니다. 하지만 우리나라는 1년 내내 비타민D가 합성될 만큼 충분한 햇빛이 공급되지 않고 선크림이나 의복 등으로 자외선B의 직접 자극을 막는 경우가 많아 비타민D 결핍률이 높습니다.

비타민D는 소장에서 칼슘과 인의 흡수율을 높여 혈액 중에 칼슘과 인의 농도를 적정 범위로 유지하고 골격의 무기질화에 중요한 역할을 합니다. 비타민D가 결핍되면 칼슘과 인의 대사 장애로 뼈 발육에 장애가 생기는 구루병이 발생할 수 있습니다. 생후 3개월에서 1년 6개월 사이에 많이 발생하며 영양 상태가 매우 불량한 국가에서만 발생하는 보기 드문 질환입니다. 그러나 영양 상태가 양호한 선진국에서도 모유 수유에만 의존하는 영유아에서 발병 사례가 증가해 최근에는 신생아에게 직접 비타민D를 섭취하도록 합니다. 수유부의 비타민D 결핍이 모유의 비타민D 결핍으로 이어질 수 있어서 영유아 구루병 예방을 위해 완전 모유 수유아는 수유할 때 유두에 비타민D 액제를 떨어뜨려 아이가 직접 섭취할 수 있도록 합니다. 분유에는 영유아의 발달 상태에 필요한 만큼 비타민D가 강화되어 있지만, 여전히 영유아 비타민D 결핍률이 크게 개선되지 않아 최근에는 수유법에 관계없이 구루병 예방에 집중해 생후 6개월까지는 하루 400IU 비타민D 보충을 권합니다.

비타민D는 근육세포의 칼슘 유입과 근육단백 합성에도 관여해 근력 강화에도 도움을 줍니다. 따라서 비타민D가 결핍되면 근육 약화나 근육 통증이 발생해 일상생활에서 움직임이 어려워질 수 있습니다. 또 비타민D는 일종의 호르몬처럼 다양한 생리적 기능 조절에 관여합니다. 특히 면역 세포의 분화를 촉진하고 면역 기능을 조절해 아토피 피부염, 알레르기 비염, 천식과 같은 알레르기성 질환이나 자가 면역 질환의 증상을 완화하는 데 도움이 될 가능성이 주목받으며 면역 질환 관리에 비타민D 활용도가 높아지고 있습니다.

비타민D는 식물성 식품이나 효모 등에 존재하는 비타민D2(에르고칼시페롤ergocalciferol)와 우리 몸에서 합성되고 동물성 식품에 함유된 비타민D3(콜레칼시페롤cholecalciferol)로 나뉩니다. 비타민D2와 D3는 영양제 외에 비타민D 결핍 치료를 위한 전문의약품(의사의 처방전이 있어야만 구매할 수 있는 의약품)으로도 활용됩니다.

음식이나 햇빛 노출 또는 보충제로 얻은 비타민D는 비활성형으로, 우리 몸에서 두 단계로 활성화되어야 합니다. 이 과정을 화학기호로 수산화기(-OH)가 붙는다고 하여 '수산화hydroxylation'라고 합니다. 첫 번째 활성화는 간에서 일어나는데, 이 형태를 '칼시디올calcidiol'이라고 합니다. 혈액 검사에서 확인하는 비타민D는 바로 이 칼시디올 수치입니다. 아직 공식적인 기준은 없지만, 일반적으로 칼시디올의 혈중 농도가 10ng/ml 미만일 경우 심한 결핍, 10~20ng/ml는 결핍, 21~29ng/ml는 상대적인 부족으로 정의하며 30ng/ml 이상은 충분한 상태라고 정의합니다.

두 번째 활성화는 주로 신장에서 일어납니다. 이 형태가 비타민D의 생리적 활성을 나타내는 '칼시트리올calcitriol'입니다. 따라서 간이나 신장 기능에 심각한 문제가 생기면 비타민D가 제대로 활성화되지 않으므로 만성 콩팥병 환자에게는 활성형 비타민D를 처방하기도 합니다.

비타민D2와 D3는 활성화 등 대사 과정에서 큰 차이가 없고 비타민D 결핍증 치료 효과도 유사하다고 알려져 특별히 어떤 형태가 더 뛰어나다고 보지는 않습니다. 비타민D의 2차 활성화는 신장 외에 면역 세포, 전립샘 등에서도 이루어진다는 사실이 알려져 칼슘의 흡수 증가 외에도 다양한 목적으로 비타민D가 활용되고 있습니다.

비타민D는 함량 표시 단위로 μg과 IU를 함께 사용합니다. 두 단위의 전환율은 1μg=40IU입니다. 예컨대 비타민D 10μg은 400IU와 같습니다. 일반의약품 영양제는 비타민D를 함유한 모든 제품에 '임신·수유기, 발육기, 노년기 비타민D의 보급'이라는 효능·효과를 표시하며, 1일 복용량에 200IU 이상의 비타민D가 함유되면 '뼈, 이의 발육 불량, 구루병의 예방'이라는 내용이 추가됩니다. 건강기능식품은 1일 섭취량에 120IU(=3μg) 이상의 비타민D를 함유할 때 다음과 같은 기능성 내용을 표시할 수 있습니다.

구분	표시 기준	표시 내용
일반의약품	효능·효과	• 뼈, 이의 발육 불량, 구루병의 예방
건강기능식품	기능성 내용	• 칼슘과 인이 흡수되고 이용되는 데 필요 • 뼈의 형성과 유지에 필요 • 골다공증 발생 위험 감소에 도움을 줌

2020 한국인 영양소 섭취 기준에서는 아직 한국인의 비타민D

필요량을 추정할 만한 과학적 근거가 충분하지 않아 평균 필요량과 권장 섭취량은 정하지 않았고 충분 섭취량과 상한 섭취량만 설정했습니다. 충분 섭취량은 구루병 예방에 도움이 될 정도의 함량으로, 일반적인 영양제나 치료제의 함량보다 현저히 적습니다.

약국에서 비타민D 섭취 후 변화를 관찰해보면, 성인은 하루에 1000~2000IU의 비타민D를 섭취해야 혈중 농도에 변화를 줄 수 있습니다. 심한 결핍이 예상되면 하루에 상한 섭취량인 4000IU 이상을 섭취하기도 하지만 장기간 섭취하면 칼슘 흡수율을 과하게 높일 수 있어 섭취 기간 등은 전문가와 상의해야 합니다. 비타민D는 체내에 저장되는 지용성 비타민의 특성상 안전을 위해 상한 섭취량 내로 섭취할 것을 권합니다. 영유아 영양제의 경우 비타민D가 다양한 제품에 함유되기 때문에 두 가지 이상의 영양제를 먹이고 있다면 해당 연령대의 상한 섭취량을 넘기지 않도록 확인해야 합니다.

영양제로 섭취한 비타민D를 활성화하는 간이나 신장 기능에 문제가 있다면 제대로 된 기능성을 얻기 어렵습니다. 그래서 신장 기능에 문제가 있는 사람은 활성 형태의 비타민D를 처방받아 복용합니다. 또 골다공증을 치료할 때 처방받는 칼슘제에도 비타민D가 함유되어 있기도 합니다. 따라서 신장 질환이나 골다공증의 치료를 위해 처방의약품을 복용하고 있다면 현재 복용하고 있는 약에 비타민D가 포함되어 있는지 확인한 뒤 영양제를 섭취하기 바랍니다.

혈관 건강에 좋은 비타민E

비타민E는 항산화 작용을 통해 유해산소로부터 세포를 보호합니다. 지용성 비타민으로 물과 친하지 않은 세포막의 안쪽(소수성 부분)에 축적되어 세포막의 지질이 손상되는 것을 막는 데 중요한 역할을 합니다. 또한 체내 항산화 시스템에서 비타민C, 아연, 구리, 글루타치온 등 다양한 항산화제와 상호보완적으로 작용해 다방면으로 건강에 긍정적 영향을 줍니다.

비타민E는 혈소판 응집 작용이나 혈액 응고 과정을 방해합니다. 이 과정이 방해받으면 지혈이 제대로 되지 않아 출혈 위험이 증가하고 상처 치료나 회복에 어려움을 겪습니다. 하지만 일반적인 상황에서 적정 수준의 혈소판 응집 방해는 혈행 개선에 도움을 줄 수 있어 비타민E는 말초 혈행 개선 목적 영양제로 활용됩니다.

하루 섭취량에 비타민E가 100IU 이상 포함되면 말초 혈행 장애 및 갱년기에 나타나는 어깨나 목 결림, 손발 저림, 수족냉증을 완화하는 데 효과적입니다. 단, 질환 치료 목적으로 항혈소

구분	표시 최소 함량	표시 기준	표시 내용
일반의약품	100IU	효능·효과	말초 혈행 장애 및 갱년기 시 다음 증상의 완화: 어깨·목 결림, 수족 저림(손발 저림), 수족냉증(손발이 차가움)
건강기능식품	3.3mg α-TE(4.917IU)	기능성 내용	항산화 작용을 하여 유해산소로부터 세포를 보호하는 데 필요

비타민E의 효능·효과 및 기능성 내용

판제나 항응고제를 복용 중이라면 비타민E 섭취가 출혈 위험을 증가시킬 수 있으므로 반드시 전문가와 상의한 뒤 비타민E 영양제를 먹어야 합니다.

비타민E가 결핍되면 항산화 기능 약화로 세포가 손상될 수 있습니다. 특히 적혈구가 과도하게 파괴되는 용혈성 빈혈이 발생할 수 있습니다. 또한 세포막 손상으로 신경 신호 전달에 문제가 발생해 신경병증이나 근육병증이 발생하고, 산화적 스트레스 증가로 시세포 손상, 면역 시스템 변화 등이 나타날 수 있습니다.

이론적으로 비타민E는 약 90%가 지방세포에 저장되어 정상 상태에서 비타민E 결핍증은 거의 발생하지 않습니다. 단, 낭포성 섬유증이나 담관 폐쇄 등과 같이 식이 지방 흡수 불량으로 지용성 비타민 흡수에 문제가 있다면 비타민E 결핍 위험이 커서 반드시 치료가 필요합니다.

비타민E 함량 표시 단위로 일반의약품은 IU, 건강기능식품은 mg α-TE(α-토코페롤당량)*을 사용합니다. 건강기능식품은

IU를 병용 표기할 수 있지만 대개 mg α-TE만 표시합니다. α-토코페롤당량은 건강기능식품 비타민E의 원료로 합성형이나 복합 식품 원료가 사용되어도 활성도가 가장 큰 천연 비타민E로 전환된 값을 함량으로 표시한다는 뜻입니다. 즉, 건강기능식품 라벨에 표시된 비타민E 함량은 원료의 활성 차이가 반영된 값입니다.

2020 한국인 영양소 섭취 기준에서는 비타민E의 충분 섭취량과 상한 섭취량만 제시합니다. 한국인이 섭취하는 식품에 다양한 형태의 비타민E가 들어 있으나 한국인 대상 활성도 실험이 적어 평균 필요량이나 권장 섭취량을 설정할 근거가 충분하지 않기 때문입니다.

비타민E의 상한 섭취량은 혈소판 응집 방해로 인해 발생하는 출혈 독성을 고려해 설정되었습니다. 비타민E는 지용성 비타민의 특성상 우리 몸에 저장되고, 비타민E의 상한 섭취량에는 음식으로 섭취하는 양도 포함되므로 영양제로서 비타민E는 상한 섭취량 내로 섭취하는 편이 좋습니다. 단, 영양소 상한 섭취량은 혈소판 응집 억제제 같은 약물 복용을 고려한 값이 아니므로 다

* 자연상의 비타민E는 크게 토코페롤과 토코트리에놀 형태로 존재하고 화학적 구조에 따라 α, β, γ, δ로 나뉩니다. 즉, 음식을 통해 얻는 비타민E는 총 여덟 가지 형태인데, 체내 활성도는 α-토코페롤이 가장 높습니다. 따라서 동물시험 등을 근거로 각각의 활성도를 비교한 전환율을 적용한다는 뜻으로, 활성형인 α-토코페롤당량(α-tocopherol equivalent)으로 함량을 표시합니다.

양한 약물을 복용한다면 출혈 위험을 예방하기 위해 전문가와 상담한 뒤 섭취량을 결정해야 합니다.

비타민E가 함유된 영양제를 먹고 월경량이 늘어났다?

비타민E를 함유한 모든 일반의약품에는 '월경이 예정보다 빨라지거나 양이 점점 많아질 수 있으며, 출혈이 오래 지속될 수 있다'는 주의 사항이 표시됩니다. 비타민E의 에스트로겐 유사 작용 또는 말초 혈행 개선 강화 효과와 연관된 것으로 보이나 기전이 확실하지는 않습니다.

이런 증상이 나타났을 때는 우선 비타민E 함유 영양제 섭취를 중단하는 것이 좋습니다. 월경 주기의 특성상 리듬이 한번 무너지면 다음 주기까지 영향을 줄 수 있으나 영양제 섭취를 중단하고 시간이 지나면 정상적으로 회복됩니다.

이상 반응은 워낙 개인차가 커서 어떤 여성은 100IU 이하의 낮은 비타민E 섭취로도 이런 문제를 겪기도 합니다. 따라서 비타민E가 함유된 영양제를 섭취한 뒤 월경의 양이나 주기가 변한 경험이 있다면 소량의 비타민E 함유 제품도 주의할 필요가 있습니다.

우유나 치즈를 먹지 않는다면 칼슘

칼슘의 99%는 뼈와 치아에 수산화인회석hydroxyapatite 형태로 존재하며, 뼈와 치아의 형성 및 강도 유지에 중요한 역할을 합니다. 나머지 1%는 혈액과 세포에서 근육의 수축과 이완, 혈액 응고, 신호 전달, 신경 전달 물질 분비, 심장 박동 조절, 호르몬 분비, 세포의 체액 균형 유지 등 다양한 생리적 기능에 참여합니다. 혈액 중의 칼슘은 매우 좁은 범위 안에서 조절됩니다. 만일 우리가 음식을 통해 섭취한 칼슘이 부족하거나 특정 질환 등으로 혈중 칼슘 농도가 정상 범위를 벗어나면 뼈와 치아에 저장된 칼슘을 활용하거나 칼슘 흡수율을 높여 혈중 칼슘 농도를 빠르게 정상 범위로 회복합니다.

뼈는 사람이 성장하고 나이 듦에 따라 지속적인 뼈의 흡수 및 재형성 과정으로 뼈의 강도를 유지하고 물리적 스트레스에 적응합니다. 물리적 스트레스란 신체 활동을 할 때 뼈에 가해지는 충격이라고 이해하면 됩니다. 뼈의 강도는 뼈의 양과 질에 의해 결정됩니다. 그러나 뼈의 질을 평가하는 명확한 지표가 없고 측정이 쉽지 않아 뼈의 양(골량)과 연관된 골밀도로 골다공증을 진단합니다.

뼈의 양은 뼈를 형성하는 조골세포와 오래된 뼈 흡수에 작용하는 파골세포의 활동에 따라 변하는데, 이 세포들은 나이에 따라 활동성이 변합니다. 전반적인 흐름을 보면, 30대 초에 최대 골량에 도달한 뒤 40대 이후 점점 낮아집니다. 골량 형성에 무엇보다 중요한 것은 적절한 칼슘 섭취입니다. 성장기와 20대에 칼슘을 충분히 먹지 않아 최대 골량이 낮게 형성되면 40대 이후

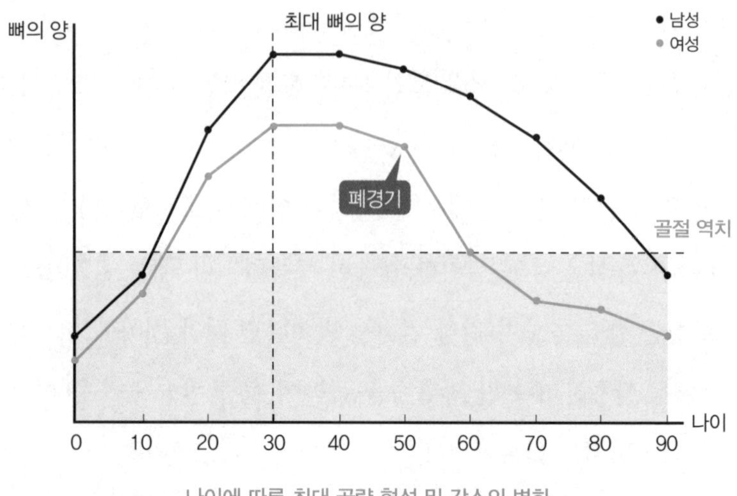

나이에 따른 최대 골량 형성 및 감소의 변화

출처: 국가건강정보포털 '골다공증'

골감소증과 골다공증의 발생 위험이 더 큽니다.

골다공증은 뼈의 양이 감소하고 질적인 변화로 뼈의 강도가 약해지면서 골절 발생 가능성이 큰 상태를 말합니다. 특히 여성은 남성보다 최대 골량이 낮게 형성되고 폐경기 이후 여성 호르몬 분비 감소로 급격하게 골량이 감소하는 특징이 있어서 30세 전에 적절한 칼슘 섭취가 중요합니다. 또한 비타민K, 비타민C, 인, 단백질 등의 적절한 영양소 섭취와 흡연, 음주, 저체중, 적은 운동량 등 다양한 생활습관이 골밀도에 영향을 줄 수 있습니다.

왜 폐경기 이후에 골밀도가 급격히 감소하나요?

폐경기 여성의 난소에서는 에스트론estron, E1이 많이 분비되며, 가임기에는 에스트라디올estradiol, E2이 많이 분비되고, 임신 기간에는 에스트리올estriol, E3이 많이 분비되는데, 세 가지를 합쳐 '에스트로겐'이라고 부릅니다. 그런데 폐경기에 분비되는 에스트론은 가임기에 분비되는 에스트라디올보다 활성이 낮아 폐경기가 다가오면 기존의 여성 호르몬이 작용하던 것만큼 생리적 기능을 수행하지 못해 건강상에 여러 변화가 나타납니다. 그중 골밀도를 유지하는 파골세포의 활동성에도 영향을 주어 에스트로겐의 강도가 줄어드는 폐경기에는 골밀도가 급격히 감소합니다. 또한 노화로 칼슘 흡수율이 가임기 여성 대비 약 25% 감소하는 것도 골다공증 발생 위험을 높이는 데 영향을 준다고 알려져 있습니다.

그래서 골다공증 예방과 치료를 위해 충분한 칼슘과 비타민D 섭취를 무엇보다 강조합니다. 골다공증을 진단받으면 일반 식사에서 충분한 칼슘을 얻지 못한다는 가정하에 권장 섭취량 대부분을 영양제로 공급합니다. 보통 칼슘과 비타민D를 함께 활용하는데 칼슘은 하루 800~1000mg, 비타민D는 하루 800IU 이상을 권합니다

단기간의 칼슘 섭취 부족은 뼈에 저장된 칼슘을 활용하므로 특별한 문제가 나타나지는 않습니다. 그러나 장기간의 칼슘 섭취 부족은 골밀도에 영향을 주어 골연화증과 골다공증 발생 위험을 증가시킵니다. 특히 골 형성 속도가 빠른 영유아, 성장기 아동의 칼슘 섭취 부족은 골격 형성에 영향을 주어 성장 지연, 구루병, 골연화증 등이 발생할 수 있습니다.

혈액 중의 칼슘이 낮아지는 저칼슘혈증이 나타나면 손발 저림, 근육 약화, 짜증, 피로, 불안, 집중력 저하 등 다양한 문제가 발생합니다. 그러나 혈중 칼슘 농도는 매우 정교하게 조절되므로 신부전이나 수술 후 부갑상샘 손상처럼 치료가 필요한 상황이 아니라면 흔히 나타나지는 않습니다.

2021년 국민건강영양조사 결과를 보면, 한국인은 권장 섭취량 대비 남자는 69%, 여자는 60%의 칼슘을 섭취하는 것으로 나타났습니다. 한국인의 식습관 특성상 칼슘이 풍부한 유제품 섭취가 부족하기 때문입니다. 따라서 평소 칼슘 섭취가 부족하고 다른 영양제를 먹어도 손발 저림이나 피로 등의 증상이 해소되지 않는다면 칼슘 영양제 섭취를 고려해볼 수 있습니다.

건강기능식품은 하루 섭취량에 함유된 칼슘이 210mg 이상일 때, 일반의약품은 300mg 이상일 때 다음의 기능성 내용이나 효능·효과를 표시할 수 있습니다.

구분	표시 기준	표시 내용
일반의약품	효능·효과	• 칼슘 결핍 및 기타 칼슘의 보급
건강기능식품	기능성 내용	• 뼈와 치아 형성에 필요 • 신경과 근육 기능 유지에 필요 • 정상적인 혈액 응고에 필요 • 골다공증 발생 위험 감소에 도움을 줌

칼슘 영양제의 원료로는 탄산칼슘, 구연산칼슘, 글루콘산칼

슘 등을 활용합니다. 각각 화학적 구성이 달라서 같은 중량을 기준으로 칼슘은 탄산칼슘의 40%, 구연산칼슘의 21%, 글루콘산칼슘의 9%만 차지합니다. 예를 들어 구연산칼슘 750mg에는 약 158mg의 칼슘이 함유되어 있습니다. 그래서 단위 중량 대비 칼슘 함량이 높고 가격이 저렴한 탄산칼슘이 처방의약품이나 종합비타민·미네랄 제품에 많이 활용됩니다. 단위 중량당 칼슘 함량이 높으면 같은 양의 칼슘을 얻기 위해 더 적은 원료를 사용해도 되니까 하루에 섭취하는 알약이나 캡슐의 양을 적게 만들 수 있다는 장점이 있습니다.

그런데 탄산칼슘의 칼슘이 소화관에서 용해되어 흡수되려면 위산이 필요합니다. 그래서 식후에 먹어야 하는 불편함이 있고, 위염 등의 문제로 위산 분비를 억제하는 약물을 복용하면 흡수율이 감소하기도 합니다. 또한 칼슘 함량이 높아 섭취 후 변비나 속쓰림 등의 위장 장애가 잦아 섭취를 중단하는 사람도 많습니다. 구연산칼슘은 칼슘 흡수가 위산에 영향받지 않아 아무 때나 섭취할 수 있고 유기염으로 흡수율이 높아 탄산칼슘보다 변비나 위장 장애 등을 호소하는 사람이 적은 편입니다. 하지만 변비나 위장 장애 등으로 구연산칼슘도 섭취하지 못하는 사람들이 있는데, 그럴 때는 코랄 칼슘이나 어골 칼슘 등 자연 유래 원료로 만든 칼슘 영양제를 선택합니다.

코랄(산호) 칼슘, 어골(생선 뼈) 칼슘, 패각(굴) 칼슘 등의 자연 유래 칼슘 원료는 건강기능식품에서만 활용할 수 있습니다. 자연 유래 칼슘이지만 화학적 분류에 따르면 대개 탄산칼슘입니다. 같은 탄산칼슘이지만 자연 유래 칼슘 원료는 섭취 후 변비나 속쓰림 등의 위장 장애가 덜 발생하는 경향이 있습니다. 자연 유래 칼슘 원료에 함유된 미네랄 등에 의해서 흡수율이 일반 탄산칼슘보다 높다는 소규모 연구가 있지만 근거가 명확하지는 않습니다. 오히려 1회 섭취량에 함유된 절대적 칼슘의 양이 일반 탄산칼슘 영양제보다 낮아 칼슘이 소화관에 끼치는 영향이 적은 것으로 보입니다. 일반 탄산칼슘 영양제 1회 섭취량에는 보통 칼슘이 500~1000mg이 들어 있고 자연 유래 원료를 활용한 칼슘 영양제 1회 섭취량에는 300mg 전후의 칼슘이 함유되어 있습니다. 따라서 소화관에 들어간 칼슘의 양이 적어 위와 장의 환경 변화에 칼슘이 끼치는 영향이 줄어들며 소화관 부작용이 감소한 것으로 추정됩니다.

제조사마다 칼슘의 화학적 형태나 원료에 따른 흡수율을 강조하지만, 칼슘 흡수율은 개인의 식습관이나 소화기 건강, 생리적 상태(임신, 성장기 등)에 따라 변동성이 큽니다. 따라서 칼슘 영양제는 골다공증 치료 등의 특별한 목적이 아니라면 섭취 후 변비가 발생하지 않는 선에서 적절한 가격과 함량의 제품을 선택하면 됩니다.

2020 한국인 영양소 섭취 기준은 칼슘의 평균 필요량, 권장

섭취량, 상한 섭취량을 제시합니다. 남녀의 골격 크기, 성장기의 칼슘 요구량 증가, 노년기의 칼슘 흡수량 감소 등에 따라 권장 섭취량은 달라집니다. 칼슘의 상한 섭취량은 우유-알칼리 증후군이 발생할 위험성을 근거로 설정합니다. 우유-알칼리 증후군이란 칼슘이나 알칼리를 장기간 과량 섭취할 때 혈액 중의 칼슘이 높아지는 고칼슘혈증이 발생해 신장 등에 칼슘이 침착되는 것을 말합니다.

임신 중에는 태아의 골격 성장을 위해 칼슘 필요량이 증가하나 호르몬 변화로 칼슘 흡수율이 증가한다고 알려져 별도의 추가 섭취량을 설정하지 않았습니다. 수유기에도 칼슘 요구량과 골 손실이 증가하지만 수유가 끝나면 정상으로 회복된다고 알려져 추가 필요량을 설정하지 않았습니다. 다만 평소 유제품 섭취가 적어서 식이 칼슘 섭취량이 부족하다면 임신·수유기에 칼슘 영양제 섭취를 권합니다.

칼슘 영양제는 한 번에 500mg 이상 섭취하면 흡수율이 감소하므로 1회 섭취량은 500mg 이내로 유지하는 편이 좋습니다. 영양제로 다량의 칼슘을 한 번에 섭취하면 혈중 칼슘 농도가 급격하게 상승하고, 이를 낮추는 과정에서 칼슘이 혈관 등의 연조직에 침착되어 건강에 문제를 일으킬 수 있습니다. 상한 섭취량은 음식과 영양제를 통해 얻는 칼슘의 총량을 의미하므로 칼슘 영양제로 상한 섭취량을 꽉 채워 섭취하는 것은 권하지 않습니다.

이런 약은 칼슘제가 효과를 방해할 수 있어요!

칼슘은 다양한 약물과 상호 작용을 일으킬 수 있습니다. 대표적으로 갑상샘 기능 저하증 치료제와 철분제가 있습니다. 갑상샘 기능 저하증을 치료하는 '레보티록신' 성분은 칼슘과 함께 복용하면 칼슘이 레보티록신의 생체 이용률을 감소시켜 치료에 영향을 줄 수 있습니다. 따라서 최소 4시간의 간격을 두고 섭취하기를 권합니다.

철 결핍성 빈혈 치료를 위한 철분제를 칼슘 영양제와 함께 복용하면 철분의 흡수를 방해해 치료에 영향을 줄 수 있습니다. 따라서 철분과 칼슘은 최소 2시간의 간격을 두고 섭취해야 합니다.

테트라사이클린 등 일부 항생제나 골다공증 치료제를 복용할 때도 칼슘 영양제와 섭취 간격을 고려해야 합니다. 따라서 장기간 질환 치료제를 복용한다면 약사와 칼슘 영양제의 섭취 간격을 한 번 더 상담하기 바랍니다. 또한 신장결석 발생 경험이 있거나 재발 위험이 커 담당 의사로부터 칼슘 영양제 섭취 주의를 권고받았다면 전문가와 상담한 뒤 섭취 여부를 결정하기 바랍니다.

다리에 자꾸 쥐가 난다면 마그네슘

마그네슘은 우리 몸에서 300여 종이 넘는 효소의 보조인자로서 다양한 대사 반응에 관여합니다. 탄수화물과 지방 대사, 미토콘드리아의 ATP 합성에 필수적 요소로 에너지 생성에 관여합니다. 체내 마그네슘의 50~60%는 뼈와 치아에 존재하며 뼈와 치아의 구성 요소로 작용합니다. 마그네슘이 결핍되면 뼈와 치아를 구성하는 수산화인회석 결정의 크기가 커지고 파골세포의 수가 증가하며 뼈의 강도가 약해질 수 있습니다. 그래서 대부분의 뼈 건강 제품에는 칼슘, 비타민D와 함께 마그네슘이 포함됩니다.

마그네슘은 세포막 안정성에도 관여해 심장의 리듬과 평활근의 수축 등 신경과 근육 기능 유지를 위한 세포 신호 전달에 중요한 역할을 합니다. 그래서 눈 밑 떨림, 다리 저림, 근육 경련 등의 신경과 근육 기능 불편을 개선하기 위한 목적으로 마그네슘을 많이 활용합니다. 그 외 포도당 대사에 관여해 인슐린 민감도를 높이고 혈관의 평활근을 이완시켜 혈당이나 혈압 관리에도 도움을 줄 수 있습니다.

마그네슘은 일반적인 식사에서는 쉽게 결핍되지 않습니다. 그러나 만성 알코올 중독이나 만성 설사에 의한 흡수 불량, 약물을 많이 복용하고 마그네슘 섭취가 감소하는 고령층 등의 상황에서는 마그네슘 결핍 위험이 큽니다. 특히 잦은 음주는 영양 상태 불량으로 이어져 피로, 허약, 식욕 부진, 저림 등의 마그네슘 결핍 증상을 악화시킬 수 있습니다.

마그네슘은 뼈 건강 제품이나 종합비타민·미네랄 등에도 많이 함유됩니다. 건강기능식품은 하루 섭취량에 94.5mg 이상의 마그네슘이 함유되어 있을 때, 일반의약품은 280mg 이상 함유되어 있을 때 아래의 기능성 내용과 효능·효과를 표시할 수 있습니다.

구분	표시 기준	표시 내용
일반의약품	효능·효과	• 마그네슘 결핍으로 인한 근육 경련
건강기능식품	기능성 내용	• 에너지 이용에 필요 • 신경과 근육 기능 유지에 필요

일반의약품의 마그네슘 효능·효과 표시 기준을 고려할 때 건강기능식품으로 판매되는 마그네슘으로 근육 경련에 도움을 받으려면 하루 섭취량에 마그네슘이 280mg 이상 함유된 제품을 추천합니다.

2020 한국인 영양소 섭취 기준은 마그네슘의 평균 필요량, 권장 섭취량, 상한 섭취량을 제시합니다. 마그네슘은 땅콩, 아몬드 같은 견과류와 아보카도, 바나나 등에 많이 함유되어 있으며, 이러한 자연식품 형태로 섭취하는 마그네슘의 과잉 섭취와 관련한 이상 반응은 알려진 바가 없습니다. 따라서 마그네슘의 상한 섭취량은 영양제로 섭취하는 양에만 적용됩니다.

마그네슘의 상한 섭취량은 설사 등 위장 관련 이상 반응의 가능성이 큰 용량을 기준으로 설정되었습니다. 흡수되지 않은 마그네슘이 장내에서 수분을 끌어당기면서 나타나는 현상으로, 의약품에서는 이 반응을 이용해서 변을 무르게 하여 배변 활동을 돕는 변비약으로 활용합니다.

마그네슘도 칼슘처럼 다양한 원료가 영양제에 활용됩니다. 그중 산화마그네슘이 값이 저렴하고 마그네슘 함량이 60%로 높아 가장 많이 쓰입니다. 산화마그네슘은 글루콘산마그네슘이나 구연산마그네슘 등의 유기염 제제 또는 킬레이트 마그네슘(마그네슘에 아미노산 2개가 결합된 형태)보다 흡수율이 낮아서 장내에 머무는 마그네슘의 양이 많아 설사 발생 빈도가 높습니다. 그런데 유기염 형태의 마그네슘을 섭취한 뒤에도 설사나 묽은 변 등 소화기 이상 반응을 호소하는 사람들이 있습니다. 따라서 마그네슘 영양제 섭취 후 설사나 묽은 변이 지속된다면 전문가와 상의한 뒤 마그네슘 함량을 조절하거나 원료를 변경해야 합니다.

이런 약은 마그네슘과 함께 먹을 때 주의가 필요해요!

마그네슘이 함유된 변비약을 복용하는 사람이 마그네슘 영양제를 섭취하면 변이 더 묽어질 수 있습니다. 또한 평소 묽은 변을 자주 보거나 최근에 장염 등을 앓고 난 뒤 변이 묽어진 경우에도 마그네슘 영양제 섭취에 주의해야 합니다. 잦은 묽은 변이나 설사는 영양소 흡수에 영향을 주어 건강에 문제를 일으킬 수 있습니다.

마그네슘은 갑상샘 기능 저하증 치료제인 레보티록신 성분의 흡수를 방해할 수 있습니다. 따라서 레보티록신을 복용한다면 최소 4시간 간격을 두고 마그네슘 영양제를 먹어야 합니다.

철 결핍 증상이 있다면 철분

철분은 헤모글로빈(혈색소)과 미오글로빈의 필수 구성 성분입니다. 적혈구 헤모글로빈의 철은 산소와 결합하여 폐로 들어온 산소를 온몸 구석구석 전달합니다. 미오글로빈은 근육에 산소를 공급하며 근육 대사와 결합조직의 유지에 중요한 역할을 합니다. 따라서 철분 결핍으로 전신의 산소 전달 능력이 감소하면 피로, 두통, 어지러움, 가슴 두근거림, 성장 장애, 운동 능력 저하, 모발이나 손발톱 약화 등 다양한 문제가 발생합니다.

임신 중에는 태아가 자라면서 모체를 순환하는 혈액의 양이 증가하고, 그에 따라 혈액의 구성 성분으로서 철의 요구량이 증가합니다. 특히 임신 중후반기에 태아가 급격히 성장하면서 철 결핍성 빈혈이 쉽게 발생할 수 있어 임신 4개월부터 미리 철분제 섭취를 권합니다. 평소 월경량이 많거나 주기가 길어서 철 손실량이 많거나, 육류 섭취가 부족해 철 결핍 위험이 크고 피로, 어지러움, 가슴 두근거림 등의 철 결핍 증상이 있다면 임신 준비기부터 철분 보충제 섭취를 권합니다.

성장 속도가 빠른 영유아, 성장기 어린이도 철분 결핍 위험이 큽니다. 영유아나 어린이의 철분 결핍은 성장과 발달, 인지 기능 등에도 영향을 끼칠 수 있어 음식이나 영양제를 통해 적절한 철분 섭취에 신경 써야 합니다. 특히 태아의 철 저장은 임신 3기에 발달하므로 조산아의 경우 철 결핍이 더욱 흔하게 나타납니다. 만삭으로 태어난 아이라면 생후 4~6개월 동안은 체내에 저장된 철을 사용하지만, 이후 모유나 분유로 적절한 철분을 공급하지 않으면 철 결핍으로 성장에 영향을 줄 수 있습니다.

체내에 저장된 철의 3분의 2는 적혈구의 헤모글로빈에 결합되어 있으며, 10%는 근육의 미오글로빈을 구성합니다. 그 외에는 골수와 간, 비장에 페리틴과 헤모시데린 형태로 저장되었다가 철분 섭취가 부족하거나 철의 요구량이 커지면 분해되어 활용됩니다.

철 결핍성 빈혈은 헤모글로빈 등에 저장된 철까지 부족해져 헤모글로빈이 정상 수치 이하로 감소했을 때 진단됩니다. 성인 남성은 혈색소 농도가 13g/dl, 여성은 12g/dl일 때 빈혈로 정의합니다. 철분 요구량이 커지는 6~16세 성장기 청소년은 12g/dl, 6개월에서 6세 미만의 소아는 11g/dl, 임신부는 11g/dl 미만일 때 빈혈로 정의합니다. 만일 건강검진에서 철 결핍성 빈혈을 진단받았다면 제대로 된 치료를 위해 저장철 보충까지 고려해 적어도 4~6개월은 철분 영양제를 먹어야 합니다.

건강기능식품은 하루 섭취량에 철분이 3.6mg 이상 함유되어 있을 때, 일반의약품은 18mg 이상 함유되어 있을 때 다음의 기능성 내용과 효능·효과를 표시할 수 있습니다.

구분	표시 기준	표시 내용
일반의약품	효능·효과	• 철 결핍성 빈혈의 예방 및 치료
건강기능식품	기능성 내용	• 체내 산소 운반과 혈액 생성에 필요 • 에너지 생성에 필요

일반의약품의 철분 효능·효과 표시 기준을 고려할 때 건강기능식품으로 판매되는 철분제로 철 결핍성 빈혈을 예방하려면 하루 섭취량에 철분이 18mg 이상 함유된 제품을 선택해야 합니다.

2020 한국인 영양소 섭취 기준을 보면, 철분의 권장 섭취량은 생애주기별 철분 요구량에 따라 달라집니다. 예를 들어 성장 속도가 빠르고 월경으로 철 소실량이 높은 12~14세 여자 청소년은 철분의 권장 섭취량이 남자 청소년보다 2mg 높습니다. 철분의 상한 섭취량은 음식과 영양제를 통해 얻는 철분의 총량을 의미하므로, 일반적 상황에서 철분제는 상한 섭취량 이하로 섭취해야 합니다. 철분의 상한 섭취량은 건강한 사람이 섭취했을 때 변비나 흑변 등 위장관 이상 반응 발생 위험이 큰 함량을 기준으로 정한 값으로, 철 결핍을 치료할 때는 단기간 상한 섭취량 이상의 철분을 활용합니다.

철분을 과잉 섭취하면 단기적으로는 변비나 흑변 같은 위장관 불편 증상이 나타날 수 있고, 심하면 철 중독증으로 경련이 일어나거나 사망에 이를 수 있습니다. 특히 만 6세 이하의 어린이가 사고로 과량 복용했을 경우 중독성 사망을 일으킬 수 있으므로 반드시 철분 영양제는 어린이의 손이 닿지 않는 곳에 보관해야 합니다. 아이가 평소 육류 섭취가 적고 짜증이나 급격한 체력 저하 등 철 결핍 증상이 뚜렷해 철분 영양제를 먹는다면 연령별 상한 섭취량 이내로 먹되 그 이상 섭취할 때는 반드시 전문가와 상담한 뒤 섭취량과 기간을 정해야 안전합니다.

헴철과 비헴철은 이런 점이 달라요

우리가 섭취하는 음식의 철분이나 영양제의 철분은 형태에 따라 헴철heme-iron과 비헴철non-heme-iron로 나뉩니다. 헴철은 헴 단백질에 철분이 결합된 것을 말하고, 비헴철은 그 외 모든 형태의 철분, 즉 헴 단백질에 결합되지 않은 철분을 통칭합니다.

육류와 해산물에는 헴철과 비헴철이 모두 들어 있지만, 그 외의 식품과 영양제에는 주로 비헴철만 함유되어 있습니다. 헴철은 헴 수송체로 알려진 별도의 통로로 흡수되고 다른 음식에 영향을 받지 않아 흡수율이 20~35%로 높다고 알려져 있습니다. 반면, 비헴철은 소장에서 흡수되려면 비타민C의 도움을 받아 3가철(Fe^{3+}, 제2철)에서 2가철(Fe^{2+}, 제1철)로 환원되어야 하고, 다른 음식물이 흡수에 영향을 주어 흡수율이 10% 내외로 낮습니다.

음식 형태로 먹을 때는 헴철이 비헴철보다 우리 몸의 철분 수치 회복에 더 효과적인 것은 맞습니다. 그러나 영양제 원료로 보면, 헴철은 원료 구조의 특성상 1회 섭취량에 철분을 많이 담을 수 없습니다. 또한 우리 몸이 철 결핍 상태라면 소장에서 철분 흡수율이 자연스럽게 증가하는 특성이 있어 고함량 철분이 필요한 철 결핍성 빈혈 치료용으로는 주로 비헴철을 사용합니다.

일반적인 철 보충 목적이라면 헴철을 활용할 수도 있으며, 비헴철 영양제를 먹고 구역질이나 변비 같은 위장 장애가 심하다면 헴철을 선택하는 편이 낫습니다. 다만 헴철의 철분 함량이 심각한 철 결핍 상태 개선용으로는 부족해 이럴 때는 전문가와 상의해 비헴철 중에서 위장 장애가 잘 나타나지 않는 철분제를 선택해야 합니다. 참고로 약국에는 건강기능식품과 함께 다양한 형태의 일반의약품 철분제가 구비되어 있으니 위장 장애가 적은 비헴철 제제를 선택하기 어렵다면 가까운 약국에서 도움을 받을 수 있습니다.

구내염 때문에 고생한다면 아연

아연은 체내 100여 개가 넘는 효소의 활성을 조절하고, 일부 단백질 발현을 조절하는 과정에도 참여합니다. 항산화 효소인 구리-아연 슈퍼옥사이드 디스무타아제superoxide dismutase의 구성 요소로서 항산화 작용으로 세포 손상을 막고, 세포 분열과 증식에 필요한 효소의 보조인자로서 피부와 점막 건강 유지, 면역 세포의 증식과 분화, 항체 생성 등에 관여해 면역 기능 유지에도 매우 중요한 역할을 합니다.

따라서 아연이 결핍되면 전반적인 면역 기능에 영향을 주어 감염에 취약해질 수 있습니다. 또한 세포 분열에도 영향을 주어 상처 치유가 지연되거나 구내염, 설염 등이 나타나기도 합니다.

아연이 결핍되면 혀에서 맛을 느끼는 감각 세포가 몰려 있는 미뢰의 정상 발달을 저해해 미각 장애를 일으킬 수 있다고 알려져 밥을 잘 먹지 않는 아이들의 식사량을 늘리는 목적으로 아연 영양제를 활용하기도 합니다.

소화관의 흡수 장애나 만성 설사가 있거나 채식주의자라면 아연 결핍 위험이 큽니다. 동물성 식품의 아연 함량이 높기도 하지만, 통곡물이나 식물성 식품에 함유된 피틴산이 식품에 함유된 아연의 흡수를 방해하기 때문입니다. 따라서 채식을 하는 중에 상처 치유가 더디거나 점막의 상처가 잘 회복되지 않는다면 아연 영양제 섭취를 권합니다. 또한 과량의 알코올은 아연의 흡수를 감소시키고 소변의 배출을 늘리므로 잦은 음주는 아연 결핍 위험을 높일 수 있습니다.

건강기능식품은 하루 섭취량에 아연이 2.55mg 이상 함유되어 있을 때, 일반의약품은 15mg 이상 함유되어 있을 때 아래의 기능성 내용과 효능·효과를 표시할 수 있습니다.

구분	표시 기준	표시 내용
일반의약품	효능·효과	• 아연의 보급
건강기능식품	기능성 내용	• 정상적인 면역 기능에 필요 • 정상적인 세포 분열에 필요

일반의약품은 아연의 보급 외에 특별한 효능·효과가 없지만

비타민B2, B6와 함께 구내염 완화와 전반적인 면역 기능 개선 목적으로 활용됩니다. 건강기능식품은 하루 섭취량에 아연을 2.55mg 이상만 넣으면 광고 문구에 '면역'이라는 단어를 쓸 수 있습니다. 그래서 면역 기능성 표시를 위해 다수의 영양제에 아연이 활용되므로, 두 가지 이상의 영양제를 먹는다면 아연이 상한 섭취량을 넘지 않도록 확인해야 합니다.

2020 한국인 영양소 섭취 기준은 아연의 평균 필요량, 권장 섭취량, 상한 섭취량을 제시합니다. 아연을 과잉 섭취하면 단기적 급성 증상으로 구역, 구토, 상복부 통증 등의 위장관 장애와 식욕 저하, 두통 등이 발생할 수 있습니다. 보통 위장관 장애는 고용량의 아연 영양제를 섭취할 때 발생하지만, 낮은 용량의 아연을 섭취한 뒤에도 불편감을 느끼는 사람이 있습니다. 그럴 때는 아연 섭취량을 더 낮출 필요가 있습니다.

아연은 장기간 과잉 섭취하면 오히려 면역계에 부정적 영향을 주고, 구리와 철분의 흡수를 방해할 수 있습니다. 따라서 장기간 건강 관리 목적이라면 상한 섭취량 이하로 섭취하기를 권합니다. 집중적인 면역 기능 개선 등을 위해 상한 섭취량 이상을 섭취하고자 한다면 꼭 전문가와 상담한 뒤 섭취량과 섭취 기간을 정하기 바랍니다.

아연 영양제 원료로는 산화아연과 글루콘산아연을 주로 활용합니다. 두 가지 모두 아연 영양제 원료로 사용이 허가된 성분으로 안전성에는 차이가 없습니다. 글루콘산아연 같은 유기염 형태가 무기염 형태인 산화아연보다 흡수율이 더 높지만, 건강기능식품에서는 특별히 두 원료의 흡수율 차이를 반영해 함량을 비교하는 전환계수가 없습니다.

주요한 차이점은 원료의 활용도입니다. 동일 중량을 기준으로 무기염보다 유기염의 아연 함량이 낮아(산화아연 80%, 글루콘산아연 14.3%) 다양한 성분과 함께 섞어 만드는 복합 영양제에는 주로 산화아연을 활용합니다. 영양제의 형태에 따라 원료의 선택이 달라지기도 합니다. 예컨대 액상 아연을 만들 때는 물에 더 잘 녹는 원료를 선택해야 합니다. 이때 글루콘산아연이 산화아연보다 더 잘 녹고 섭취가 편한 맛을 만드는 데 유리해 대부분 액상 아연 원료로 글루콘산아연을 활용합니다. 원료의 가격도 달라서 어떤 고객을 위한 제품을 설계하는지에 따라 선택이 달라지기도 합니다. 참고로 일반의약품 영양제는 대개 아연의 원료로 산화아연을 사용하며, 건강기능식품은 두 가지 원료 모두 활용도가 높습니다.

아연이 전립샘 건강에 도움을 준다고?

아연은 생식기관의 정상적 발육과 성호르몬의 생성 및 활성화에 도움을 줍니다. 그래서 아연이 심각하게 결핍되면 성적 성숙이 지연되거나 남성의 성선 기능 저하 등의 문제가 발생할 수 있습니다.

특별히 아연과 전립샘 건강이 많이 연결되는 이유는 전립샘에 아연의 분포도가 높기 때문입니다. 전립샘은 남성의 방광 아래에서 요도를 둘러싸고 있는 조직입니다. 남성이 50대가 넘어가면 호르몬 부조화로 전립샘이 증식되어(비대해져) 요도를 누르고 방광을 자극해 소변을 보는 데 다양한 불편 증상을 겪는 전립샘 증식증(전립샘 비대증)이 나타납니다. 이럴 때 아연을 섭취하면 불편 증상 완화에 도움을 준다는 후기들이 있습니다. 아연이 정상적인 세포 분열에 관여하는 만큼 전립샘의 세포에도 영향을 주는 것으로 예상되나 근거는 불확실합니다.

경미한 증상에는 아연이 도움이 될 수 있지만, 소변의 끊김이 심하거나 소변을 볼 때 아랫배의 통증이 발생할 만큼 증상이 심하다면 반드시 병원을 찾아 정확한 진료를 받아야 합니다.

항산화를 원한다면 셀레늄

셀레늄(셀렌)은 간, 심장, 비장, 골격 등 우리 몸에서 지방세포를 제외한 곳에 분포합니다. 셀레늄은 체내에서 단백질과 결합된 형태로 다양한 효소의 활성화에 관여합니다. 대표적으로 항산화 작용에 필수적인 글루타치온 과산화효소glutathione peroxidase

와 갑상샘 호르몬을 활성화하는 요오드티로닌 탈요오드효소 iodothyronine deiodinases, DIOs의 작용에 관여합니다.

글루타치온 과산화효소는 환원형 글루타치온GSH을 산화형 글루타치온GSSG으로 만들면서 세포를 공격하는 자유라디칼을 안정화하고 세포를 보호합니다. 요오드티로닌 탈요오드효소는 갑상샘 호르몬 티록신T4을 티로닌T3으로 전환합니다. 갑상샘은 단위 무게당 셀레늄의 함량이 가장 높아 갑상샘 건강 관리 목적으로 셀레늄을 섭취하기도 합니다. 단, 치료 목적으로 갑상샘 호르몬제를 복용한다면 셀레늄이 약의 효과에 영향을 줄 수 있어 전문가와 상담한 뒤 섭취하기 바랍니다.

셀레늄이 결핍되면 산화적 손상으로부터 우리 몸을 보호하는 능력이 감소해 근육통, 근육 소모, 피로감 등의 증상이 나타날 수 있습니다. 셀레늄은 돼지고기, 국수, 달걀, 빵 등 다양한 식품에 함유되어 있고, 소량이 필요한 미량 미네랄이어서 일반적인 상황에서는 결핍이 잘 나타나지 않습니다. 단, 비타민C나 비타민E, 코엔자임큐텐 등의 항산화제를 섭취해도 피로감이나 근육통 등이 개선되지 않는다면 셀레늄이 함유된 영양제가 도움이 될 수 있습니다.

건강기능식품은 하루 섭취량에 셀레늄이 16.5μg 이상 함유되었을 때 '유해산소로부터 세포를 보호하는 데 필요'라는 기능성 내용을 표시할 수 있습니다. 일반의약품은 별도의 효능·효과를 표시하지 않지만 영양제 원료로 셀레늄을 활용할 수 있습니다.

2020 한국인 영양소 섭취 기준은 셀레늄의 평균 필요량, 권장 섭취량, 상한 섭취량을 제시합니다. 상한 섭취량에는 식품을 통해 얻는 셀레늄의 양도 포함되므로 전문가의 지시에 따른 특정 질환 치료나 상태 개선 목적이 아니라면 상한 섭취량 이하로 섭취하기를 권합니다. 셀레늄을 과잉 섭취하면 구토, 설사, 피로, 손발톱 변화, 신경계 손상 등이 나타날 수 있습니다.

암 환자가 셀레늄을 섭취하는 이유는 무엇인가요?

셀레늄은 거의 모든 세포에 존재하며 우리 몸의 산화적 손상 방지에 매우 중요한 역할을 합니다. 심각한 셀레늄 결핍은 심근증이나 탈모, 면역 기능 저하 등을 일으키는데, 암 치료 과정 중에는 불량한 영양 상태와 방사선 치료 등으로 셀레늄 결핍 위험이 커집니다. 암 치료 중에 셀레늄 결핍이 심해져 심장이나 면역 기능에 문제가 생기면 암 치료와 회복에 어려움이 생길 수 있으므로 치료 초기부터 미리 관리하는 것입니다.

보험이 적용되지 않지만 진료 현장에서 경구용 또는 주사제로 셀레늄을 활용합니다. 암 환자에게 사용하는 것은 무기 셀레늄 단일 성분으로 견과류 등 일반 식품에 함유된 유기 셀레늄과는 다르고, 환자의 상태에 따라 상한 섭취량 이상의 용량을 활용하기도 합니다.

13

약국에서 자주 상담하는 건강기능식품 이야기

고객: 약사님, 눈 영양제 하나 주세요.

약사: 어머님이 드실 거예요?

고객: 네, 요즘 자격증 하나 따려고 공부를 시작했더니 눈이 피곤하고 뻑뻑하네요. 이럴 때 좋은 거 없어요?

약사: 아, 그런 거라면 루테인보다 눈 피로에 도움이 되는 아스타잔틴과 건조한 눈 개선에 도움을 주는 오메가-3가 함께 섞인 이 제품이 좋아요. 루테인은 주로 노화로 인한 눈 건강 관리에 도움을 주거든요.

고객: 그럼 나 루테인도 같이 들어 있는 거 주면 안 돼요? 이왕이면 노화도 같이 관리하는 게 좋지.

약사: 그러실래요? 가격이 조금 더 비싸긴 한데, 원하시는 제품으로 도와드릴게요.

약국은 정기적으로 처방약을 복용하는 고객들의 특성상 20~30대보다 40대 이상 중장년층의 건강기능식품 구매가 더 활발합니다. 이러한 특성이 있는 약국에서 많이 상담하고 판매하는 건강기능식품을 눈, 장, 혈행, 관절 건강으로 나누어 살펴보겠습니다.

건강기능식품 원료 이해하기: 원료명 vs 성분명

건강기능식품은 평소 식사에서 결핍되기 쉬운 영양소 또는 인체에 유용한 기능을 가진 원료나 성분(이하 기능성 원료)을 사용하여 제조한 식품입니다. 비타민과 미네랄 등 영양소를 제외한 기능성 원료는 대개 '마리골드꽃 추출물'과 같은 추출물 형태로 표시됩니다. 추출물에는 다양한 성분이 섞여 있습니다. 따라서 건강기능식품 원료를 설명할 때는 원료명과 해당 원료의 핵심 기능 성분 또는 지표 성분(원료의 품질을 구분하는 성분)명을 함께 사용합니다. 일부 원료는 원료명보다 성분명이 더 유명하지만, 건강기능식품 라벨의 영양·기능 정보란에는 보통 원료명이 표시됩니다.

눈 건강에 좋은 루테인, 지아잔틴, 아스타잔틴

✚ 눈 건강 원료

눈 건강에 도움을 주는 원료는 크게 네 가지 범주로 나뉩니다. 첫 번째는 밝은 곳에서 어두운 곳으로 들어갈 때 시각이 적응하는 것을 돕는 '암적응'입니다. 이는 비타민A의 일반적인 생리적 기능으로서 비타민A의 전구체인 베타카로틴도 같은 역할을 합니다.

두 번째는 '눈의 노화'입니다. 고시형 원료로는 마리골드꽃 추출물(기능 성분: 루테인) 한 가지가 허가되어 있습니다. 마리골드꽃 추출물에는 소량의 지아잔틴이 함유되어 있지만, 대개 루테인 20mg당 1mg 이하로 낮습니다. 대신 추출법 등을 개선해 지아잔틴 함량을 높인 개별인정 원료로 루테인 지아잔틴 복합추출물이 허가되어 있습니다. 병풀 추출분말은 2021년 말 눈의 노화와 관련해 기능성을 허가받았으나 아직 눈 건강 제품에 폭넓게 활용되고 있지는 않습니다.

세 번째는 '눈의 피로'입니다. 고시형 원료로는 헤마토코쿠스 추출물(기능 성분: 아스타잔틴)과 빌베리 추출물이 있고, 개별인정 원료로 차즈기 추출물이 허가되어 있습니다. 아스타잔틴은 하루 섭취량에 4~12mg 함유되어 있을 때, 빌베리 추출물은 160~240mg(안토시아노사이드로서 50~108mg) 함유되어 있을 때 눈의 피로도 개선에 도움을 줄 수 있다는 기능성을 표시할 수 있습니다.

마지막은 '눈의 건조'입니다. 고시형 원료로 오메가-3인 EPA 및 DHA 함유 유지가 있고, 개별인정 원료로 포도과피 효소발효 추출물이 허가되어 있습니다. 둘 중에서 오메가-3가 더욱 흔하게 사용되며, 하루 섭취량에 EPA 및 DHA의 합이 600~1000mg 함유되어 있을 때 건조한 눈 개선에 도움을 줄 수 있는 기능성을 표시할 수 있습니다.

기능성 키워드	원료명 또는 성분명
암적응	비타민A, 베타카로틴
노화	루테인, 지아잔틴, 병풀 추출분말
피로	아스타잔틴, 빌베리 추출물, 차즈기 추출물 등
건조	EPA 및 DHA 함유 유지(오메가-3) 포도과피 효소발효 추출물

✚ 눈의 구조와 눈 건강 원료의 역할

눈 건강 원료의 역할을 이해하려면 우선 눈의 구조를 알아야 합니다. 눈은 외막, 중막, 내막과 수정체, 유리체 등의 내용물로 구성됩니다. 외막은 안구를 보호하고 광선을 굴절시켜 망막에 도달하게 하는 각막, 그리고 안구의 형태를 유지하는 공막으로 구성됩니다. 중막은 홍채와 섬모체, 맥락막으로 구성되고 많은 혈관과 색소가 존재합니다. 섬모체는 모양체라고도 하는데, 모

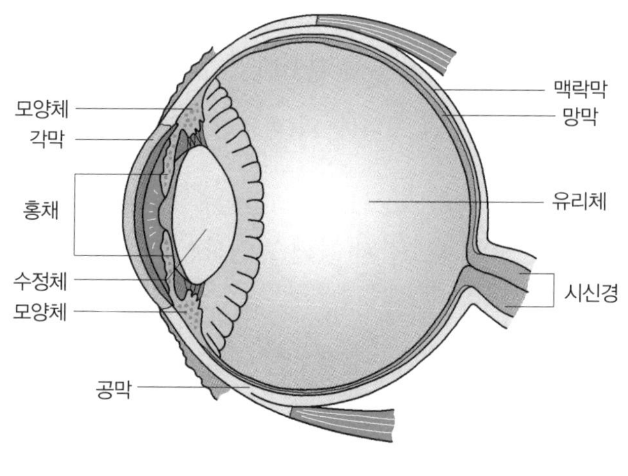

눈의 구조

양체 주요부를 구성하는 모양체근의 수축과 이완 작용으로 수정체의 굴절력을 조절합니다. 수정체는 탄력성이 있어 가까운 곳과 먼 곳을 볼 때 모양체근의 수축과 이완에 따라 두께를 변경하여 굴절력을 조절함으로써 물체를 더 선명하게 볼 수 있도록 하는데, 이런 힘을 '조절력'이라고 합니다.

우리가 책, 컴퓨터, 스마트폰 등 가까운 거리를 볼 때는 수정체를 두껍게 유지하기 위해 모양체근이 수축하고 눈의 운동을 관장하는 외안근이 눈을 안쪽으로 모아줍니다. 너무 오랫동안 가까운 곳을 쳐다보면 모양체가 장시간 수정체를 두껍게 유지하면서 모양체근에 과부하가 발생합니다. 또 지친 모양체근의 활동을 돕기 위한 외안근의 부담도 상승해 눈의 피로감이 증가합니다. 이럴 때 아스타잔틴이나 빌베리 추출물, 차즈기 추출물 같은 눈 피로 개선 기능성 원료를 섭취하면 모양체로 혈류가 증가하며 모양체근의 회복을 도와 눈의 피로감 개선에 도움을 줄 수 있습니다.

눈의 피로는 눈의 건조감과 함께 발생하는 경우가 많습니다. 눈의 건조감은 눈물막을 유지하는 점액층, 수성층, 지방층이 안정적으로 유지되지 않을 때 발생하는 증상입니다. 점액층은 결막의 술잔세포에서 분비되며, 눈물층이 고르게 퍼지고 눈의 표면에 눈물이 단단하게 유지될 수 있도록 합니다. 수성층은 눈물층의 대부분을 차지하며, 인공눈물이 주로 작용하는 곳입니다. 지방층은 눈꺼풀 주위의 마이봄샘에서 분비되며, 눈물층이 빠르

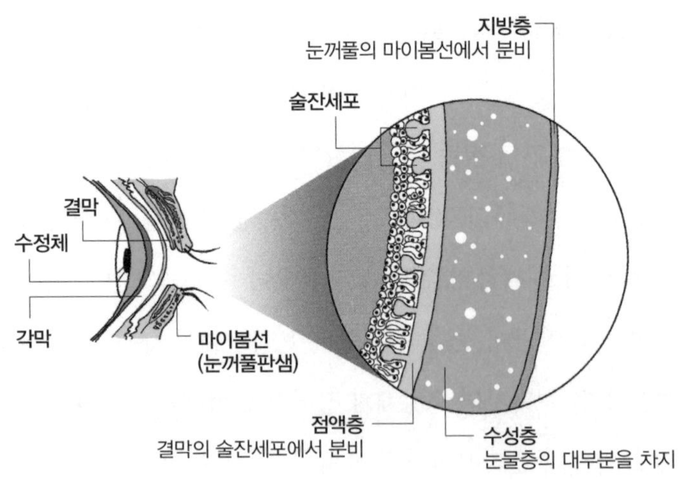

눈물층의 구조

게 증발하지 않도록 보호하는 역할을 합니다.

보통 5초마다 눈을 깜빡이면 새로운 눈물이 눈의 표면을 덮고 기존의 눈물은 눈물관을 따라 내려갑니다. 이 과정이 정상적으로 작동하면 눈물층이 안정적으로 유지되어 눈이 부드럽고 편안해집니다. 그런데 책을 읽거나 컴퓨터 작업을 오래 하면 눈을 깜빡이는 횟수가 줄어들면서 눈물이 쉽게 증발해 눈의 표면이 건조해지고 각막 및 결막에 상처가 발생해 눈의 피로감이 심해지거나 두통 등이 발생합니다.

만일 눈의 이물감과 피로감, 두통 등이 종합적으로 나타난다면 건조한 눈 개선에 도움을 주는 오메가-3와 눈 피로 개선에 도움을 주는 아스타잔틴 등을 함께 섭취하면 도움이 될 수 있습니다. 오메가-3는 지방층을 분비하는 마이봄샘의 염증 완화에 도움을 주어 눈물막이 파괴되는 시간을 줄여 건조한 눈 개선에 도움을 줄 수 있습니다. 비타민A 섭취가 부족해도 결막의 정상적 기능에 문제가 생겨 점액층 분비 문제로 안구건조증이 발생할 수 있습니다.

눈의 가장 안쪽에 위치한 망막은 신경조직입니다. 빛을 감지해 시신경으로 자극을 전달하는 곳으로 시력에서 중요한 역할을 담당합니다. 망막에는 원뿔세포(원추세포)와 막대세포(간상세포)라는 두 가지 시세포가 있습니다. 막대세포는 어두운 곳에서 약한 빛을 감지해 물체의 형태 정도를 구분하는 암적응 과정에 관여합니다. 막대세포의 시각수용체 로돕신은 어두운 곳에서 약한 빛을 감지하면 레티날과 옵신으로 분리되면서 다량의 에너지를 방출하고, 이 에너지가 막대세포를 흥분시켜 시신경으로 자극을 전달합니다. 이때 로돕신이 형성되려면 레티날이 필요한데, 레티날은 우리가 섭취한 비타민A인 레티놀이 체내에서 전환된 것입니다. 따라서 비타민A가 결핍되면 레티날 생성에 문제가 생겨 로돕신 형성 장애로 암적응 과정에 어려움을 겪을 수 있습니다.

황반은 망막에서 시세포가 가장 많이 분포해 시각 형성에 중요한 역할을 하는 곳입니다. 이곳에는 산화적 스트레스로부터 망막을 보호하는 항산화제 역할을 하는 황반색소 루테인과 지아잔틴이 분포합니다. 루테인과 지아잔틴은 시금치, 양배추, 브로콜리 등 녹색 잎채소에 많이 존재하는데, 체내에서 합성할 수 없어 음식이나 영양제 등을 통해 얻어야 합니다.

황반색소 밀도는 나이가 들면서 점차 감소하는데, 인체적용시험 결과 루테인 및 지아잔틴 영양제를 섭취했을 때 황반색소 밀도가 증가한 것이 확인되어 두 성분에 대해 '노화로 인한 황반색소 밀도 감소에 도움을 줄 수 있음'이라는 기능성이 허가되었습니다. 황반 중심부에는 상대적으로 지아잔틴이 많이 분포하고 주변부로 갈수록 루테인 분포량이 증가합니다. 따라서 노화로 인한 황반 손상을 제대로 관리하고자 한다면 루테인과 지아잔틴이 함께 들어 있는 영양제를 섭취하는 것이 좋습니다.

황반변성 관리에 효과적인 영양제 조합 '아레즈'를 아시나요?

황반변성은 노화, 유전, 염증 등으로 황반에 문제가 나타나는 질환입니다. 그중 가장 주요한 위험 인자는 50세 이상의 나이입니다. 그래서 '나이 관련 황반변성Age-Related Macular Degeneration'이라 하며, 영어의 앞 글자를 따서 AMD라고 합니다. 황반변성 초기에는 사물이 구부러져 보이는 '변형시'가 나타나는데, 대부분 특별한 자각 증상을 느끼지 못하는 경우가 많습니다. 시력 손상이 느껴질 때면 이미 질환이 많이 진행된 상태이므로, 50세 이후에는 정기적으로 안과 검진을 받아 초기에 발견하는 것이 중요합니다.

황반변성은 질환의 상태에 따라 건성 황반변성와 습성 황반변성으로 구분합니다. 대부분 건성 황반변성이고, 습성 황반변성은 10% 정도입니다. 건성 황반변성은 망막 밑에 '드루젠'이 쌓이거나 망막색소상피 위축 등이 발생해 시각 기능에 문제를 일으키지만, 질환이 진행되는 속도는 느립니다. 습성 황반변성은 망막 아래쪽 맥락막으로부터 새로운 혈관이 자라는데, 신생 혈관은 약하고 터지기 쉬워 황반에 삼출물, 출혈 등을 일으켜 중심시력을 떨어뜨리고 실명을 초래할 수 있습니다. 건성 황반변성 또한 질환을 앓는 기간이 길어지면 습성 황반변성으로 진행될 수 있어 보통 질환의 악화를 막기 위해 치료합니다. 이때 루테인과 지아잔틴이 함유된 눈 영양제를 섭취하면 도움이 된다는 연구 결과가 있어 질환 관리용으로도 활용합니다.

황반변성 관리에 도움이 되는 영양제 조합을 아레즈AREDS라고 부릅니다. 원래 아레즈는 미국안연구소가 황반변성의 예방과 치료에 항산화 영양소가 도움이 되는지 알아보기 위해 진행한 대규모 인체적용시험의 알파벳 약자였습니다. 연구는 총 두 차례에 걸쳐 진행되었는데, 1차 연구에서는 베타카로틴이 사용되었습니다. 그러나 이후 다른 연구에서 흡연자나 과거 석면에 노출된 직업을 가진 사람이 고용량의 베타카로틴을 섭취하면 폐암 발생 위험이 증가한다는 결과가 나오고, 루테인·지아잔틴의 상업화가 활성화되면서 2차 연구에서는 주요 항산화제로 루테인과 지아잔틴이 사용되었습니다. 그 밖에 비타민C, 비타민E, 아연, 구리를 섭취했는데 각 영양소의 조합은 아래 표와 같습니다.

1차 연구에서는 아연 80mg을 섭취했는데 고용량으로 안전성에 논란이 있어 2차 연구에서는 25mg으로 낮추었으나 용량 변화가 결과에 특별한 영향을 주지는 않았습니다. 그래서 안전한 범위로 25mg의 아연을 사용하는 제품도 있으나 1차 연구의 결과대로 80mg의 고함량을 활용하는 제품도 여전히 많습니다. 2차 연구에서는 신생 혈관 억제에 도움을 줄 가능성을 고려해 오메가-3를 섭취한 그룹도 추가했으나 섭취하지 않은 그룹과 결과에 차이가 없어 오메가-3를 조합에 추가하지는 않았습니다.

1, 2차 연구 결과를 종합해보면 아레즈 조합의 영양제가 황반변성을 예방하는 효과는 없었지만 초·중기 황반변성이 말기로 진행되는 속도를 약 25% 늦추는 데 도움을 주었습니다. 따라서 이 조합은 말기 황반변성

영양소	AREDS(1차 연구)	AREDS2(2차 연구)
비타민C	500mg	500mg
비타민E	400IU	400IU
베타카로틴	15mg	–
구리	2mg	2mg
루테인	–	10mg
지아잔틴	–	2mg
아연	80mg	80mg
특이 사항	베타카로틴 함량이 높아 현재 또는 기존 흡연자에게 권하지 않음	베타카로틴 대신 루테인, 지아잔틴 활용

아레즈 연구의 영양성분 구성

으로 진행되는 시기를 늦추고, 또 약간의 시력이 남아 있는 말기 황반변성 환자의 시력 저하 속도를 늦추기 위해 활용되고 있습니다. 단, 영양제를 먹더라도 흡연과 같은 나쁜 습관이 계속된다면 진행 속도가 더 빨라질 수 있으므로 정기적인 검사와 함께 관리가 필요합니다.

장 건강에 좋은 프리바이오틱스, 프로바이오틱스, 포스트바이오틱스

✚ 프리바이오틱스 vs 프로바이오틱스 vs 포스트바이오틱스

프로바이오틱스는 사람 몸에 들어가서 건강에 좋은 효과를 내는 살아 있는 균을 말합니다. 건강에 좋은 효과를 나타내므로 '유익균'이라고도 합니다. 흔히 '유산균'이라고 하는데 정확히는 락토바실러스로 대표되는 유산균을 포함한 비피도 박테리아, 효모균, 낙산균 등 여러 가지 유익한 미생물을 말합니다. 건강기능식품 원료로는 총 19종의 프로바이오틱스를 사용할 수 있고, 고시형 원료와 개별인정 원료로 나뉩니다.

프리바이오틱스는 유익균 증식에 도움을 줄 수 있는 '물질'을 지칭하는 용어로, 별도의 기능성 내용이나 관리 기준은 없습니다. 대신 유익균 증식에 도움을 줄 수 있는 프락토올리고당이나 식이섬유 등을 함유한 제품이라면 '프리바이오틱스 함유'라고 광고할 수 있습니다.

포스트바이오틱스는 프로바이오틱스를 섭취한 뒤 프로바이오틱스가 장내에서 만들어내는 '대사산물'을 총칭하는 말입니다. 여기서 대사란 균이 사람의 장에서 프리바이오틱스 등을 활용해 만드는 것뿐 아니라 외부에서 열처리 등으로 균에 인위적인 변화를 가할 때 균이 변화하는 과정도 포함합니다. 그래서 '사균'을 포스트바이오틱스로 구분하기도 하지만, 포스트바이오틱스는 고시형 건강기능식품 원료로서는 별도의 기능성 내용이나 관리 기준이 없습니다. 대신 개별인정 원료로 특정 유익균을 활용해 '열처리 배양 건조물'과 같은 대사물 형태로 허가받은 원료라면 별도의 기능성과 함께 포스트바이오틱스라는 명칭을 쓸 수 있습니다.

그럼 프리바이오틱스, 프로바이오틱스, 포스트바이오틱스 중에서 무엇이 가장 좋은 걸까요? 간단히 정리하면, 각각의 역할이 달라서 무엇이 절대적으로 좋다고 답할 수 없습니다. 프로바이

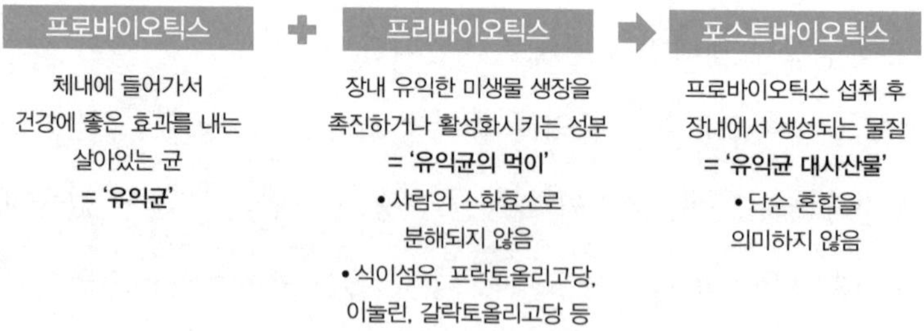

프로바이오틱스	+	프리바이오틱스	→	포스트바이오틱스
체내에 들어가서 건강에 좋은 효과를 내는 살아있는 균 = **'유익균'**		장내 유익한 미생물 생장을 촉진하거나 활성화시키는 성분 = **'유익균의 먹이'** • 사람의 소화효소로 분해되지 않음 • 식이섬유, 프락토올리고당, 이눌린, 갈락토올리고당 등		프로바이오틱스 섭취 후 장내에서 생성되는 물질 = **'유익균 대사산물'** • 단순 혼합을 의미하지 않음

프로바이오틱스, 프리바이오틱스, 포스트바이오틱스

오틱스는 살아 있는 균(생균)으로서 우리가 섭취하면 장내 유익균 증식과 유해균 억제에 도움을 주어 배변 활동을 원활하게 하거나 장 건강에 도움을 줄 수 있습니다.

그런데 장내 세균은 우리가 섭취하는 음식과 약물, 스트레스 등 다양한 요소에 영향을 받기 때문에 모든 사람의 장 상태가 다 같을 수는 없습니다. 특히 같은 프로바이오틱스를 먹어도 식습관이 다르다면 섭취 후 결과가 달라집니다. 그래서 프로바이오틱스를 먹어도 특별한 변화를 느끼지 못하는 사람이라면 유익균 증식에 도움을 줄 수 있는 프리바이오틱스 섭취가 도움이 될 수 있습니다.

포스트바이오틱스는 어떨까요? 포스트바이오틱스는 유익균이 만들어낸 '결과'니까 앞서 설명한 것처럼 사람마다 차이가 있다면 아예 외부에서 만든 결과물을 섭취하면 더 좋지 않을까 하는 생각이 들겠지만 안타깝게도 그렇지 않습니다. 포스트바이오틱스란 장내에서 일어나는 결과인 만큼 밖에서 그 결과를 인위적으로 만드는 데는 한계가 있기 때문입니다.

개별인정 원료로서 인체적용시험을 통해 특정한 결과가 입증된 포스트바이오틱스라면 모를까 고시형 원료에 소량의 유산균 대사산물을 넣은 것은 사실 큰 의미가 없습니다. 더 정확히 말하면, 고시형 프로바이오틱스에 추가 원료로 활용되는 대부분의 유산균 대사산물은 정확히 어떤 대사물질이 얼마나 들어 있는지 검증되지 않았습니다. 포스트바이오틱스라는 원료는 아직 명확한 기능 성분이나 지표 성분, 기능성 내용 등의 관리 규정이 전혀 정해져 있지 않기 때문입니다. 따라서 포스트바이오틱스는 포스트바이오틱스 형태로 특정 기능성을 허가받은 내용에서는 효과가 있을 수 있지만, 모든 면에서 프로바이오틱스보다 뛰어나다고 보기는 어렵습니다.

포스트바이오틱스는 이런 걸 말해요!

개별인정 원료로 허가된 포스트바이오틱스로는 '락토바실러스 람노서스 IDCC3201 열처리 배양 건조물'이 있습니다. 이 원료는 기능 성분 또는 지표 성분으로서 열처리 배양체 균수와 젖산lactic acid을 사용하고, 하루에 400mg를 섭취하면 면역 과민 반응에 의한 피부 상태 개선에 도움을 줄 수 있다는 기능성을 허가받았습니다. 이 기능 성분 또는 지표 성분, 하루 섭취량은 원료사에서 인체적용시험 등의 과학적 근거를 제시하여 별도로 허가받은 내용으로 다른 원료에 공통으로 적용되지는 않습니다. 제품을 만들 때 이 원료와 함께 프로바이오틱스를 보장균수 1억 이상 넣으면 프로바이오틱스의 기능성도 함께 표시할 수 있습니다.

✚ 대표적 프리바이오틱스 '프락토올리고당'

프락토올리고당은 양파, 아스파라거스, 치커리 뿌리 등 자연식품에 널리 존재하는 물질로, 식품이나 건강기능식품 원료로 사용합니다. 프락토올리고당은 자당(설탕, 수크로오스) 한 분자에 1~3개의 과당(프룩토오스)이 결합되어 있습니다. 사람의 소화효소에 의해 거의 분해되지 않고 대부분 대장의 장내 세균에 의해 발효됩니다. 발효 결과 생성된 아세트산, 부티르산 등의 단쇄지방산이 장내 환경을 산성화시켜 산성 환경을 싫어하는 유해균의 성장을 억제하고 유익균을 늘립니다. 대부분 대장에서 발효되어 소장에 사는 락토균보다 대장에 많이 사는 비피더스균의 양을 늘리는 데 도움을 줍니다. 단쇄지방산처럼 장내 세균이 만들어낸 모든 물질을 포스트바이오틱스라고 합니다. 즉, 프리바이오틱스를 먹어도 기존에 장내에 살고 있던 유익균에 의해 포스트바이오틱스가 만들어집니다.

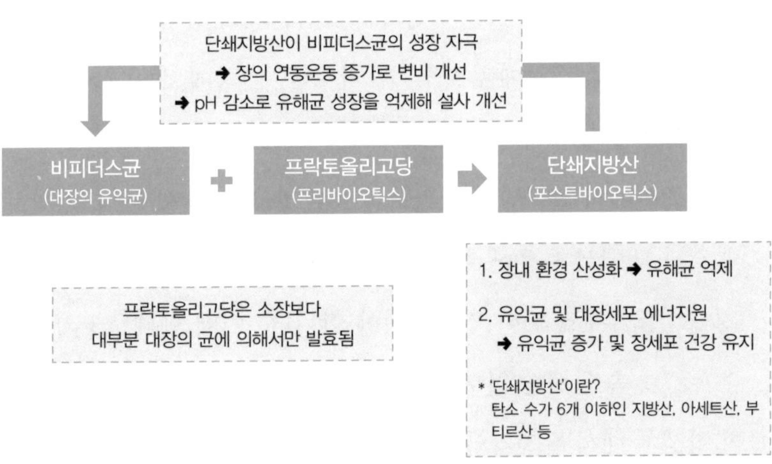

프락토올리고당의 작용 기전

참고로 단쇄지방산 중 부티르산(낙산)은 대장세포에 빠르게 흡수되며 대장세포의 에너지원으로도 작용하므로 별도의 영양제로 활용하기도 합니다. 건강기능식품 원료로서 프락토올리고당은 하루에 3~8g 섭취할 때 장내 유익균을 증식하고 배변 활동을 원활히 하는 데 도움을 줄 수 있습니다.

프락토올리고당은 난소화성 다당류로서 섭취 시 가스가 차거나 트림, 복통, 복부팽만감 등의 위장 장애 증상이 나타날 수 있습니다. 만일 프락토올리고당을 섭취한 뒤 위와 같은 불편함이 발생한다면 섭취량을 줄이기를 권합니다.

✚ 고시형 프로바이오틱스

프로바이오틱스는 총 19종이 건강기능식품 원료로 허가되어 있으며 모두 유산(젖산)을 생성하는 유산균에 속합니다.

대표적으로 소장에 많이 사는 락토균, 대장에 많이 사는 비피더스균이 있습니다. 프로바이오틱스로 인정받으려면 위산과 담즙산에서 살아남아 소장까지 도달하고, 장에서 증식·정착해 장관 내에서 유용한 효과를 나타내며, 독성이 없고 비병원성(병을 일으키지 않음)이 입증되어야 합니다. 이때 엔테로코커스Enterococcus속 균주는 일부 균주에서 항생제 내성 발현 위험이 있어 항생제 내성 유전자와 독성 유전자가 없다고 증명된 것만 사용할 수 있습니다.

	종류(학명)
락토바실러스 (Lactobacillus/L.)	L.애시도필러스(L.acidophilus), L.카제이(L.casei), L.가세리(L.gasseri), L.불가리쿠스(L.delbrueckii ssp. bulgaricus), L.헬베티쿠스(L.helveticus), L.퍼멘텀(L.fermentum), L.파라카제이(L.paracasei), L.플란타룸(L.plantarum), L.루테리(L.reuteri), L.람노서스(L.rhamnosus), L.살리바리우스(L.salivarius)
락토코커스 (Lactococcus/Lc.)	Lc.락티스(Lc.lactis)
엔테로코커스 (Enterococcus/E.)	E.패슘(E.faecium), E.패칼리스(E.faecalis)
스트렙토코커스 (Streptococcus/S.)	S.써모필루스(S.themophilus)
비피도박테리움 (Bifidobacterium/B.)	B.비피덤(B.bifidum), B.브레브(B.breve), B.롱검(B.longum), B.락티스(B.animalis ssp. lactis)

건강기능식품 원료로 허가된 프로바이오틱스 19종

프로바이오틱스는 하루 섭취량에 보장균수 1억~100억이 포함될 때 '유산균 증식 및 유해균 억제, 배변 활동 원활, 장 건강에 도움을 줄 수 있음'의 세 가지 기능성을 표시할 수 있습니다. 보장균수는 제품 정보에 표시되어 있는데, 소비기한이 끝날 때까지 보존되는 균의 수를 의미합니다. 따라서 유통기한 전에만 섭취한다면 현재 라벨에 표시된 것보다 더 많은 양의 프로바이오틱스를 섭취할 수 있습니다. 개별인정 프로바이오틱스는 인체적용시험 결과에 따라 더 많은 균수를 표시할 수도 있습니다.

프로바이오틱스의 보장균수란?

보장균수란 국내에서 식품의약품안전처 허가를 받고 해외와 국내에서 제조한 뒤 한글 라벨로 유통되는 프로바이오틱스에만 해당하는 규정입니다. 해외 직구 제품의 영문 라벨에 표시된 400억, 500억 등은 국내와 동일한 개념의 보장균수가 아니라 제품을 생산할 때 투입하는 균수인 경우가 많습니다. 국내의 보장균수와 같은 개념으로 'True Potency'라는 명칭이 쓰이는데, 모든 해외 제품에 이것이 표기되어 있지는 않아서 직구 제품은 제품 정보를 정확히 확인하고 구매할 필요가 있습니다.

✚ 프로바이오틱스 균주명과 개별인정 프로바이오틱스

우리나라에서 사람 이름을 성과 이름 순서로 표시하듯 프로바이오틱스도 이름의 구성과 표시 방식이 있습니다. 생물 분류 체계에 따라 표시하는데, 맨 앞이 속genus, 두 번째가 종species, 마지막이 균주strain number입니다. 예를 들어 균의 이름이 '락토바실러스 애시도필러스 1234'면 '락토바실러스'속에 속하는 '애시도필러스'종 중에서 구체적인 균주의 이름은 '1234'라는 뜻입니다. 이때 1234를 균주명 혹은 균주 번호라고 합니다.

생물 분류 체계는 동일한 '특성'을 기준으로 합니다. 예컨대 포유류는 '젖을 먹여 새끼를 키우는 동물'입니다. 그런데 포유류에 속하는 다양한 생물들의 세세한 모습이나 특성은 다 달라서 또 다른 기준으로 하위 체계를 분류합니다. 예를 들어 페르시안 고양이, 터키시앙고라 등은 고양이로서의 특성은 같지만 개별 특성이 다릅니다. 마찬가지로 같은 '락토바실러스 애시도필러스'로 시작하는 균이라도 맨 뒤의 균주명이 다르면 특성이 달라집니다.

프로바이오틱스의 균주명은 균이 가진 유전자 염기서열에 따라 달라집니다. 유전자가 다르다는 건 각각의 균주가 가지고 있는 '정보'가 다르다는 뜻입니다. 균주가 가진 정보의 차이는 각각의 균주가 장내에서 만드는 대사산물, 바로 포스트바이오틱스의 종류나 양을 다르게 합니다.

프로바이오틱스가 우리 몸에 유익한 기능을 하는 것은 유해균과의 수적인 경쟁도 있지만, 유익균이 만들어낸 포스트바이오틱스로 인한 장내 환경 변화가 중요한 역할을 합니다. 따라서 장내 환경 변화로 모든 프로바이오틱스가 유산균 증식 및 유해균 억제, 원활한 배변 활동, 장 건강에 도움을 줄 수 있지만, 갱년기 여성 건강이나 체지방 감소 등의 특별한 기능은 별도의 인체적용시험을 통해 입증되어야 합니다. 이런 식으로 허가되는 것이 개별인정 프로바이오틱스입니다.

✚ 프로바이오틱스의 인체적용시험

프로바이오틱스는 균주명에 따라 기능이 달라지지만, 균주명이 있는 모든 균주를 대상으로 인체적용시험을 하지는 않습니다. 균주명은 일종의 관리 번호로 활용하고, 그중 일부 원료만 인체적용시험에 사용합니다.

인체적용시험 결과가 있는 프로바이오틱스는 국내에서 두 가지 방식으로 활용됩니다. 첫째, 국내의 허가 기준에 맞는 근거자료를 제출해 개별인정 원료로 허가받는 것입니다. 개별인정 프로바이오틱스로 허가받으면 인체적용시험 결과에 따라 고시형으로 허가된 100억보다 높은 보장균수를 표기할 수도 있고, 일반적인 프로바이오틱스의 기능성 외에 다른 내용을 추가할 수도 있습니다.

둘째, 고시형 원료로서 다수의 복합 프로바이오틱스 제품에 활용됩니다. 이때는 특허 등을 근거로 '인체적용시험 결과 있음' 정도의 내용만 광고할 수 있습니다. 약국 등의 오프라인 상담에서는 인체적용시험을 근거로 상담자가 판매 대상을 나눌 수도 있지만, 온라인의 제품 정보에서는 구체적인 인체적용시험 결과를 광고하는 데 한계가 있습니다.

그렇다면 인체적용시험 결과가 없는 균주는 믿을 수 없는 걸까요? 그렇지는 않습니다. 균주명이 있다는 것은 '제대로' 관리되는 균주로서 믿을 수 있다는 뜻이기도 합니다. 상업적으로 사용하는 모든 프로바이오틱스는 유산균 증식 및 유해균 억제에 도움을 주고 원활한 배변 활동과 장 건강에 도움을 줄 수 있습니다. 단, 생활습관이나 장내 환경의 차이에 따라 사람마다 섭취 후 결과가 다를 수 있습니다. 인체적용시험이 있는 균주는 이런 차이와 상관없이 누가 섭취해도 비슷한 결과를 낼 수 있는 조금 더 똑똑한 균주라고 생각하면 됩니다.

장은 면역체계 유지에도 중요한 역할을 하는 곳으로, 프로바이오틱스는 다양한 질환을 관리하기 위한 목적으로도 연구됩니다. 그러나 해외에서 감기 등의 상기도 감염이나 과민대장증후군 등에 관한 인체적용시험이 있더라고 국내 규정에 맞춰 별도의 개별인정 원료로 허가받지 않는다면 특별한 내용을 표시하는 데 한계가 있습니다. 해외는 국내보다 표시 및 광고가 자유로워 인체 적용 시험 결과만 있다면 소화불량, 변비, 설사 등의 불편 증상 개선을 제품에 표시할 수 있습니다.

✚ 프로바이오틱스 제품 선택 기준

개별인정 프로바이오틱스는 체지방 감소나 갱년기 여성 건강 등 별도의 기능성에 따라 제품을 선택할 수 있지만, 고시형 프로바이오틱스는 기능성 표시가 다 같아서 선택이 어렵습니다. 균주의 구성과 구성 비율을 알면 섭취 후 효과를 대략 예측할 수 있지만, 모든 회사가 균주의 구성 비율을 공개하지는 않습니다. 그래서 대부분 입소문을 통해 유명하거나 광고 등을 통해 판매량이 많은 제품을 선택합니다.

프로바이오틱스는 제품의 균주 구성 및 개인의 장 상태, 식습관 등에 따라 섭취 후 효과가 달라지기 때문에 모두에게 좋은 최고의 프로바이오틱스는 없습니다. 그래도 다음의 조언에 따라 자신에게 잘 맞는 제품을 찾아보기 바랍니다.

1) 프로바이오틱스를 섭취하는 목적 정하기

일반적인 장 건강 관리 목적이라면 먹기 편한 제품을 선택합니다. 가격, 섭취 형태(캡슐, 분말 등), 섭취 횟수 등 다양한 요소를 고려할 수 있습니다. 특히 분말형 프로바이오틱스를 선호한다면 맛에 대한 후기를 잘 검토하는 것이 좋습니다. 프로바이오틱스는 꾸준한 섭취가 중요하기 때문에 무조건 비싼 제품을 선택할 필요는 없습니다.

면역 관리나 과민대장증후군, 변비, 설사 등 특정한 불편 증상을 개선할 목적으로 제품을 구매한다면 전문가와 상담하기를 권합니다. 특수한 건강 관리 목적으로 섭취할 때는 보장균수가 비교적 높은 고함량 제품을 선택하는 편이 유리합니다.

2) 균주 구성 정보 살펴보기

고시형 프로바이오틱스는 균의 구성 및 구성 비율에 따라 섭취 후 효과가 달라집니다. 보장균수가 100억으로 같아도 변비를 핵심 기대 효과로 설정하고 대장의 운동성을 높이기 위해 비피더스균의 종류와 함량을 높이기도 합니다. 혹은 부원료로 푸룬 식이섬유 등의 식이섬유를 많이 넣은 제품도 있습니다. 온라인에서 원료 구성 정보를 찾아보거나 오프라인 상담에서 상담판매자를 통해 정보를 얻을 수 있습니다.

3) 인체적용시험의 구체적 내용 확인하기

개별인정 프로바이오틱스의 인체적용시험 결과는 온라인 제품 정보에서 쉽게 확인할 수 있습니다. 그러나 고시형 프로바이오틱스는 각 원료사 홈페이지에서 확인해야 합니다. 고시형 원료로 사용되는 프로바이오틱스의 인체적용시험을 해석하는 데 어려움이 있다면 약국 등을 방문해 전문가의 도움을 받을 수 있습니다.

혈행 건강에 좋은 오메가-3

오메가-3 지방산은 크게 두 종류로 나뉩니다. 아마인유, 들기름, 호두 등에 함유된 식물 유래 알파-리놀렌산과 건강기능식품 원료로 사용되는 생선 유래 EPA 및 DHA입니다. 조류에서 추출한 식물성 EPA 및 DHA도 활용되나 가격이 비싸고 생선보다 EPA 및 DHA의 함량이 적어 활용도가 낮습니다.

건강기능식품 오메가-3는 하루 섭취량에 함유된 EPA 및 DHA 함량에 따라 기능성이 달라집니다. 하루에 EPA 및 DHA를 총 500~2000mg 섭취하면 혈행 개선 및 혈중 중성지질 개선에 도움을 줄 수 있으며, 600~1000mg 섭취하면 건조한 눈을 개선하여 눈 건강에 도움을 줄 수 있습니다. 또 900~2000mg 섭취하면 기억력 개선에 도움을 줄 수 있습니다.

✚ 오메가-3가 혈행 개선 및 혈중 중성지질 개선에 도움을 주는 이유

우리가 섭취한 오메가-3는 일반적인 기름 성분과 함께 흡수되고 이동하여 세포막을 구성하는 지질 성분으로 활용됩니다. 세포막의 지질 성분은 체내에서 생리 활성 물질인 프로스타글란딘 생성 원료로 쓰입니다. 그래서 오메가-3 섭취 후 세포막의 구성 성분이 달라지면 우리 몸에 전달되는 생리적 신호에 영향을 줍니다. 대표적으로 트롬복산A2TXA2 합성을 감소시켜 혈소판 응집을 저해함으로써 혈행 개선에 도움을 줄 수 있습니다.

혈중 중성지질이나 콜레스테롤이 높아져 혈관에 침착되면 혈액의 흐름을 방해할 수 있습니다. 오메가-3의 기능 성분인 EPA 및 DHA는 간에서 중성지방 합성을 감소시키고 지단백질 분해효소 활성을 촉진함으로써 혈중 중성지방 감소에 도움을 줄 수 있습니다. 혈중 중성지방은 수치에 따라 4단계로 나뉩니다.

150mg/dl 미만은 '적정' 상태, 150~199mg/dl는 '경계', 200~499mg/dl는 '높음', 500mg/dl 이상이면 '매우 높음' 단계에 해당합니다. 경계 단계라면 생활습관 관리를 권고하지만, 높음 및 매우 높음 단계에서는 약물 치료를 고려하기도 합니다. 이때 오메가-3를 다른 약물과 함께 고중성지방혈증 치료제로 활용합니다.

미국심장협회는 혈중 중성지방 수치에 따라 다음과 같이 EPA 및 DHA의 섭취량을 제안합니다. 매우 높음 단계에서는 2g이 넘는 오메가-3를 활용하는데, 이때는 반드시 병원에서 정확한 진단을 받은 뒤 전문가의 관리 감독하에 섭취해야 합니다. 출혈 위험이 커지기 때문이기도 하지만, 매우 높음 단계라면 급성 췌장염 등의 합병증이 발생할 위험도 있기 때문입니다. 또한 추가적인 심혈관 질환을 예방하기 위해 혈압과 혈당 등 건강 상태 확인도 필요합니다.

중성지방 수치	구분	미국심장협회 오메가-3 섭취 제안량
150mg/dl 미만	적정	선택 사항
150~199mg/dl	경계	0.5~1g
200~499mg/dl	높음	1~2g
500mg/dl 이상	매우 높음	2g 이상

✚ 알티지 오메가-3 vs 일반 오메가-3

생선에는 EPA 및 DHA 외에 다른 기름 성분도 섞여 있습니다. 보통 자연 상태의 생선에 함유된 EPA 및 DHA는 30% 정도입니다. 예를 들어 생선 유래 오메가-3를 1000mg 먹는다면 그 안에 EPA 및 DHA는 약 300mg가 함유되어 있습니다. 이 형태의 오메가-3를 TG형이라고 하는데, 글리세롤에 3개의 지방산이 결합한 트리글리세리드Triglyceride의 약어입니다. 국내에는 이런 형태의 제품이 거의 없지만 해외에서는 여전히 많이 유통되고 있습니다.

그런데 우리는 생리적 활성 기능이 큰 EPA 및 DHA만 필요하므로 상업적으로 개발된 것이 현재 우리가 먹는 고함량 오메가-3 제품입니다. 이것은 지방산 하나에 에탄올을 결합해 화학적으로 안정적인 구조로 만든 것입니다. 이 형태를 에틸-에스터ethyl ester 오메가-3라 하며, 줄여서 EE형 오메가-3라고 합니다. 우리 몸에서 지방이 흡수되고 이동하려면 소장에서 분해되었다가 다시 TG 형태로 변해야 하는데, EE형 오메가-3는 지방산만 있는 구조라서 TG형으로 변화하려면 반드시 글리세롤이 필요합니다. 따라서 EE형의 흡수 및 이동을 위해서는 음식을 통해 얻은 소량의 기름에 포함된 글리세롤이 있어야 합니다. 이러한 이유로 일반 EE형 오메가-3는 흡수율을 높이기 위해 식후 섭취를 권합니다.

그런데 인위적으로 생선 기름 함량을 높인 EE형 오메가-3는 소화기관에서 다 분해되었다가 흡수되는 특성상 사람의 소화 능력 차이에 따라 섭취 후 비린내가 심하다는 단점이 있습니다. 평소 기름진 음식을 잘 먹지 못하는 사람은 오메가-3 특유의 비린내 때문에 불편함을 호소하기도 합니다. 그래서 이를 개선한 것이 알티지 오메가-3입니다.

알티지rTG는 다시re TG 형태로 만들었다는 의미입니다. 자연상의 TG에는 우리에게 필요한 불포화지방산과 포화지방산이 섞여 있다면, 알티지는 불포화지방산을 따로 분리했다가 글리세롤에 다시 불포화지방산을 결합한 것입니다. 그래서 가격이 일반 EE형 오메가-3에 비해 조금 비싸지만 흡수 및 이동에서 장점이 큽니다. 특히 비린내 때문에 오메가-3 섭취를 힘들어했던 사람들에게 반응이 좋습니다.

이론적으로나 인체적용시험 결과로나 알티지 오메가-3의 흡수율이 일반 오메가-3보다 높은 것은 사실입니다. 그러나 오메가-3의 인체적용시험 대부분이 EE형을 활용했고, 체내 오메가-3가 상승하는 속도는 느리지만 EE형 오메가-3도 3개월 이상 섭취하면 임상적으로 높은 혈중 농도에 도달하므로 절대적으로 알티지 오메가-3가 좋다고 할 수는 없습니다. 그래서 일반 오메가-3를 먹어도 특별히 불편한 점이 없다면 계속 먹어도 괜찮습니다. 단, 일반 오메가-3를 먹었을 때 원하는 효과를 얻지 못했거나 섭취 후 비린내 때문에 괴롭다면 흡수율이 높은 알티지 오메가-3를 선택하는 편이 낫습니다.

관절 건강에 좋은 MSM, 초록입홍합 오일, N-아세틸글루코사민

관절 건강 원료는 작용 방식에 따라 크게 두 가지로 나뉩니다. 첫 번째는 직접적으로 염증 물질 생성을 억제하거나 조절하는 것입니다. 여기에는 MSM, 보스웰리아 추출물, 초록입홍합 오일 등이 있습니다. 두 번째는 연골 합성 원료로 사용되는 것으로, 글루코사민이나 콘드로이친, N-아세틸글루코사민 등이 있습니다.

관절 건강 원료는 주로 노화와 연관된 퇴행성 관절염으로 고생하는 사람들을 대상으로 합니다. 따라서 면역 질환인 류마티스 관절염을 관리할 목적으로 관절 영양제 섭취를 고민한다면 반드시 먼저 전문가와 상담하기 바랍니다. 퇴행성 관절염과 류마티스 관절염에 대한 내용은 146쪽 '류마티스 관절염'을 참고하세요.

노화와 관절 건강

나이가 들면 연골과 결합조직이 변하면서 전반적인 관절 건강에 영향을 줍니다. 연골이 가늘어지고 연골을 구성하는 요소들이 변성되면서 관절이 탄력을 잃고 손상에 더 취약해집니다. 또한 인대와 힘줄 내 결합조직이 굳고 약해져 관절이 경직되면서 관절이 움직일 수 있는 범위가 감소해 걷기나 계단 오르기 등 일상생활이 불편해집니다.

다음 그림과 같이 활막이 둘러싸고 있는 관절강에는 점성을 가진 활액이 차 있습니다. 활액의 점성은 관절의 충격을 완화하고 마찰을 감소시키는 데 중요한 역할을 합니다. 그런데 관절에

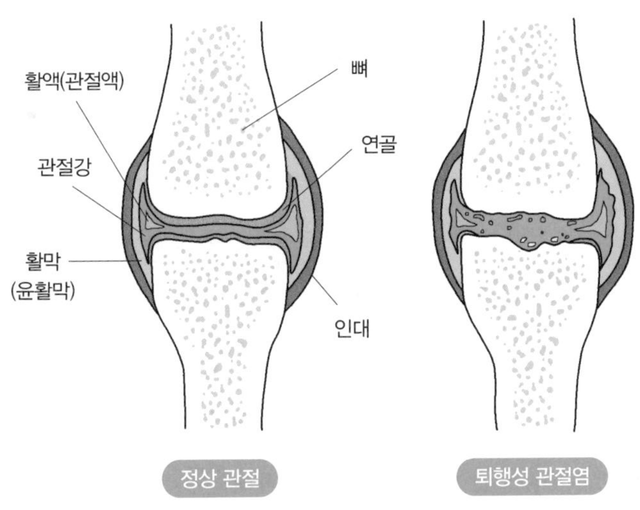

정상 관절과 염증이 생긴 관절

염증이 증가하면 활액의 농도가 감소하고 활액의 점성을 유지하던 히알루론산이 분해되면서 관절의 불편함이 심해질 수 있습니다. 그래서 관절 건강기능식품 원료는 주로 염증을 억제하거나 관절연골 구성 성분의 재생을 도와 관절의 불편함을 개선합니다.

✚ 항산화 및 항염 작용을 하는 식이 유황 MSM

MSM은 미네랄 '황'을 함유한 물질로, 식이 유황이라고도 합니다. 황은 뼈와 콜라겐 같은 연골 결합조직의 필수 구성 성분으로, MSM을 먹으면 연골 기능을 강화하고 관절의 염증과 통증을 완화하는 등 관절 건강에 도움을 주는 것으로 알려져 있습니다. 또한 항산화 작용으로 관절과 연골의 손상을 방지합니다.

MSM은 하루 1500~2000mg 섭취 시 관절 및 연골 건강에 도움을 줄 수 있다는 기능성을 허가받았습니다. 인체적용시험 결과 섭취 후 관절의 통증과 뻣뻣함이 감소하고 관절의 움직임이 개선된 것으로 나타났습니다. 관절의 움직임이 불편하면 바깥 활동이 어려워 삶의 질이 저하되는데, MSM 섭취 후 관절의 불편함이 줄면 삶의 질도 개선됩니다.

MSM은 염증 억제와 함께 항산화 작용으로 관절을 보호하는 효과도 있어서 중년에 건강 관리를 위해 등산, 달리기, 자전거 타기 등의 신체 활동을 하면서 관절에 다소 불편함을 느낀다면

MSM 섭취가 도움이 될 수 있습니다. MSM은 특유의 쓴맛 때문에 주로 정제나 캡슐 형태로 판매하는데, 최근 섭취가 편한 액상 형태의 MSM 제품도 늘어나고 있어 취향에 맞게 선택할 수 있습니다.

✚ 염증 억제에 좋은 초록입홍합 오일

초록입홍합 추출오일은 '리프리놀'이라는 원료명으로 더 유명합니다. 개별인정 원료로 고시형 원료인 MSM에 비해 가격이 비싸지만, 염증 물질 생성을 직접 억제해 관절의 염증과 통증을 개선합니다. 하루 섭취량이 200mg으로 낮아 MSM보다 섭취가 편하다는 장점이 있습니다.

이 원료는 뉴질랜드 해안가에서 초록입홍합을 생식하는 원주민이 내륙에 사는 원주민보다 관절이 건강하다는 점에 착안해 개발되었습니다. 초기에는 초록입홍합을 통째로 분말화한 동결건조 분말이 많이 판매되었으나 이후 연구가 활발해지며 염증을 억제하는 핵심 성분만 추출한 오일 형태로 활용되고 있습니다. 그래서 시중에 기능성은 표시되지 않지만, 일반 식품으로 초록입홍합 분말이나 환도 많이 판매됩니다. 일반 식품 형태의 초록입홍합에 기능성이 100% 없는 것은 아니지만, 건강기능식품처럼 얼마의 용량을 먹었을 때 관절 및 연골 건강에 도움을 줄 수 있는지는 불확실합니다. 건강기능식품으로 허가된 초록입홍합을 섭취하고 싶다면 제품 라벨의 영양·기능 정보와 건강기능식품 표시를 꼭 확인하고 구매해야 합니다.

피부에도 좋은 N-아세틸글루코사민

N-아세틸글루코사민은 연골을 구성하는 주요 성분 중 하나입니다. 관절 및 연골은 소수의 연골세포와 다량의 수분, 콜라겐(주로 2형 콜라겐), 프로테오글리칸 등으로 구성됩니다. 프로테오글리칸은 핵심 단백질에 하나 이상의 당아미노글리칸glycosaminoglycan, GAG이 공유결합된 단백질입니다. 관절 및 연골의 프로테오글리칸을 구성하는 대표적 GAG로는 콘드로이틴황산, 케라탄황산, 히알루론산(히알루로난) 등이 있습니다.

N-아세틸글루코사민은 히알루론산 합성의 전구체와 황산케라탄 등의 구성 성분으로 활용됩니다. 일반적인 글루코사민(원료명: 글루코사민황산염, 글루코사민염산염)도 프로테오글리칸 구성 물질의 합성 원료로 활용되지만, N-아세틸글루코사민과 대사되는 방식이 다릅니다. 그래서 글루코사민황산염으로 연골 및 관절 건강 기능성을 얻으려면 섭취량이 하루 1500mg으로 높고, 드물지만 당뇨 환자에게 혈당 상승을 일으킬 수 있어 활용도가 낮아지고 있습니다.

반면 N-아세틸글루코사민은 하루 섭취량에 500~1000mg이 함유되어 있으면 관절 및 연골 건강에 도움을 줄 수 있다는 기능성이 표시됩니다. 또한 히알루론산 합성을 촉진하므로 하루에 1000mg을 섭취하면 피부 보습에 도움을 줄 수 있다는 기능성도 추가됩니다. 일반적인 글루코사민과 형태가 달라서 당뇨 환자 주의 사항도 없고, 혈당 상승과 관련한 이상 반응도 알려진 바 없습니다. 그러나 N-아세틸글루코사민도 갑각류나 연체류의 뼈를 이용해 만들므로 게나 새우에 알레르기가 있다면 섭취에 주의해야 합니다. 중년에 접어들며 관절과 피부 건강을 함께 지키고 싶다면 N-아세틸글루코사민을 추천합니다.

프로테오글리칸, 콘드로이친황산, 뮤코다당·단백, 세 가지는 무엇이 다른가요?

간단하게 정리하면, 프로테오글리칸은 일반 식품으로 명확한 기능성 및 함량 평가 기준이 없고, 콘드로이친황산과 뮤코다당·단백은 기능성 및 섭취량 기준이 있는 '건강기능식품'입니다. 따라서 관절 및 연골 건강을 관리하고 싶다면 기능성이 표시된 건강기능식품을 선택하는 것이 더 유리합니다.

연골은 관절연골을 만들고 유지하는 연골 세포와 연골 세포의 손상을 막고 연골 조직의 기능을 유지하는 연골 기질로 구성됩니다. 연골 기질은 물, 2형 콜라겐(교원질), 프로테오글리칸 등으로 구성되는데, 프로테오글리칸을 구성하는 핵심 성분이 바로 '콘드로이친(콘드로이틴)'입니다.

콘드로이친은 연골, 각막, 뼈, 피부, 동맥 등에 주로 분포합니다. 우리 몸에서 '콘드로이친황산염' 형태로 존재합니다. 프로테오글리칸은 하나 이상의 당아미노글리칸이 결합하는데, 이때 콘드로이친황산염이

55~90%를 차지합니다. 중요도로 따지면 연골 내에서 수분 다음으로 많고 나이 및 관절연골의 손상도에 따라 그 양이 변합니다. 2형 콜라겐은 연골의 장력 및 전달력을 결정하고, 프로테오글리칸은 압력에 저항하며 관절연골에 주어진 힘을 분산시킵니다. 따라서 연골기질에 프로테오글리칸이 충분하면 관절연골의 충격이 줄어들어 관절의 통증과 염증, 움직임이 개선됩니다.

하지만 프로테오글리칸은 커다란 덩어리라서 영양제로 먹었을 때 얼마나 흡수되고 생리적 기능에 도움을 줄지 불확실합니다. 그래서 프로테오글리칸 대신 프로테오글리칸 형성을 돕는 건강기능식품으로 활용됩니다. 대표적인 원료가 '뮤코다당·단백'과 '콘드로이친황산'입니다.

뮤코다당은 아미노당을 함유한 물질을 말합니다. 우리 몸 안에서는 단백질과 결합해 뮤코다당·단백을 형성하고, 주로 관절연골과 같은 결합조직에 존재합니다. 최근에는 뮤코다당을 글리코사미노글리칸 Glycosaminoglycan, GAG(당아미노글리칸)이라고 부르지만, 건강기능식품 원료명은 여전히 '뮤코다당·단백'이라고 표시되며, 고시형 원료에 해당합니다. 그리고 콘드로이친은 2020년 허가된 개별인정 원료이자 오랫동안 일반의약품 영양제에 활용되었습니다.

뮤코다당·단백은 콘드로이친 등 뮤코다당(=글리코사미노글리칸)과 단백질이 함께 결합된 원료로 핵심 성분은 단백질과 콘드로이친황산입니다. 개별인정 원료인 콘드로이친은 소연골을 원재료로 콘드로이친황산만 분리했다면, 뮤코다당·단백은 소나 상어 연골 등을 활용해 콘드로이친황산과 단백질을 함께 담았습니다. 두 원료의 구성은 다르지만, 건강기능식품 원료로서 허가된 함량을 먹는다면 관절 및 연골 건강에 도움을 줄 수 있습니다. 허가 기준에 따르면, 뮤코다당·단백은 하루에 1200~1500mg, 콘드로이친은 1200mg 섭취할 때 원하는 기능을 얻을 수 있습니다.

김태희(10년 차 약사)

숙명여자대학교 약학대학을 졸업하고 연세대학교 의과대학 세브란스병원에서 일을 시작했습니다. 병원 약사는 정규 업무를 담당하는 약사도 있지만, 인턴처럼 배우면서 일하는 '전공 약사'도 있습니다. 1년간 전공 약사로 지내면서 일반 조제를 비롯해 항암제 등의 특수 조제, 약물 사용 모니터링, 환자 상담 등 모든 업무를 돌아보며 배울 수 있었습니다. 부서를 자주 옮기면서 업무를 익혀야 하고 동시에 공부까지 해야 하는 과정이었지만, 현재 지역 약국에서 환자와 상담할 때 큰 도움이 되고 있습니다. 질병으로 검사와 진단을 받고, 수술 또는 약물 치료를 하는 모든 과정을 병원에서 경험했기 때문입니다. 그중에서도 환자 상담 업무에 관심이 많아서 항암제, 호흡기 치료제, 항응고제 등 각별히 주의해야 하는 약물에 대해 상담하며 지역 약국에서도 더 많은 환자를 만나고 싶어졌습니다.

병원 약사의 일이 전문적이고 정돈된 업무라면, 지역 약국의 일은 사람과의 소통이 많고, 보편적인 정보를 많이 다루는 업무입니다. 처음 지역 약국으로 나와 일반의약품, 건강기능식품 등 병원에서 전혀 접하지 못한 것들을 열심히 공부하며, 약국을 찾은 환자에게 직접적인 도움을 줄 수 있어서 보람이 컸습니다. 그래서 약국에 다니면서 숙명여자대학교 임상약학대학원에 진학해 공부를 마친 뒤 2020년 한국병원약사회에서 운영하는 노인약료 전문약사 자격을 취득했습니다. 일과 학업을 병행하기가 어려웠지만 어떤 상황에서 건 지역 주민들에게 '준비된 보건의료 전문가'가 되고자 하는 마음으로 꾸준히 공부했습니다.

《알면 약 모르면 독》의 저자로 참여하며 공부한 내용을 많은 사람에게 전달할 수 있어 공부한 보람을 느낄 수 있었습니다. 정보를 왜곡하지 않으면서 쉽게 전달하기가 생각보다 어려웠습니다. 부족한 점이 있더라도 너그럽게 양해해주시기 바랍니다. 저서로 《대한민국 동네 약국 사용 설명서》(공저)가 있습니다.

노윤정(15년 차 약사)

'약을 잘못 복용하거나 잘못 사용하는 사람이 없기를 바라며'는 10여 년 전 《알고 먹으면 약 모르고 먹으면 독》을 집필하면서 작성했던 서문의 제목입니다. 당시에는 지금처럼 약국과 소비자 사이에 유튜브, 인스타그램, 블로그 등을 통한 소통이 활발하지 않았습니다. 그래서 약국을 통해 얻을 수 있는 다양한 이야기를 담아내고자 노력했습니다.

10여 년 만에 《알면 약 모르면 독》을 다시 쓰면서 변화된 약국 환경, 소비자와의 소통 및 미디어 환경을 반영해 다양성과 함께 '전문성'을 강화하는 데 집중했습니다. 특히 건강 관리를 위해 알아두면 좋은 비타민과 미네랄, 건강기능식품 이야기를 쉽게 전달하려고 노력했습니다. 약을 복용하는 독자라면 약사와 한 번 더 상담한 뒤 건강기능식품을 구매하겠지만, 아직 약을 복용하지 않는 독자라면 영양제를 선택하는 데 도움이 되기를 바랍니다. 약국은 매우 정신없고 바쁩니다. 그 안에서 약사는 여러 사례와 과학적 근거를 바탕으로 환자에게 복약 상담을 하며 더 나은 대안을 찾기 위해 노력합니다. 《알면 약 모르면 독》은 여전히 약국에서 약사와 상담하기를 망설이는 모든 사람에게 보내는 초대장입니다. 약국에 약사가 있는 이유는 '대화'를 통해 '더 나은 건강'을 함께 고민하기 위해서입니다. 약에 대한 궁금증, 건강기능식품에 대한 궁금증, 기타 건강 관련 궁금증을 약사에게 물어보고 상담하세요. 약국은 생각보다 쉽게 말을 건넬 수 있는 거리에 있습니다.

서울대학교 약학대학을 졸업하고 약학교육연수원 임상약학 교육 과정을 이수했으며 연세대학교 경영전문대학원 CMBA를 마쳤습니다. 현재 건강커뮤니케이터로 활동하며 칼럼, 강의, 온라인 상담 등을 통해 건강기능식품에 대한 올바른 정보를 전달하고 상담하는 일에 집중하고 있습니다. 또한 약사와 약대생을 대상으로 건강기능식품 활용법과 트렌드를 교육하는 일도 함께 하고 있습니다. 저서로 《알고 먹으면 약 모르고 먹으면 독》(공저), 《약국에서 만난 건강기능식품》, 《배부른 영양 결핍자》 등이 있습니다.

유우리(14년 차 약사)

숙명여자대학교 약학대학을 졸업하고 14년째 약사로 일하고 있습니다. 졸업 후 9년간 지역 약국에서 일하며 내과, 이비인후과, 피부과, 안과, 산부인과, 신경과, 소아청소년과 등 다양한 처방 환자를 만났습니다. 겉보기에 비슷비슷한 약국들도 동네마다 상권마다 주로 다루는 약과 고객 특성이 달랐습니다. 약에 대해 많이 아는 것도 중요하지만 대상에 맞게 잘 설명하고 소통하는 방법은 환자를 직접 마주해야만 익힐 수 있었습니다.

2018년 서울 종로구에 따뜻한약국을 개업했습니다. 약국을 직접 운영해보니 제품에 대한 조사도 많이 해야 하고, 고객에 대한 책임은 더욱 무거웠습니다. 그만큼 우여곡절도 많았지만 약사로서 조금 더 성숙해지는 시간이었습니다. 그 사이에 아들이 태어났습니다. 육아의 고됨을 알게 되어서일까요? 요즘은 약국에서 환자를 만나는 시간이 더욱 소중합니다. 약국 이름처럼 '따뜻함'을 전하는 약사가 되고자 노력하고 있습니다.

《알면 약 모르면 독》에서는 어린이, 청소년, 여성의 안전한 약물 사용에 관한 내용을 맡았습니다. 글을 쓰면서 약물 사용이 개인의 건강과 질병뿐 아니라 인권과 삶의 질에서 차지하는 중요성을 다시금 느낄 수 있었습니다. 발전하는 인권 개념에 발맞추어 약사는 어떤 역할을 해야 하는지 고민이 깊어지는 시간이었습니다. 나아가 이 책에서 다루지 못한 한층 다양한 사람과 사회적 약자의 약 사용에 관한 책도 쓰면 좋겠다고 생각해봅니다. 《알면 약 모르면 독》이 약국을 찾는 많은 사람의 알 권리와 건강한 삶에 도움이 되었으면 합니다.

윤선희(30년 차 약사)

숙명여자대학교 약학대학을 졸업하고 1994년 부천에서 약국을 개업해 30년째 운영하며 시민과 소통하는 약국을 만들고자 노력해왔습니다. 10여 년 전에 쓴 《알고 먹으면 약 모르고 먹으면 독》도 시민과의 소통이라고 생각했습니다.

이후 시민에게 더욱 가까이 다가갈 방법을 고민하며 가톨릭대학교 임상약학 대학원을 수료하고 2019년부터 2021년까지 부천약사회 회장을 맡아 부천 시민을 위해 여러 활동을 했습니다. 특히, 코로나19로 약사와 시민 모두가 어려움에 처했을 때 부천약사회를 이끌며 시민을 위해 약국이 빠르게 대처할 수 있도록 최선을 다했습니다. 현재 약물 오남용, 먹거리, 환경에 대한 강의를 이어가며 지역 신문 건강 칼럼을 통해 간접적으로 시민을 만나고 있습니다. 또한 방문 약료 약사로 부천시 구석구석을 누비며 어르신들을 만나 올바른 약물 사용과 건강 관리에 대한 상담도 하고 있습니다. 《알면 약 모르면 독》을 쓰면서 30년 약사 생활을 돌아보며 변화된 환경에서 어떻게 하면 시민과 약사의 거리를 좁힐 수 있을까 다시 고민하게 되었습니다.

최진혜(15년 차 약사)

지역 주민이 무엇을 궁금해하는지 조금씩 알아가던 새내기 약사는 약대생을 가르치는 15년 차 약사가 되었습니다. 그 시간 동안 우리 사회에서 약국과 환자와의 관계는 얼마나, 어떻게 변했는지 묻게 됩니다. 《알고 먹으면 약 모르고 먹으면 독》을 쓰던 4년 차 약사는 약사와 환자의 대화, 복약 상담을 중요하게 생각했습니다. 지금도 그 중요성은 여전합니다. 다만 이제는 동영상 서비스나 포털 검색 등으로 환자와 약사 사이의 간극이 예전보다 훨씬 좁아졌습니다. 하지만 일대일 정보 전달이 여전히 중요하고 효과적이기에 15년 차 약사가 쓴 《알면 약 모르면 독》은 '약국과 약사를 잘 활용하라'고 더욱 강조합니다.

서울대학교 약학대학을 졸업하고 지역 주민을 위한 공익적 약국 모델이 되고자 시작한 공동체 약국인 늘픔약국에서 약사로 일하며 대학원에 진학해 보건 정책을 공부하기 시작했습니다. 약국은 개인이 약을 사고파는 공간이자 동시에 사회적 공간입니다. 지역 주민은 약국에서 약의 전문가인 약사를 만나고, 우리 사회의 의료제도 안에서 약을 조제하며, 여러 제품을 삽니다. 약국에서 살 수 있는 약과 살 수 없는 약은 무엇인지, 약값은 어떻게 결정되고 어떻게 사야 경제적인지, 약 부작용은 어떻게 해결해야 하는지, 약은 어떻게 버려야 하는지 등등 약에 대한 직접적 정보뿐 아니라 약을 둘러싼 '사회적 약속'도 함께 알아야 합니다. 이를 쉽게 전달하는 것이 약사의 역할입니다.

《알면 약 모르면 독》은 약사의 사회적 역할과 약에 대한 정보를 쉽게 전달하기 위해 고민한 결과물입니다. 그래서 더욱 정확하고, 더욱 근거를 갖춘 건강 정보를 전달하고자 노력했습니다. 한편으로는 약국의 역할을 독자와 함께 고민하고 싶었습니다. 검증되지 않은 건강 정보가 넘치는 정보 과잉의 시대에 이 책이 집에 하나쯤 두고 찾아 읽을 수 있는 좋은 길잡이가 되기를 기대합니다. 저서로 《알고 먹으면 약 모르고 먹으면 독》(공저), 《대한민국 동네 약국 사용 설명서》(공저) 등이 있습니다.

알면 **약** 모르면 **독**

초판 1쇄 발행 | 2023년 9월 18일
초판 2쇄 발행 | 2024년 4월 30일

지은이 김태희·노윤정·유우리·윤선희·최진혜
책임편집 조성우
편집 손성실
디자인 권월화
펴낸곳 생각비행
등록일 2010년 3월 29일 | 등록번호 제2010-000092호
주소 서울시 마포구 월드컵북로 132, 402호
전화 02) 3141-0485
팩스 02) 3141-0486
이메일 ideas0419@hanmail.net
블로그 ideas0419.com

ISBN 979-11-92745-15-2 03570

책값은 뒤표지에 있습니다.
잘못된 책은 바꾸어 드립니다.